国家自然科学基金项目(52174126, 52174127, 5237413'
陕西省杰出青年科学基金项目（2023 - JC - JQ - 42） 资助
陕 西 高 校 青 年 创 新 团 队 项 目

急倾斜煤层长壁综采
理 论 与 技 术

解盘石　伍永平　王红伟　著

应急管理出版社

·北 京·

内 容 提 要

本书以我国急倾斜薄及中厚煤层安全高效开采为总体目标，综合运用工程地质学、岩石力学、采矿工程、人工智能、系统科学和安全工程等多学科及其交叉前沿理论，采用理论分析、室内实验、现场监测、物理相似模拟和数值计算及工业实验等多种方法，对急倾斜煤层长壁综采围岩控制理论与技术、智能化开采装备及实践作了较为系统的阐述。

本书内容具有很强的综合性和实践性，可供采矿工程、地质工程、安全工程、岩石力学领域的高等院校及科研院所、设计与生产单位的工程技术人员参考使用，也可作为矿业工程和安全工程学科研究生的参考学习用书。

前言

急倾斜煤层（埋藏倾角大于45°）是典型的复杂地质条件煤层，广泛赋存于我国西部的四川、新疆、甘肃、贵州等省（区），且多为我国紧缺和保护性开采的优质煤（种）炭资源。急倾斜煤层长壁综采（综放）技术的成功应用，变革了我国该类煤层非机械化开采历史，解决了该类煤层开采的基本安全问题。经过30余年的研究与发展，对特定条件下该类煤层开采科学问题的研究取得了一定的进展，促使其技术与装备水平均有了大幅度的提高，但工作面系统安全性和产量与效益较低问题依然是制约该技术广泛应用与推广的瓶颈。随着我国煤炭智能化开采的迫切需求与飞速发展，倾角大、装备稳定控制复杂等因素严重制约了该类煤层工作面产效的提升，其能否安全高效开采已成为制约我国区域经济社会发展的重大问题。

本书是对十余年来在急倾斜煤层长壁综采和智能化开采理论、技术、装备及实践成果的总结，主要以我国急倾斜薄及中厚煤层长壁工作面安全高效开采为主线，围绕急倾斜煤层采场围岩与装备稳定控制等关键科学问题，在总结国内外相关研究成果的基础上，从急倾斜煤层长壁开采矿压显现与覆岩空间活动规律、顶板结构特征及其稳定性、围岩与装备相互作用等方面的研究入手，阐明急倾斜煤层长壁采场围岩与装备稳定性控制机理、协同控制方法与技术、智能化开采控制体系及成套装备与实践，可为急倾斜煤层长壁工作面少人、无人开采提供理论与技术指导，也为难采煤层安全高效开采方法在科学层面上获得系统性突破，奠定坚实的基础。

全书分为五章，其中前言和第一章由伍永平、王红伟完成，第二章由罗生虎、郎丁完成，第三章、第四章由解盘石完成，第五章由陈飞、吕文玉完成，全书由解盘石统稿。

由于作者水平所限，书中不当之处在所难免，敬请读者批评指正！

著 者

2024 年 9 月

目　录

第一章	急倾斜煤层开采的背景及历史沿革	1
第一节	急倾斜煤层开采的背景	1
第二节	急倾斜煤层开采的历史沿革	2

第二章	急倾斜煤层长壁采场围岩与装备相互作用及控制机理	5
第一节	急倾斜伪俯斜采场空间围岩力学演化规律	5
第二节	急倾斜伪俯斜采场空间顶板破断运移规律	51
第三节	急倾斜伪俯斜采场支架与围岩相互作用机理	70

第三章	急倾斜长壁采场围岩与装备协同控制方法与技术	114
第一节	基于数字孪生的装备与围岩系统动静物理模拟技术	114
第二节	工作面支护系统载荷分区控制技术	118
第三节	松（散）软煤层与软弱底板加固技术	118
第四节	工作面支护系统与装备防倒、防滑技术	121
第五节	工作面支架二次稳定技术	122
第六节	工作面快速安装与回撤技术	123
第七节	多区段无煤柱护巷技术	123
第八节	工作面飞矸智能防控技术	127

| 第四章 | 急倾斜长壁智能化开采控制体系及成套装备 | 138 |

    第一节 急倾斜煤层智能开采配套设备可靠性分析……………………… 138

    第二节 急倾斜工作面"三机"配套设备及智能化监测系统研究 …… 145

    第三节 急倾斜工作面智能化控制系统研究……………………………… 178

    第四节 急倾斜工作面采煤工艺及安全技术研究………………………… 187

| 第五章 | 急倾斜煤层长壁智能化综采实践 | 193 |

    第一节 工作面概况……………………………………………………………… 193

    第二节 工作面配套设备………………………………………………………… 195

    第三节 工作面工业试验情况…………………………………………………… 196

    第四节 实践效果………………………………………………………………… 197

结语 …………………………………………………………………………… 203

参考文献 ……………………………………………………………………… 204

第一章 急倾斜煤层开采的背景及历史沿革

第一节 急倾斜煤层开采的背景

我国将复杂地质条件煤层智能综采作为煤炭工业"十四五"十项重大技术创新示范之一。其中，急倾斜煤层（埋藏倾角大于45°）是典型的复杂地质条件煤层，该类煤层广泛赋存于我国西部的四川、新疆、甘肃、贵州等省（区），且多为我国紧缺和保护性开采的优质煤（种）炭资源。在已探明的煤炭地质储量中，其储量约为我国的总储量的14%以上，产量占我国煤炭年产量的10%。在我国西南地区，如四川、贵州等省，一半以上的煤炭产量来自大倾角、急倾斜煤层。截至2020年底，埋藏条件相对较好、倾角在35°~55°的大倾角煤层大多已实现长壁综合机械化开采，且取得了显著的经济社会效益，为我国区域经济社会发展提供了重要的支撑。然而，近年来，随着我国煤矿开采强度及开采深度的增加，煤层倾角越来越大，急倾斜煤层在我国所占的比重也将逐步增加，该类煤层能否安全高效开采已成为制约我国区域经济社会发展的重大问题。伴随我国煤炭智能化开采的飞速发展，倾角大、装备稳定控制工序复杂等因素严重影响了该类煤层工作面产效。因此，工作面装备稳定性和智能化控制已成为制约急倾斜煤层矿井安全高效开采和可持续发展的瓶颈。

众所周知，智能化开采的前提是实现工作面装备的智能化控制，特别是支架群的稳定性控制。然而，当长壁工作面倾角在45°以上时，开采工序过程中呈现出支架倾倒、下滑、摆尾等复合空间失稳特征更为复杂，同时面临支架（群）与围岩、支架本身的多重叠加作用，与近水平工作面相比，支架群组的稳定性控制难度更大。因此，实现工作面支架（群）稳定性智能化控制是实现急倾斜煤层长壁智能化开采首要解决的关键问题。如能解决急倾斜煤层长壁工作面支架（群）稳定性控制难题，就能为复杂地质条件煤层智能化开采开辟新的路径。

第二节 急倾斜煤层开采的历史沿革

一、急倾斜煤层开采的方法与技术

我国的大倾角、急倾斜煤层开采始于20世纪50—80年代初期，主要以非机械化长壁开采为主，先后使用过倒台阶采煤法、柔性掩护支架采煤法、伪俯斜采煤法和单体液压支柱长壁炮采采煤法等，由于技术与装备水平落后，作业环境恶劣，因此工作面产效低，工人劳动强度大，安全事故频发。近50年来，我国大倾角、急倾斜煤层的机械化开采历经困难，自20世纪80年代起，我国开始从波兰、西班牙等国引进大倾角煤层开采装备，同时也进行了自主研发，在全国数十个矿区进行了大倾角煤层开采的实验，均未获得满意效果。直至1998年，四川华蓥山绿水洞煤矿大倾角中厚煤层长壁综采技术取得了成功，使我国的相关研究与实践处于该领域的前沿，并在此基础上不断探索与实践。截至2020年底，相继开展了40°~65°中厚煤层真倾斜、伪俯斜、双斜等系列综采技术实践，并取得了显著的经济社会效益。在绿水洞煤矿大倾角、急倾斜长壁综采成功实践的带动下，甘肃靖远王家山煤矿大倾角、急倾斜特厚煤层长壁综放开采（2001—2003年）、甘肃华亭东峡煤矿大倾角特厚易燃煤层群长壁综放开采（2004—2007年）、新疆焦煤二一三〇煤矿大倾角、急倾斜中厚煤层长壁大采高综采（2010—2012年）、四川华蓥山李子垭南井大倾角煤层伪俯斜长壁综采（2012—2014年）、宁夏枣泉煤矿大倾角（变倾角）煤层综放开采（2013—2017年）、重庆能投集团逢春煤矿大倾角薄煤层综采（2017—2018年）等相继开展了工业性实验并取得了成功。随后，四川、黑龙江、宁夏、重庆、贵州等省（区、市）的20多个矿井也成功地采用了上述系列开采技术，并取得了良好的经济社会效益。极大地改善了该类煤层的安全高效开采技术水平。可以说，在这一时期内，大倾角、急倾斜煤层长壁综采成功实践有力地推动了我国复杂地质条件煤层机械化开采的技术进步。

早在20世纪70年代，苏联就在大倾角、急倾斜煤层机械化开采方面进行了一定的研究，研制了各类大倾角和急倾斜煤层的综采支架及采煤机，并对大倾角特别是45°以上的煤层开采工艺进行了较为系统的研究；此外，波兰、乌克兰、德国、英国、印度等国也对大倾角煤层的机械化开采方法进行过一定的研究与实验，取得了一定成效。但近年来，西方产煤国家受市场经济制约，目前以开采条件优越的缓倾斜煤层为主，也有的国家几乎关闭了所有煤矿（如法国、英国等）。值得一提的是，2021年1月，英国政府决定重启煤炭开采西坎布里亚矿业（West Cumbria Mining）的伍德豪斯煤矿（Woodhouse Colliery），主产高挥发性硬炼焦煤。可以看出，在国际上，优质稀缺煤种的市场需求仍占据很重要的地位。而在我国大倾角、急倾斜煤炭资源中60%以上均为优质稀缺煤种。

综上所述，大倾角、急倾斜煤层长壁综采（综放）技术的成功应用改变了我国该类煤层非机械化开采的历史。目前，对特定条件下大倾角煤层的长壁开采技术与装备水平均有了大幅度提高，但工作面装备系统安全控制问题仍是制约该项技术广泛应用的瓶颈。特别是在2021年初，重庆能源集团所属的14个煤矿（包括上述逢春煤矿等均赋存有复杂地质条件煤层）将于2021年6月底前依法关闭退出。由于煤层地质条件复杂、开采安全隐患多等问题，严重影响了该类矿井的生存与可持续开采。因此，必须按照国家及煤炭工业的"十四五"发展规划的要求，走少人、无人、智能的安全开采之路，才能从根本上扭转复杂地质条件煤层开采的局面。因此，长壁智能开采才是大倾角、急倾斜煤层安全高效、可持续发展的必由之路。

二、急倾斜煤层开采的围岩控制理论

多年来，我国对大倾角、急倾斜煤层开采的研究滞后于一般埋藏倾角的煤层。通过广大学者和工程技术人员的大量研究和实践，在大倾角、急倾斜煤层开采岩层控制方面取得了一些成果，特别是在支架与围岩系统稳定性和控制方面，主要开展了如下研究工作：不同开采方法下围岩矿压显现规律与支架工作阻力分布演化特征研究，围岩应力的非规则分布特征与空间展布形态，顶底板岩层的非对称变形破坏运动规律与岩体结构形态，支架与支架、顶板、底板、煤壁、垮落矸石的相互作用及与围岩结构的稳定性研究；不同维度下"顶板－支架－底板"系统动－静力学分析及其系统失稳致灾机理研究；支架、采煤机、刮板输送机等工作面装备的稳定性控制与安全防护研究；等等。可以看出，对大倾角、急倾斜煤层长壁综采（放）采场（以伪仰斜、真倾斜、伪俯斜工作面为主）支架－围岩系统稳定性等进行了较为系统的研究，并给出了沿工作面走向、倾向和垂向3个维度支架与围岩稳定性控制措施，基本保证了35°～65°煤层安全开采。可以说，我国大倾角、急倾斜煤层工作面支架与围岩控制理论研究走在世界前列。

国外大倾角煤层开采相关的研究较少，主要集中在苏联所属地区，在德国、法国、西班牙、印度等国家也进行了一些研究，目前美国和澳大利亚还未涉及大倾角煤层开采相关问题。国外研究的另一特点是研究集中于大倾角煤层的开采装备方面，但大多集中在20世纪70年代。总之，国外在大倾角、急倾斜煤层机械化开采领域的研究进展缓慢、水平较低。

综上所述，大倾角、急倾斜煤层开采中，支架的多维（走向、倾向、垂向）载荷传递是影响支架（群）稳定性控制的核心因素。然而，在该领域近30年的实践与研究中，逐渐认识到在倾角效应影响下，大倾角、急倾斜煤层长壁工作面支架（群）在工作过程中，所受到的载荷传递规律与近水平煤层明显不同，支架（群）的力学响应也存在明显差异，如支架倾倒、下滑、摆尾及其三维复合失稳时有发生，引发的系列围岩与工作面装备的衍生灾害，极为复杂。因此，实现支架（群）的多维稳定性自动化控制亟须开展系统理论研究与实践总结，这也是实现大倾角、急倾斜煤层自动化开采的核心。

第二章 急倾斜煤层长壁采场围岩与装备相互作用及控制机理

第一节 急倾斜伪俯斜采场空间围岩力学演化规律

一、伪俯斜采场围岩空间力学演化规律

(一) 中厚煤层伪俯斜采场围岩空间力学演化规律

为了厘清伪俯斜采场围岩应力、位移演化特征和顶板动态破坏特征。采用FLAC3D数值计算软件，建立了伪俯斜开采工艺下的采场围岩三维数值模型。模型以石洞沟煤矿31111工作面为背景，应用Generate命令生成，采用Mohr-Coulomb本构模型，应变模式采用大应变变形模式，用brick单元模拟煤层及围岩。模型尺寸为240 m×173 m×249 m（长×高×宽），整个模型由325418个单元组成，包括324731个节点，如图2-1所示。

石洞沟煤矿31111工作面风巷超前于机巷，平均推进长度771 m。下行割煤。煤层倾角45°~65°，工作面采高2.6~4.5 m、长度510 m、斜长90 m，普氏硬度系数为1≤f≤1.5，煤层赋存较稳定。煤岩层的物理力学参数见表2-1。

1. 采场倾向剖面围岩应力演化规律

工作面倾向剖面应力演化特征如图2-2所示，表明工作面顶、底板应力形成非对称拱形应力释放区，工作面上部区域顶板应力释放区小于下部区域底板应力释放区，在工作面上、下端头形成应力集中，下端口应力集中区集中应力要明显大于工作面上端头。可以看出，随着工作面的推进，应力释放区应力不断增加，在20 m、40 m、60 m、80 m时应力释放区应力分别为0.04 MPa、0.18 MPa、

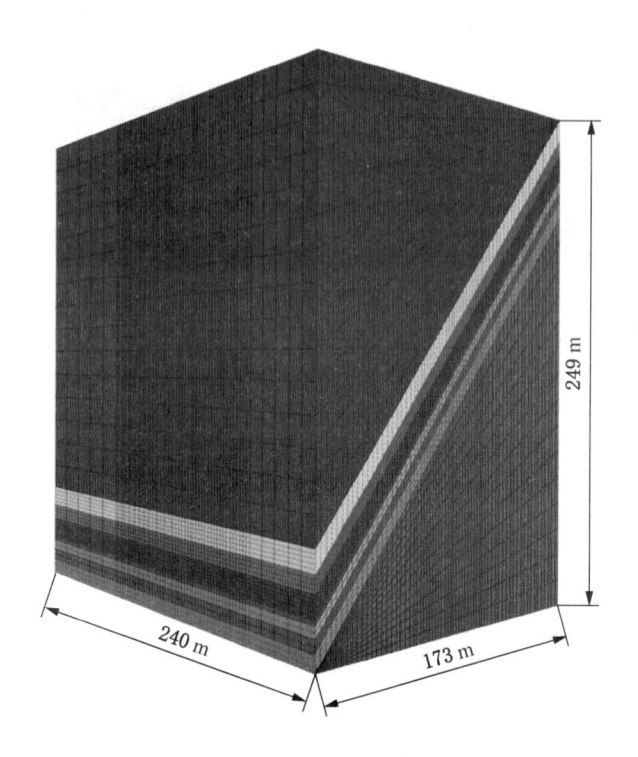

图 2-1 三维数值计算模型

表 2-1 31111 工作面煤岩层的物理力学参数

岩层类型	岩性	重度/(kN·m^{-3})	弹性模量/MPa	内摩擦角/(°)	抗压强度/MPa	泊松比
基本顶	泥质灰岩	26.0	1833.6	36.9	147.36	0.24
直接顶	钙质泥岩	24.3	1133.3	31.1	72.48	0.32
煤层	煤	17.0	500.0	27.6	20.16	0.30
直接底	泥岩	21.1	1066.7	28.3	67.20	0.33
基本底	砂质泥岩	24.0	1350.0	28.5	160.80	0.22

1.71 MPa、2.09 MPa。随着工作面的推进，集中应力呈先增大后减小再增加，应力值分别为 -5.07 MPa、-5.14 MPa、-7.09 MPa、-7.06 MPa，表明工作面在推进 60 m 左右时会出现初次来压，且来压强度较大，随后的周期来压强度明显降低。这与真倾斜、伪仰斜工作面特征相似，但伪俯斜采场顶、底板最大应力相对较小，且应力释放区非对称程度更高。

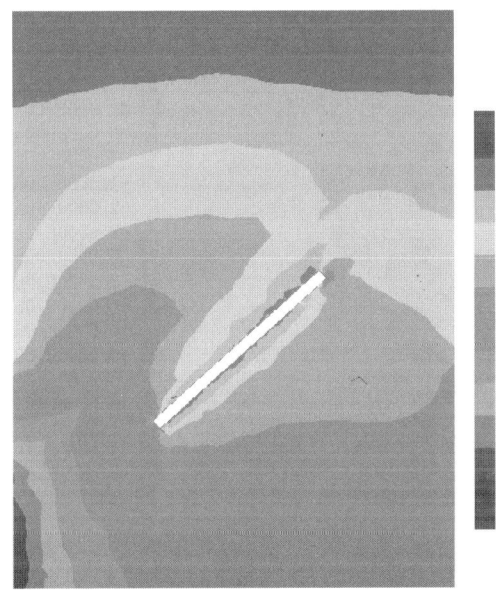

(a) 推进20 m

(b) 推进40 m

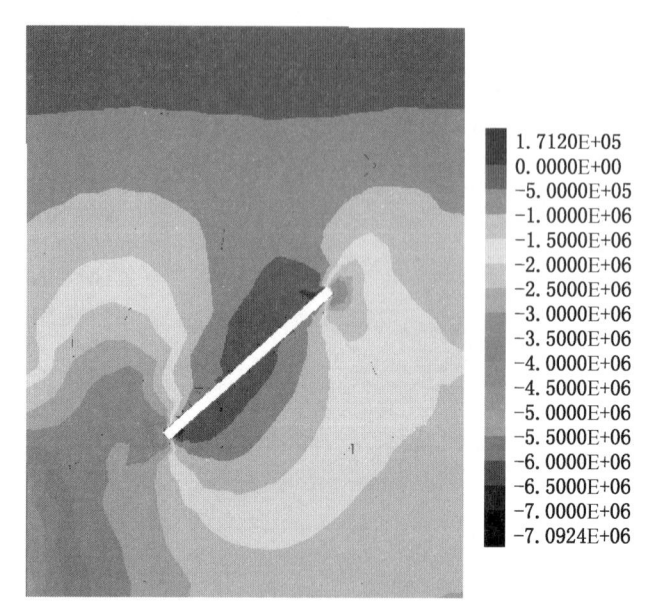

(c) 推进60 m

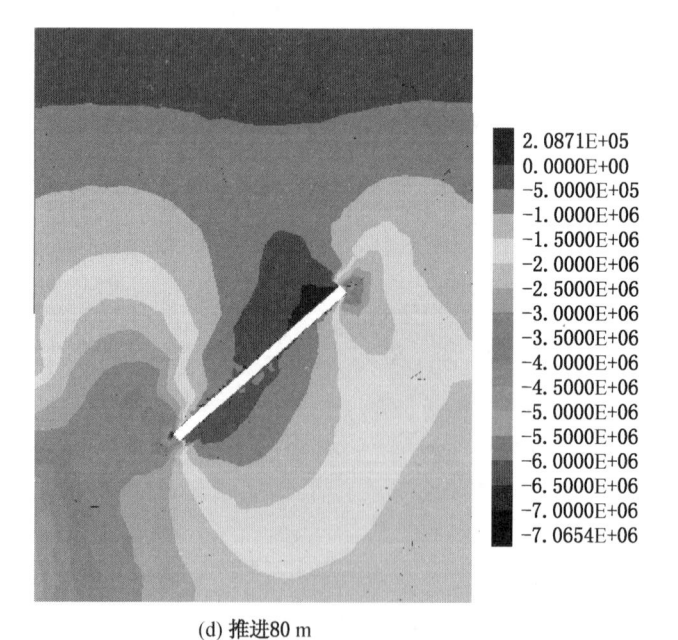

(d) 推进80 m

图2-2 工作面倾向剖面应力演化特征

第二章 急倾斜煤层长壁采场围岩与装备相互作用及控制机理

工作面倾向剖面位移分布特征如图2-3所示,表明由于支架对工作面顶板的支撑作用,顶板位移明显小于底板位移,均呈拱形分布,工作面中上部顶板出

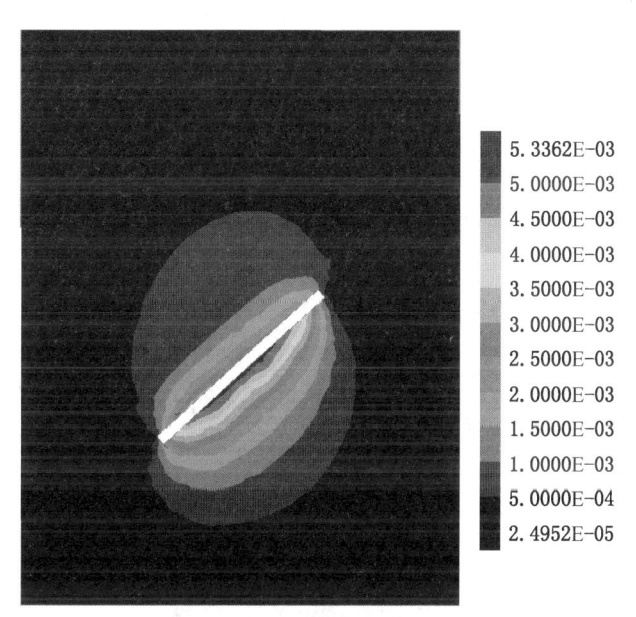

(a) 工作面推进20 m时的走向剖面围岩位移

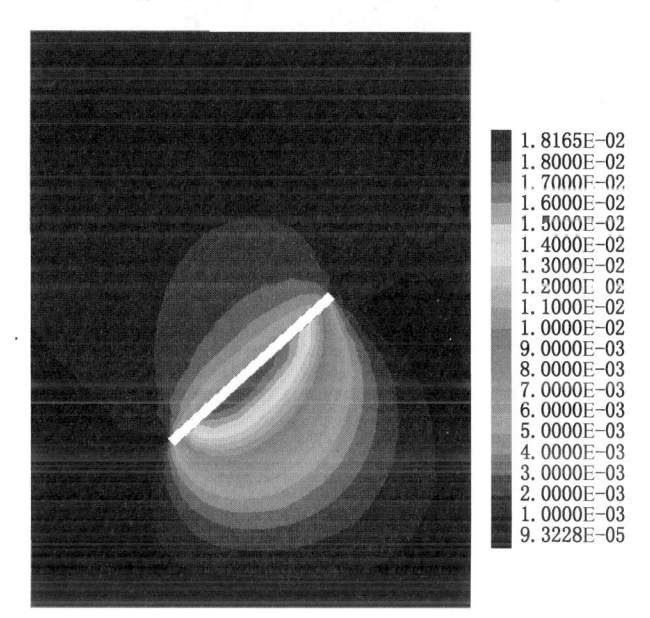

(b) 工作面推进40 m时的走向剖面围岩位移

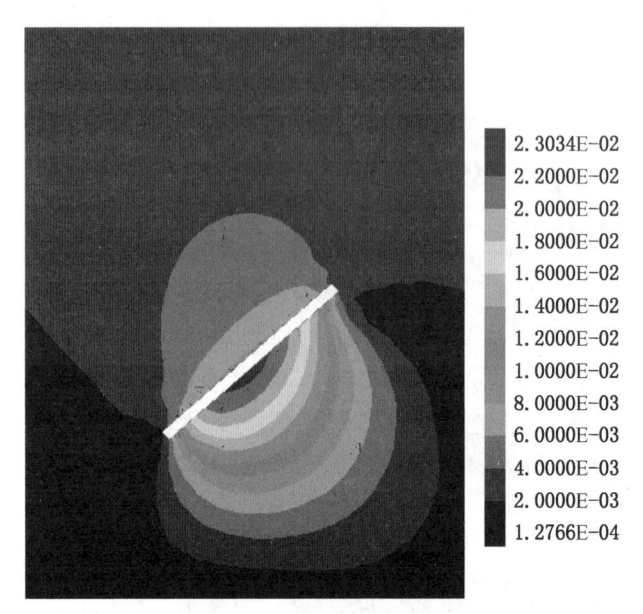

(c) 工作面推进60 m时的走向剖面围岩位移

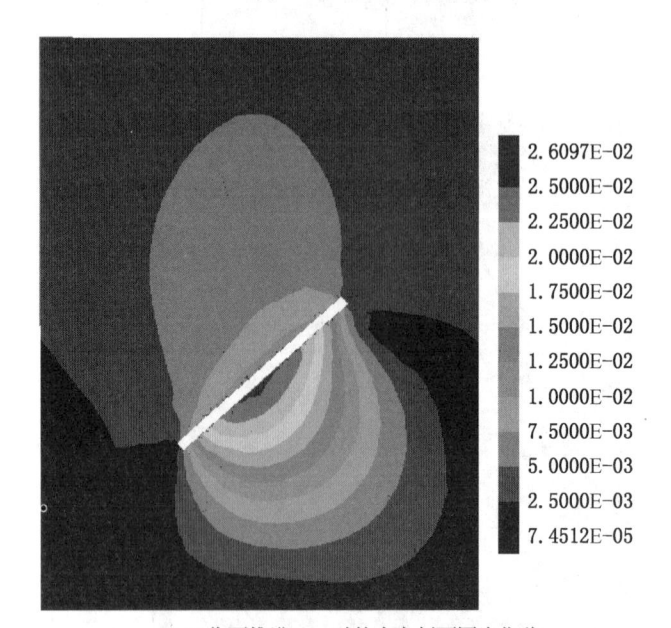

(d) 工作面推进80 m时的走向剖面围岩位移

图2-3 工作面倾向剖面位移分布特征

现最大位移，随工作面推进，最大位移量出现了先增大、后减小、再增加的趋势，工作面推进20 m、40 m、60 m、80 m时最大位移量分别为0.53 cm、1.82 cm、2.30 cm、2.61 cm，表明工作面最大位移量随着开采空间的不断增加，顶板垮落更为充分。底板最大位移出现在工作面倾斜中部区域，呈类似于倾斜下部较大、上部较小的偏弧状，底板的最大位移量明显大于顶板位移量，这与真倾斜、伪仰斜采场位移特征类似，但伪俯斜采场底板变形量较大。

工作面倾向塑性区分布特征如图2-4所示，表明随工作面推进，围岩塑性区逐渐扩展，工作面上、下端头塑性区较小，主要以剪破坏为主，顶板主要以拉破坏为主，底板主要以拉、剪破坏为主，由于支架对围岩的支撑作用，围岩相对稳定。工作面初采时，倾斜下部区域顶板开始出现明显的拉破坏，随工作面推进，倾斜上部区域开始出现塑性破坏，随后顶板塑性区贯通，塑性区范围也进一步增大，表明工作面顶底板塑性区范围会进一步扩展，且以拉破坏为主。这与真倾斜、伪仰斜工作面具有类似的塑性破坏特征，但塑性破坏范围相对较小。

2. 采场顶板力学演化规律

急倾斜长壁伪俯斜采场围岩非对称应力分布特征更为明显，处于采场前、后边界的基本顶，形成明显的应力释放区，且其应力轮廓范围呈现前边界小于后边界，而采场倾斜上方和下方区域无明显的应力释放特征，但仍具有上方轮廓范围大于下方的特征；随着工作面推进，工作面煤壁上方的基本顶应力释放轮廓也随

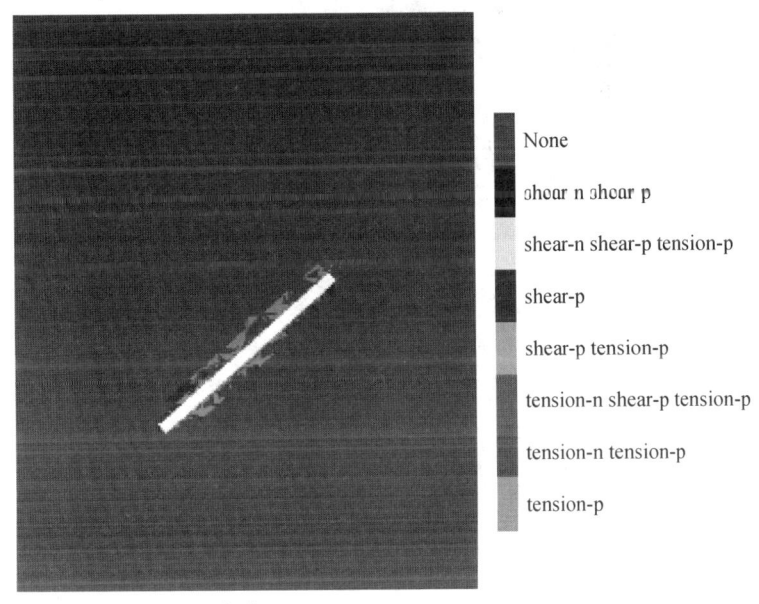

(a) 推进20 m

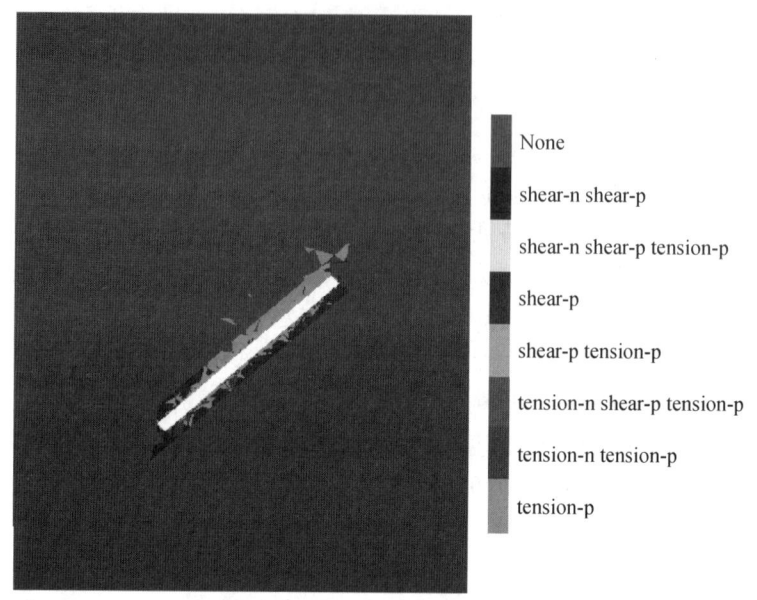

(b) 推进40 m

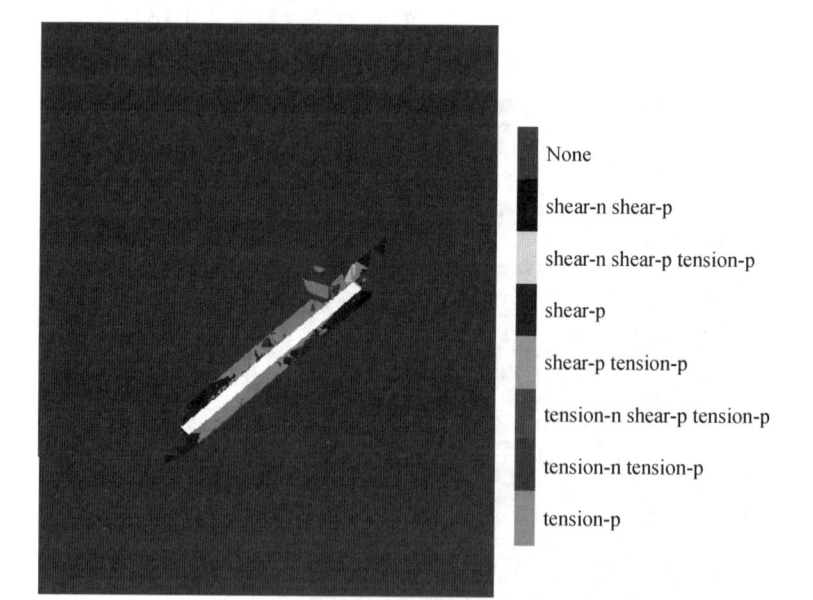

(c) 推进60 m

第二章　急倾斜煤层长壁采场围岩与装备相互作用及控制机理

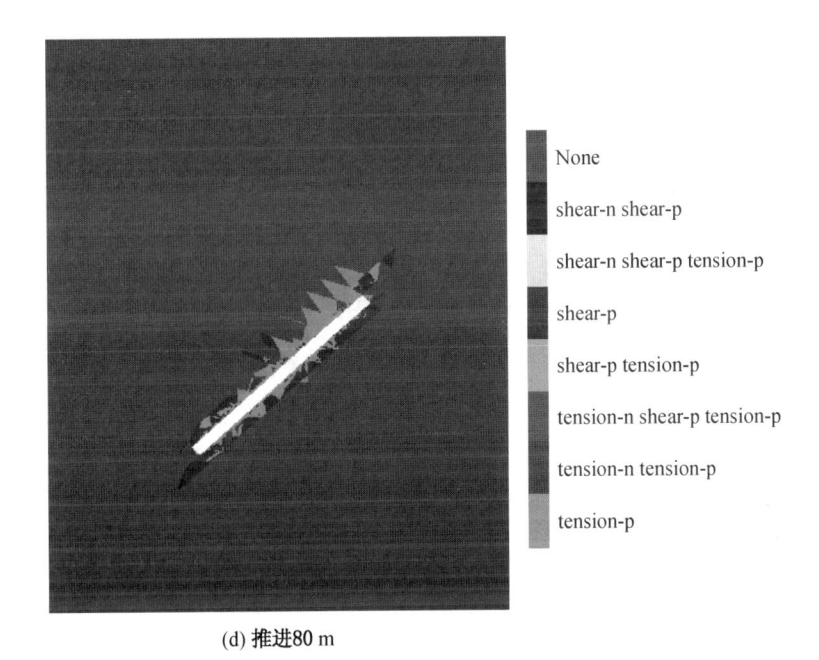

(d) 推进80 m

图2-4　工作面倾向塑性区分布特征

之向前移动，倾斜上、下区域的应力释放轮廓则在工作面推进方向上逐渐增长，而倾斜下方应力释放轮廓则呈现出与倾斜上方平行分布的特征。可以看出，急倾斜煤层伪俯斜采场基本顶应力演化特征呈现出初采时非对称特征明显，正常回采时基本趋于均匀演化的特征。同时，工作面正常回采期间，在采场倾斜下方煤壁和垮落顶板充填区域，基本顶出现了应力集中现象，且该区域随着工作面推进逐渐增大，如图2-5所示。

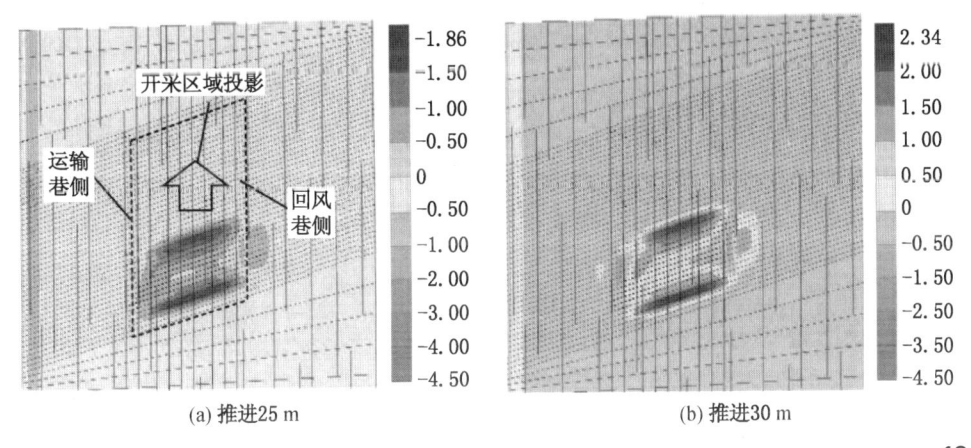

(a) 推进25 m　　　　　　　　　(b) 推进30 m

(c) 推进35 m

(d) 推进40 m

(e) 推进45 m

(f) 推进50 m

(g) 推进55 m

(h) 推进60 m

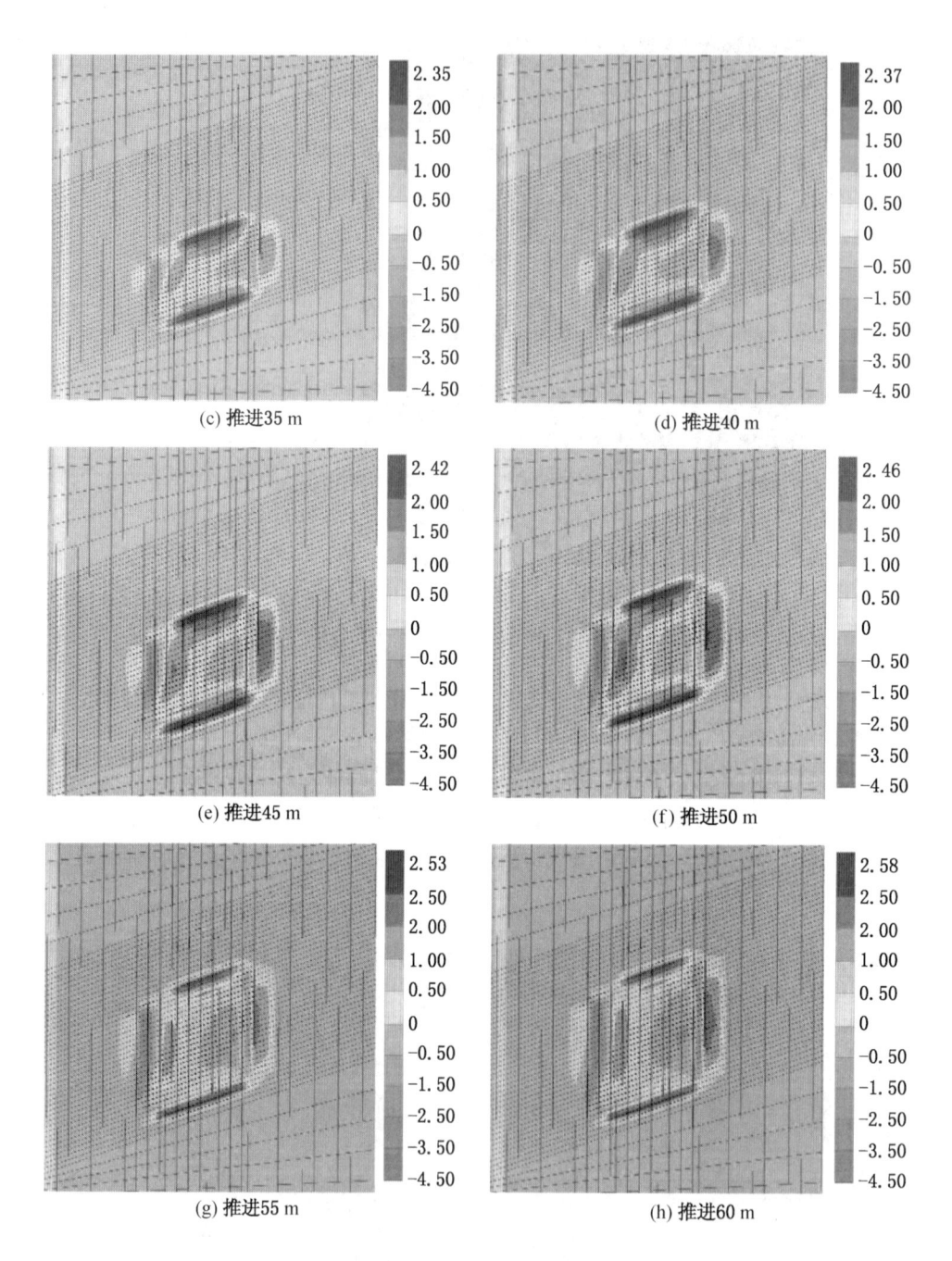

图 2-5 基本顶最大主应力演化特征

第二章 急倾斜煤层长壁采场围岩与装备相互作用及控制机理

采场基本顶变形特征表明，工作初采时期，顶板变形均匀分布于开采范围内，正常回采阶段，直接顶和采场倾斜上部基本顶垮落、充填至采场倾斜下方区域，致使基本顶变形破坏范围向采场倾斜上方移动，造成了顶板沿倾向的实际破坏范围小于工作面长度（工作面长度的2/3左右）。基本顶的变形轮廓形状首先沿倾向方向长度减小并趋于稳定，随后沿走向长度扩展转变，如图2-6所示。

(a) 推进25 m

(b) 推进40 m

(c) 推进60 m

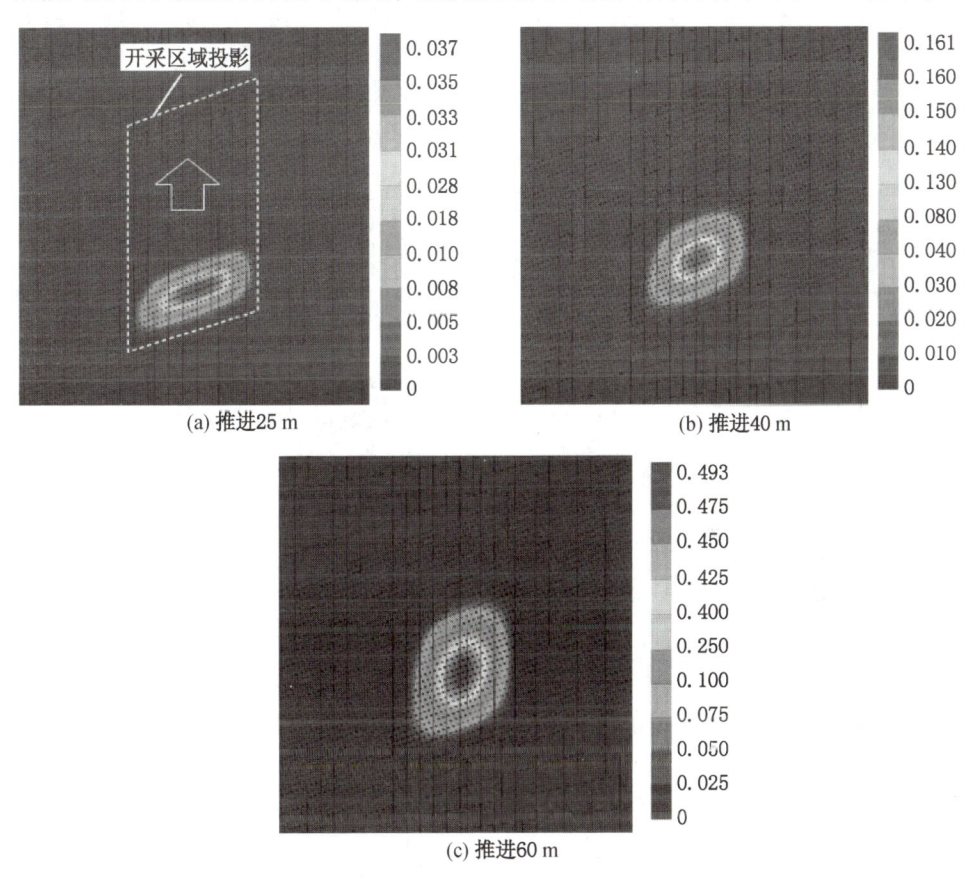

图2-6 基本顶位移演化特征

急倾斜伪俯斜采场基本顶的破断无论是沿工作面推进方向，还是沿工作面长度方向均具有明显的非对称特征。随着工作面继续推进，工作面基本顶呈现出明显的非对称"O-X"破断特征（图2-7），但其破断与近水平煤层采场有明显区别，其"O""X"破断均具有时序性，其中，"X"破断顺序为靠近工作面一侧的倾斜上方基本顶先发生破坏，随后基本顶沿顺时针方向发生X破断，最终形成了具有急倾斜伪俯斜采场特点的基本顶"O-X"破断特征。与近水平煤层具有明显不同的是伪俯斜采场基本顶的上部破坏边界已延伸至回风巷外侧区域，而倾斜下部的破坏边界则处于采空区垮落矸石上，但前、后破断边界均处于采空区内侧。

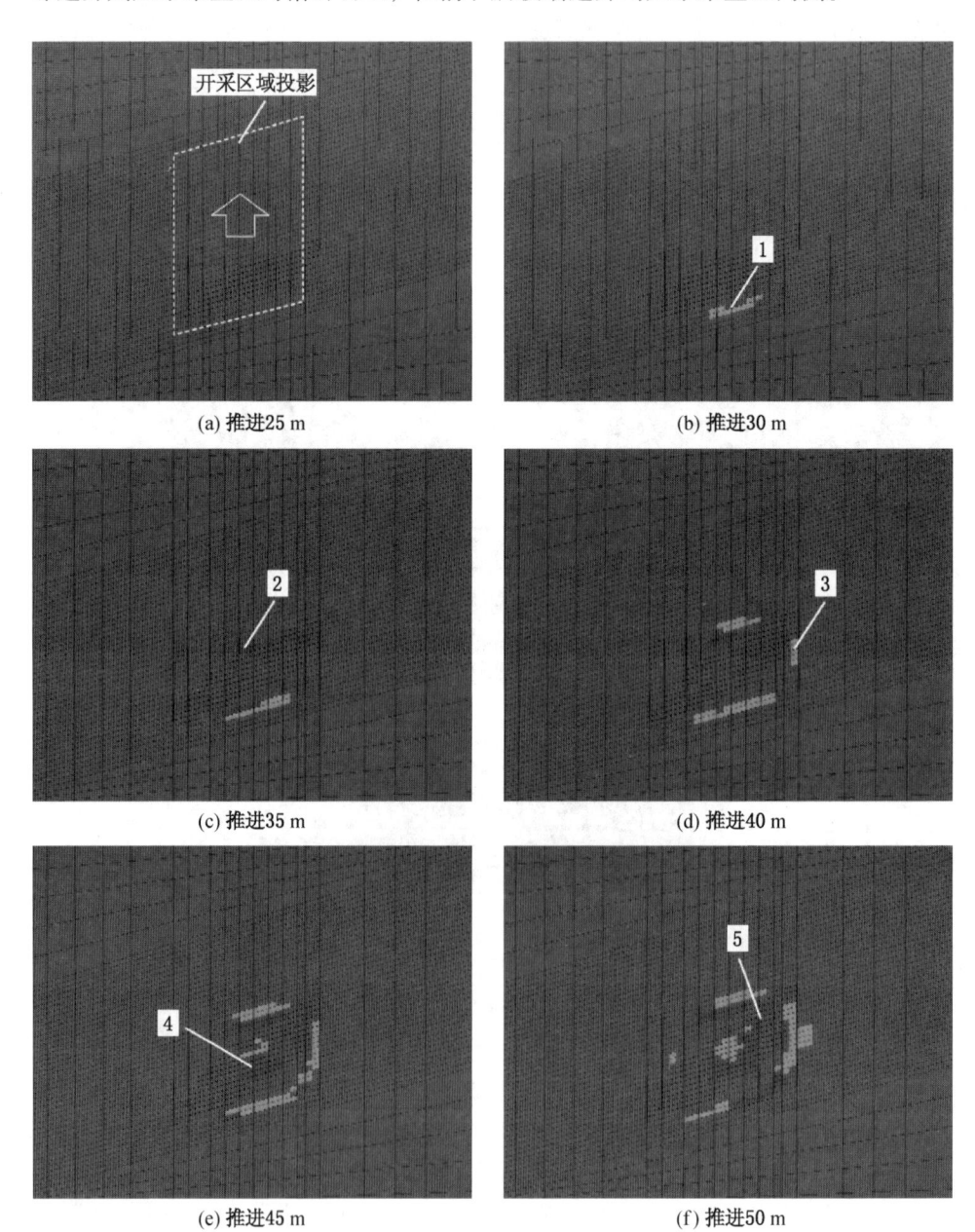

(a) 推进25 m

(b) 推进30 m

(c) 推进35 m

(d) 推进40 m

(e) 推进45 m

(f) 推进50 m

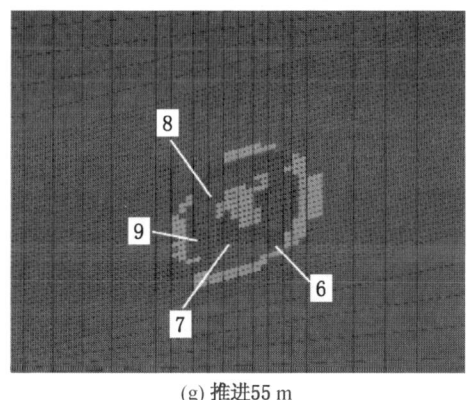

第二章 急倾斜煤层长壁采场围岩与装备相互作用及控制机理

(g) 推进55 m　　　　　　　　(h) 推进60 m

1~9——顶板"O-X"的破断顺序

图2-7 基本顶塑性区演化特征

3. 工作面煤壁力学分布规律

受煤层倾角和伪斜角影响,沿工作面倾向应力分布呈现出明显的非对称特征,倾斜中部区域煤壁垂直应力高于上、下部区域,如图2-8所示。煤壁垂直位移量远大于水平位移量,如图2-9所示。在伪俯斜工作面,煤壁稳定性受采高、倾角和伪斜角影响显著,工作面煤壁垂直应力不断向深部转移,伪斜角的增大可以有效降低煤壁片帮概率。煤层的倾角增大,煤壁集中应力值和影响范围逐渐减小(减小幅度较小)。沿工作面倾向支架对煤壁支护效果呈现出下部区域>中部区域>上部区域,煤壁对支架稳定性作用也较明显,支架护帮板受载较大;支架的反向支撑作用抑制了顶板运移,对工作面中下部区域作用效果明显,底板的变形、破坏、滑移造成支架底座运动出现分区域差异。

(二) 薄煤层伪俯斜采场围岩空间力学演化规律

以太平煤矿31111工作面为研究对象,建立FLAC3D数值计算模型,工作面为伪俯斜布置,回风平巷超前运输平巷16 m,循环开挖布局为5 m,工作面模拟支架为38架,如图2-10所示。模型尺寸为193 m×270 m×263 m(长X×宽Y×高Z),工作面推进方向沿Y轴正方向,采用Mohr Coulomb本构模型,应变模式采用大应变变形模式,采用brick单元模拟煤岩层,模型底部限制垂直移动,上部施加覆岩等效载荷,模型前后和侧面限制水平移动,整个模型由483130个单元组成,包括502686个节点。在进行开挖计算前,需对模型进行初始平衡计算;通过计算,使得岩层处于原岩应力状态。

(a) 上部区域

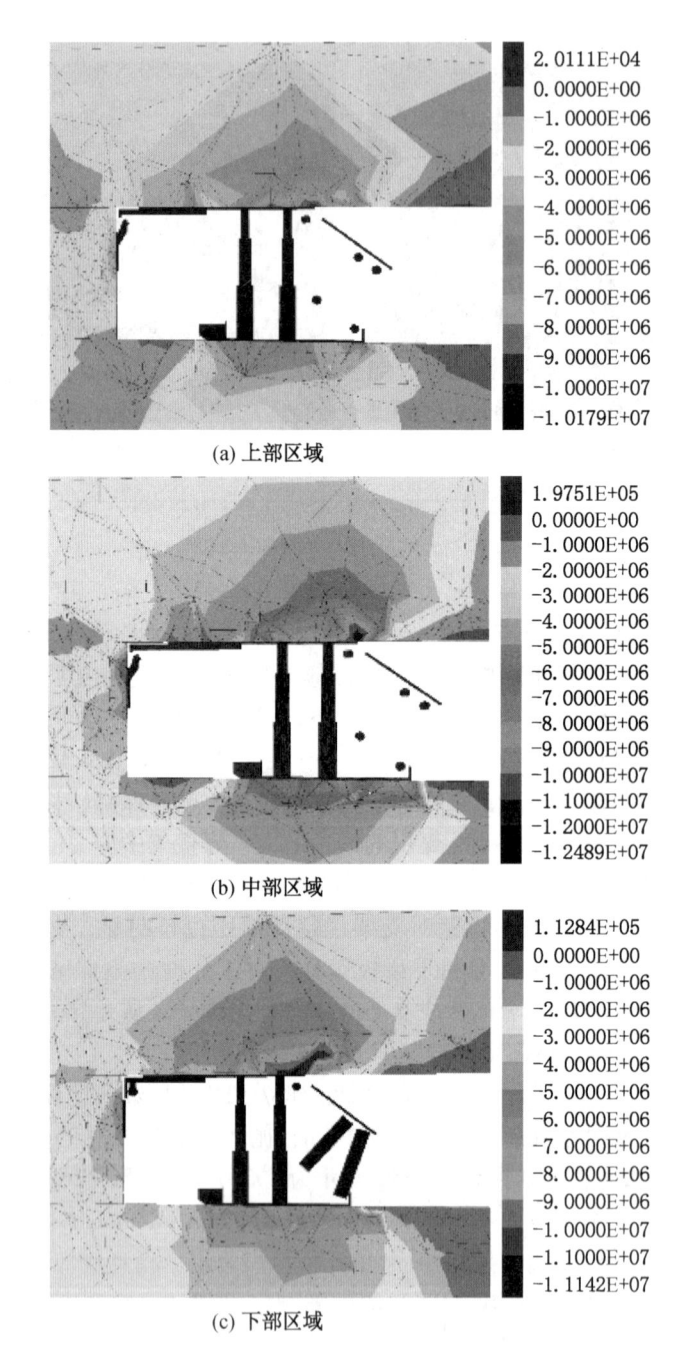

(b) 中部区域

(c) 下部区域

图 2-8 工作面走向剖面垂直应力分布特征

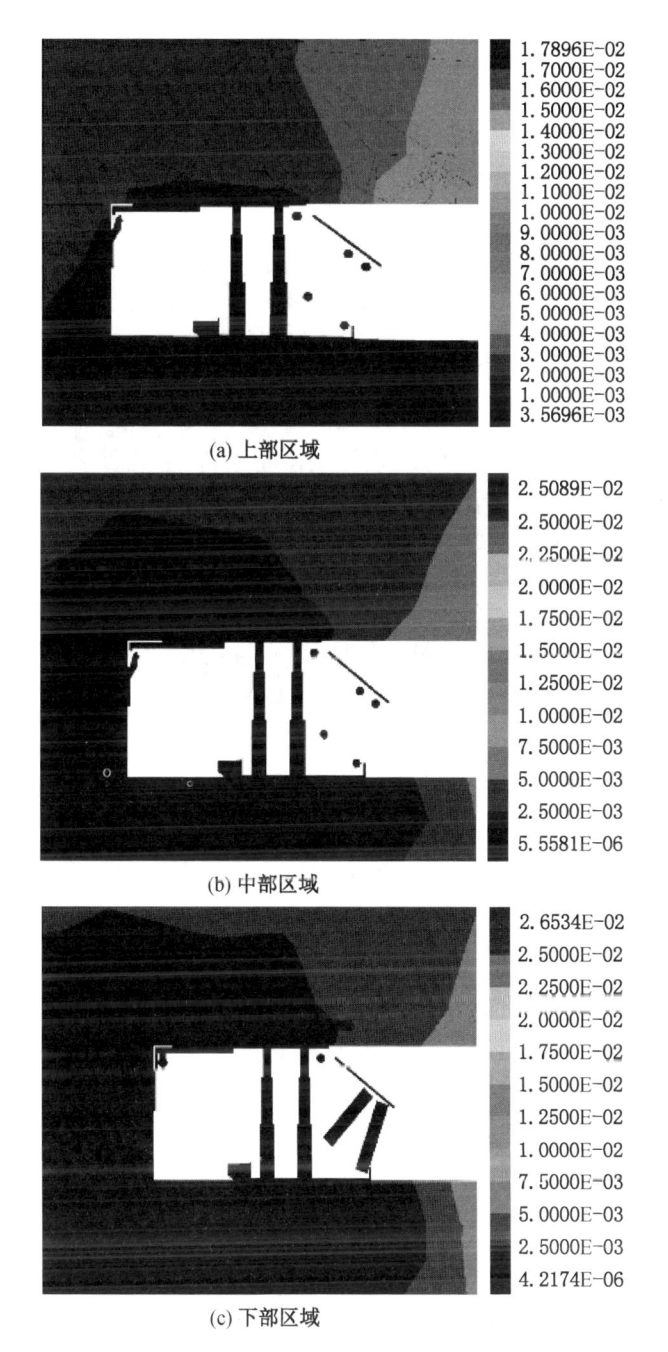

第二章 急倾斜煤层长壁采场围岩与装备相互作用及控制机理

(a) 上部区域

(b) 中部区域

(c) 下部区域

图 2-9 工作面走向剖面位移分布特征

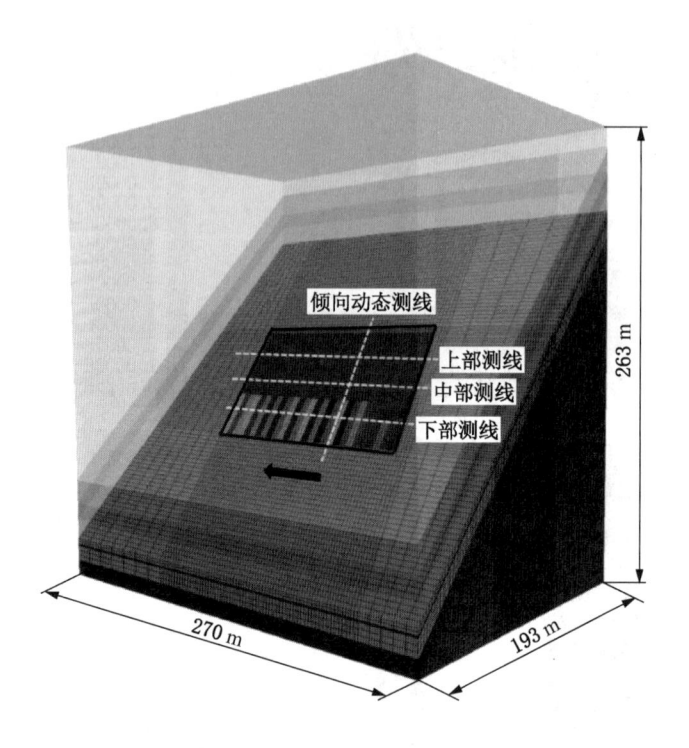

图2-10　31111工作面三维数值计算模型

1. 采场倾向剖面围岩应力演化规律

当沿倾斜方向工作面推进至20 m时，铅垂应力在工作面上下端头处出现集中，下端头处相较上端头应力集中程度高，范围大。工作面顶底板出现不同程度的铅垂应力卸荷，在工作面倾斜中部及上部顶板出现水平拉应力区，上部顶板受拉更为显著，顶底板中形成的应力释放范围形态呈非对称拱形。随着工作面继续向前推进，倾斜下部采空区进行充填（模拟倾斜下部挤压密实的垮落矸石），待工作面推进至40 m时，发现之前下端头的集中应力已转移至倾斜下部充填体的中部，应力值有所增加。工作面上端头的应力集中程度增大，但集中应力峰值位置未发生明显变化，即工作面倾斜下部的充填实质上缩短了倾斜方向的采空区长度，使工作面覆岩内部应力拱壳形态发生了改变。随着工作面继续推进，倾斜上下端发生应力集中的位置不再改变，但应力集中程度持续增加，顶底板铅垂应力释放程度和范围均进一步增大，顶板应力释放区域逐步向高位岩层延伸，底板应力释放区逐步向深部扩展，如图2-11所示。

第二章　急倾斜煤层长壁采场围岩与装备相互作用及控制机理

(a) 工作面推进至20 m

(b) 工作面推进至40 m

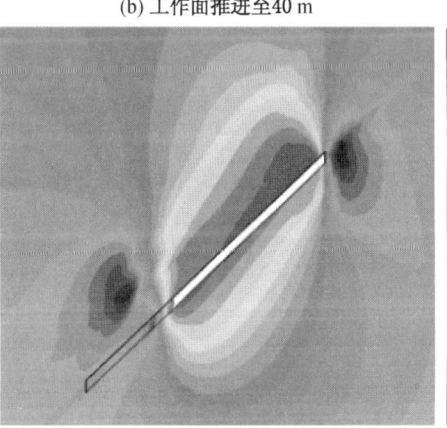

(c) 工作面推进至60 m

21

(d) 工作面推进至80 m

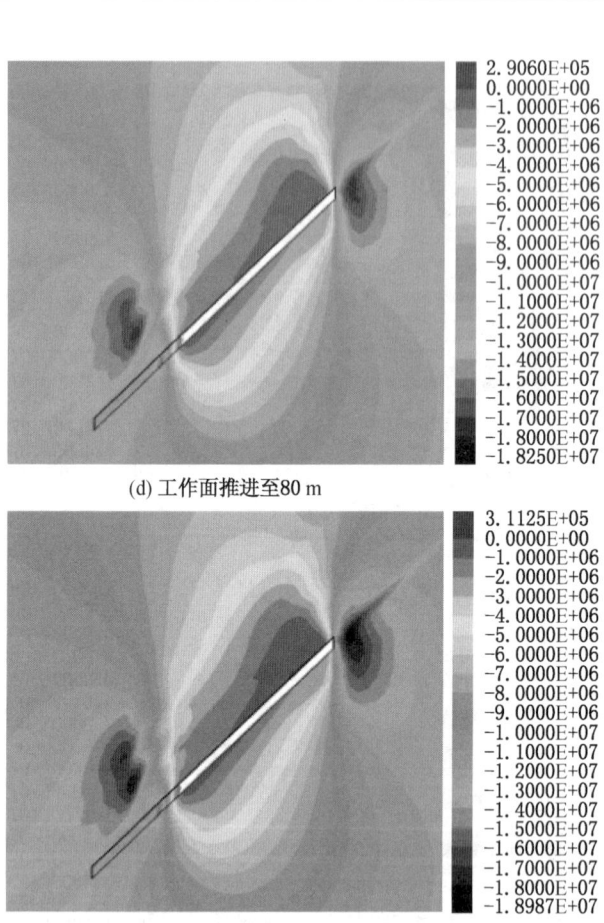

(e) 工作面推进至100 m

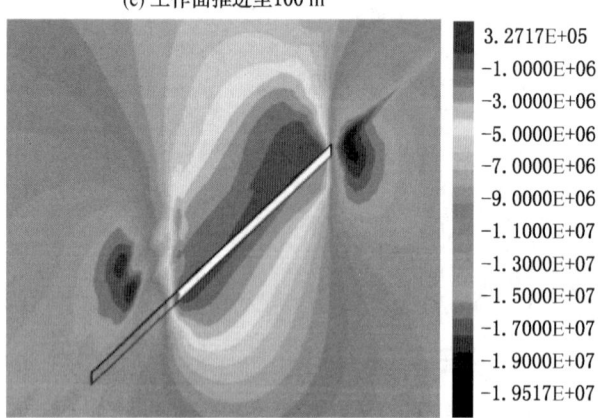

(f) 工作面推进至120 m

图 2-11 不同推采距离下围岩垂直应力分布云图

第二章 急倾斜煤层长壁采场围岩与装备相互作用及控制机理

图 2-12 中，当工作面推进至 30 m 时，整个工作面的顶板受到的铅垂应力均低于原岩应力，处于卸荷状态，在工作面下端头外侧实体煤 1~7 m 范围内的实体煤中则出现集中应力峰值，最大为 13.8 MPa；在工作面上端头外侧实体煤 9~13 m 范围内的实体煤中则出现集中应力峰值，最大为 11.8 MPa。当工作面推采距离超过 30 m 时开始对倾斜下部采空区的充填效应开始显现，此时全工作面顶板受到的水平应力既出现增压区，又出现卸压区。下端头集中应力的峰值位置开始向倾斜上部转移，位于采空区充填段的顶板，峰值位置在距下端头内侧的 1~12 m 范围内浮动，且多数情况下位于 0~3 m 范围内。随着推采距离的增大峰值应力大小持续增加，最大达到 14.9 MPa。同时，顶板铅垂应力增压区的范围随着推采的进行逐步扩大，卸荷区范围逐步减小。推采至 140 m 时顶板增压区处于工作面倾斜下部 0~15 m 范围内。上端头铅垂应力峰值位置基本不随推进距离的改变而改变，均位于上端头外侧 7~10 m 范围内，无明显线性关系，但铅垂应力峰值则随着推采距离的增加而增加，最大可达 14.6 MPa。在上端头外侧的较大范围内顶板岩层均处于增压状态。

图 2-13 为不同推进度下工作面倾向位移分布云图，伪俯斜工作面的围岩位

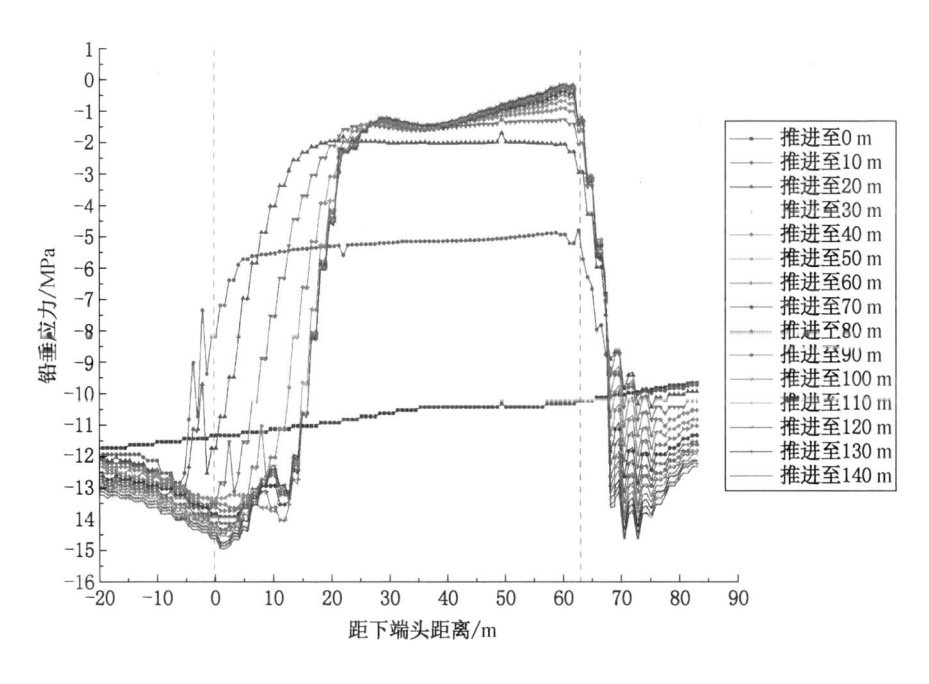

图 2-12 不同推采距离下顶板垂直应力演化规律

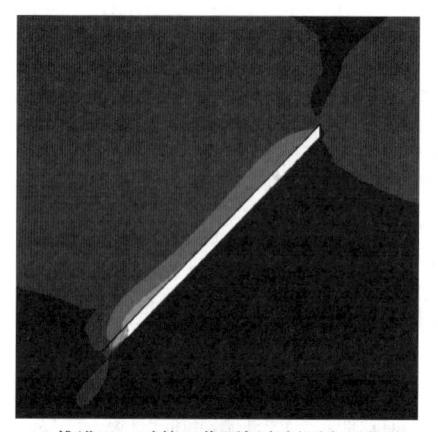

(a) 推进20 m时的工作面倾向剖面水平位移

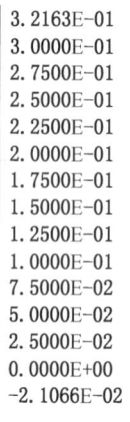

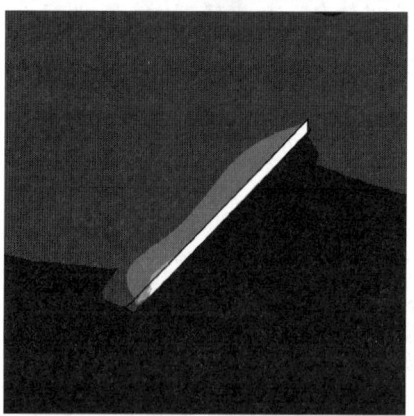

(b) 推进40 m时的工作面倾向剖面水平位移

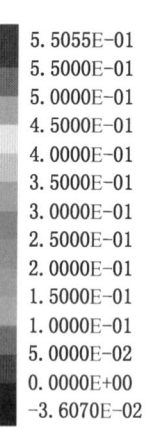

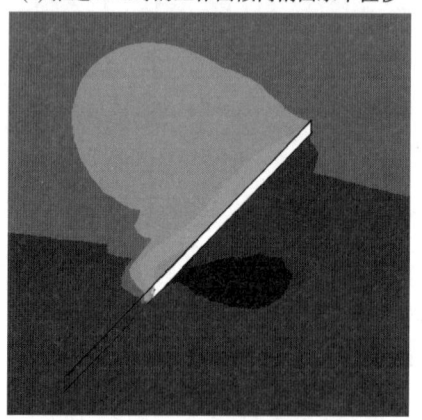

(c) 推进80 m时的工作面倾向剖面水平位移

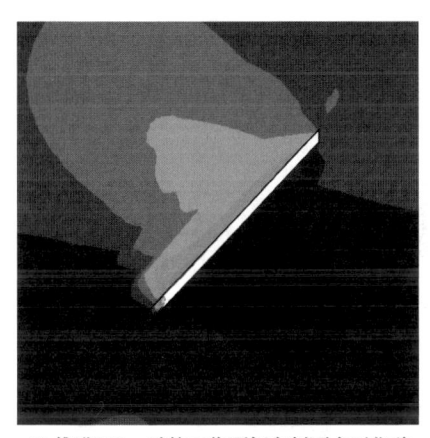

(d) 推进140 m时的工作面倾向剖面水平位移

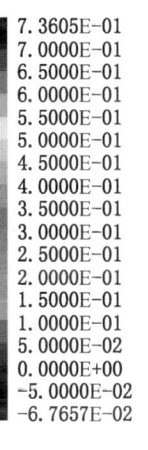

(e) 推进20 m时的工作面倾向剖面垂直位移

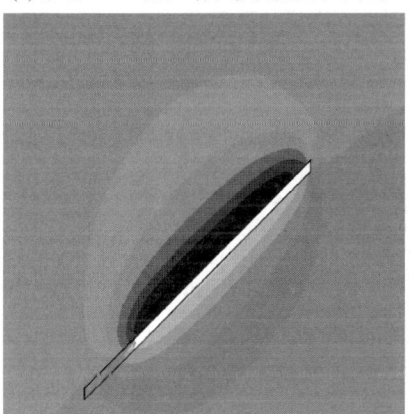

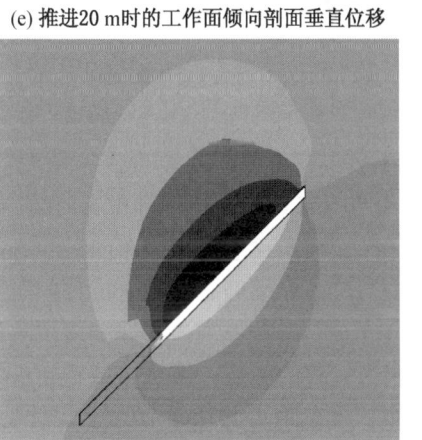

(f) 推进40 m时的工作面倾向剖面垂直位移

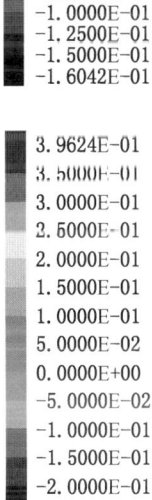

(g) 推进80 m时的工作面倾向剖面垂直位移

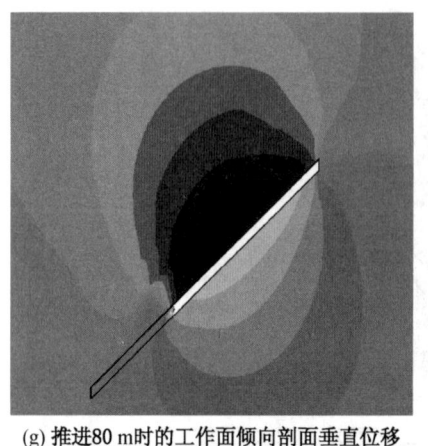

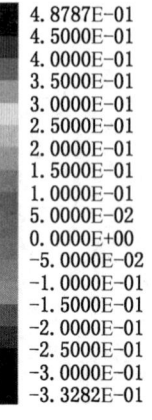

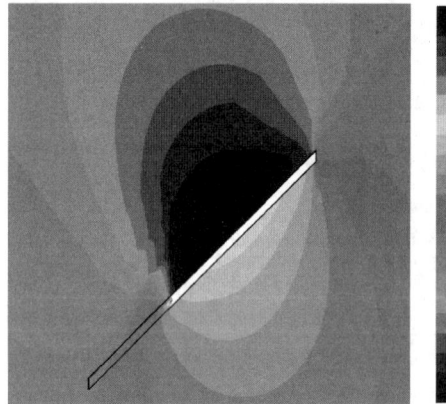

(h) 推进140 m时的工作面倾向剖面垂直位移

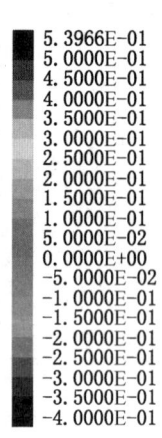

图2-13 不同推进度下工作面倾向位移分布云图

移以铅垂位移为主，水平位移量较小且受充填影响较明显。当工作面开采后顶底板中都将形成一定范围内的空间，顶板内铅垂位移范围和位移值明显大于水平位移。

从图2-14不同推进度下工作面倾向顶板位移分布曲线中可知伪俯斜工作面围岩运移以顶板的铅垂位移为主，垮落充填矸石对围岩位移的影响主要体现在对围岩水平位移的控制影响。垮落矸石充填在抑制该区域围岩位移的同时，会因为自身重力的分力即中上部区域应力转移的影响，使该区域重新进入受压状态，甚至产生向工作面顶板侧的负位移。故在距离开切眼20 m范围内围岩水平位移较小，甚至出现负位移。

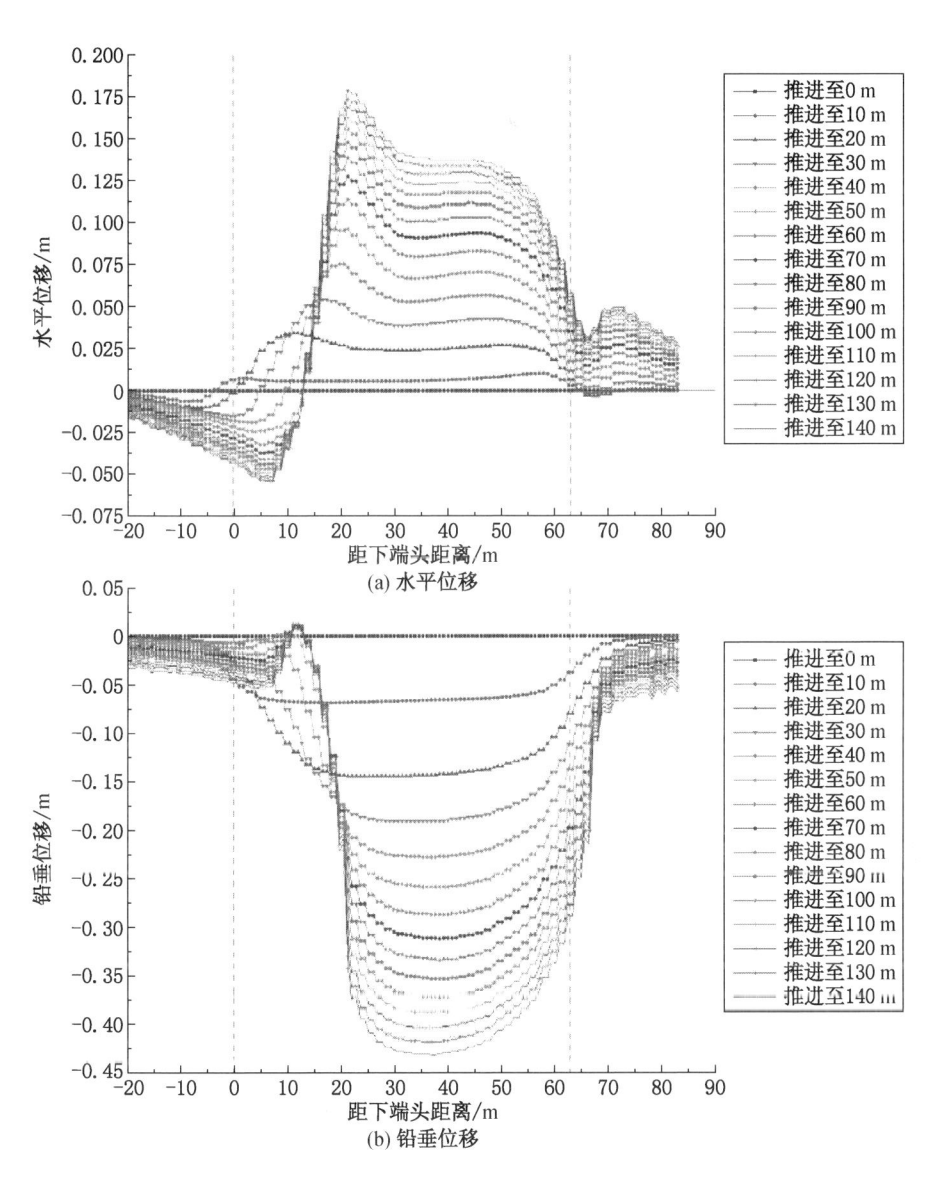

图 2-14 不同推进度下工作面倾向顶板位移分布曲线

图 2-15 为不同推进度下工作面倾向塑性破坏区分布图。随着工作面推进直接顶首先发生拉伸破坏，直接底发生剪切破坏。随着进一步回采顶板塑性破坏范围向基本顶岩层延伸，在基本顶中形成以剪切破坏为主的塑性破坏，而底板中塑性破坏范围较小（主要为剪破坏和小范围拉破坏），在靠近工作面上端头的基本

底局部范围内剪切破坏深度加大。同时由于下部区域模拟回填的影响,抑制顶底板塑性区向工作面下部区域的发展,主要表现为垮落矸石的压缩变形和顶底板的塑性变形,工作面下端头破坏范围较小。由塑性区演化过程可以看出,顶底板中塑性区发育具有方向性和时序性,沿垂直于层位方向主要由浅层直接顶或直接底向更深层次的基本顶发育为主。在平行岩层方向上,顶板中最先在下部区域出现塑性区并随工作面开采不断向上部延伸,煤层底板中上部区域较先形成塑性区并逐渐向下部区域延伸,顶板以压剪破坏为主,底板主要为剪切破坏,顶板最大破坏高度达 26.38 m,底板最大破坏深度为 17.32 m。

(a) 推进20 m

(b) 推进40 m

(c) 推进80 m

(d) 推进140 m

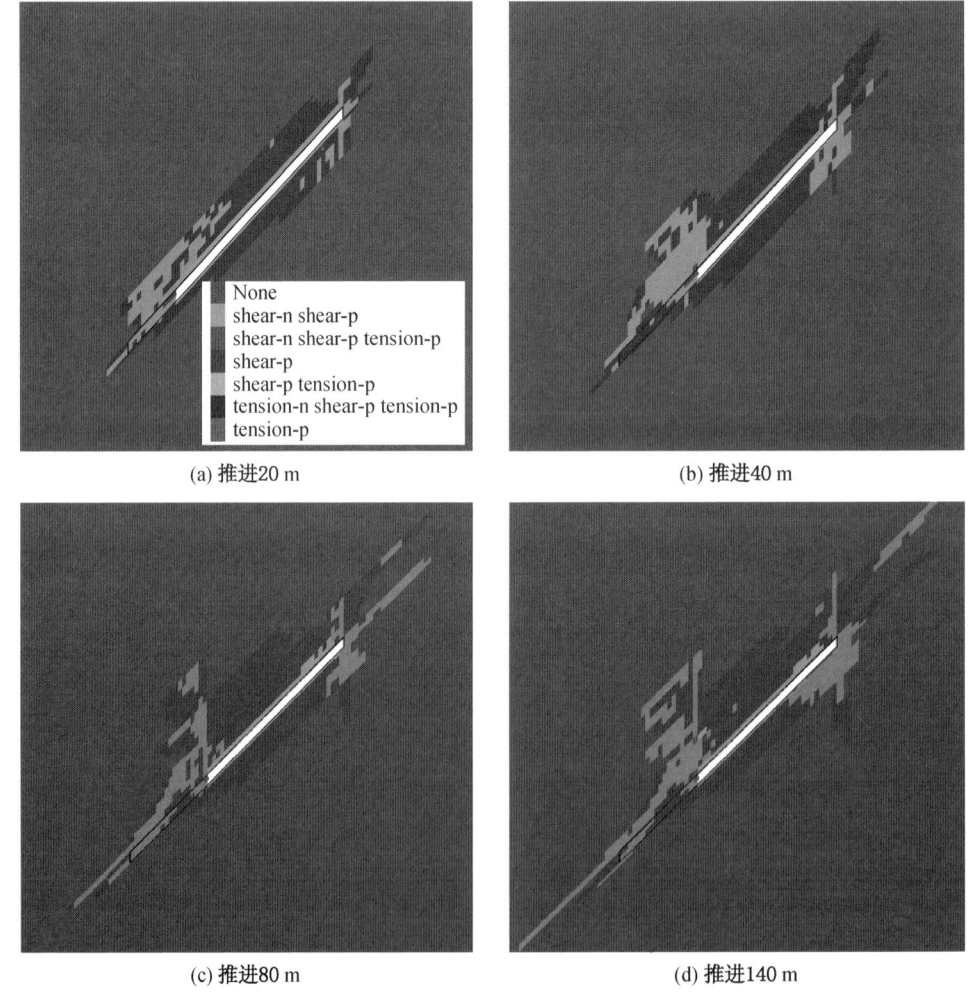

图 2-15 不同推进度下工作面倾向塑性破坏区分布

第二章 急倾斜煤层长壁采场围岩与装备相互作用及控制机理

2. 采场走向剖面围岩力学演化规律

煤层开挖后,在工作面倾向上部和中部区域的煤壁前方及采空区后方实体煤处均形成应力集中区,在顶底板岩层发生卸荷,应力发生释放,顶板相较于底板卸荷范围大,卸荷程度强,顶板应力释放区形态近似对称拱形,拱脚位于前后实体煤处,拱顶位于采空区中部,自下至上应力释放程度依次降低。在煤壁前方 8 m 左右处,上部区域超前支承压力达到峰值,峰值应力平均为 11.7 MPa,应力集中系数平均为 1.14,超前支承压力的影响范围约为 40 m。随工作面的推进,应力释放区范围沿垂高方向逐步向上发展,推采 80 m 后不再增高,在走向方向则随着推采的进行逐步向前延伸,如图 2-16 所示。中部区域在煤壁前方 6 m 左右处超前支承压力达到峰值,峰值应力平均为 13.65 MPa,应力集中系数平均为 1.31,超前支承压力的影响范围约为 35~40 m。

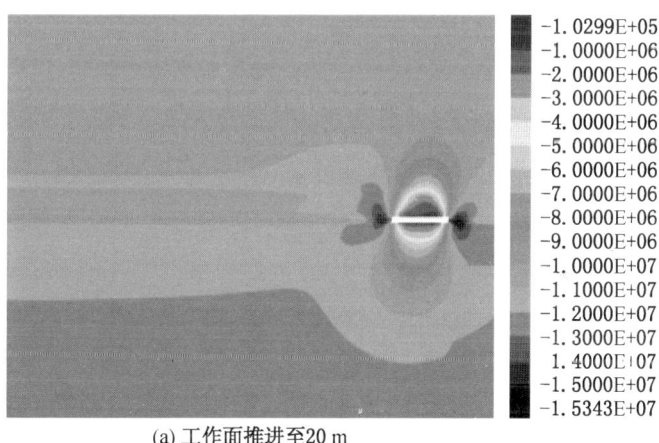

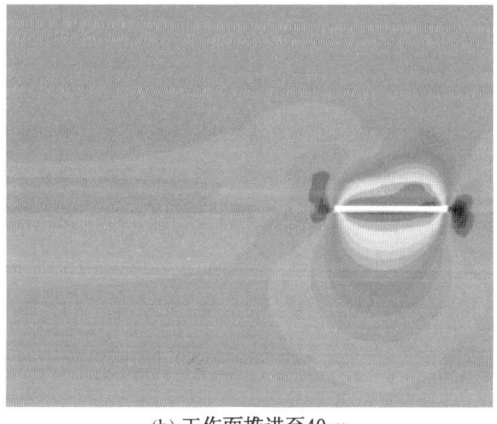

(a) 工作面推进至 20 m

(b) 工作面推进至 40 m

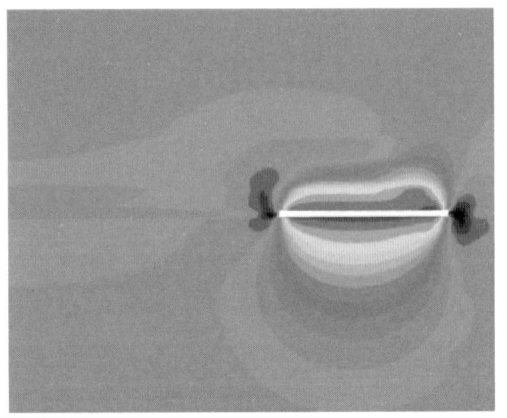

(c) 工作面推进至60 m

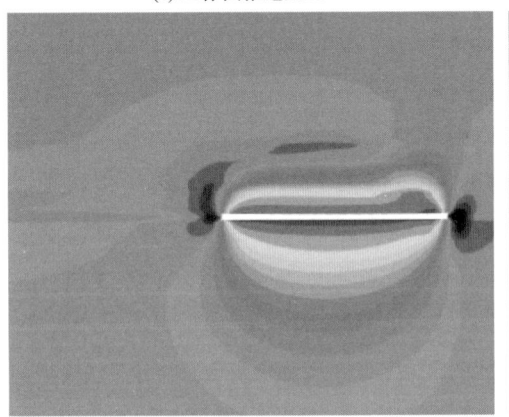

(d) 工作面推进至80 m

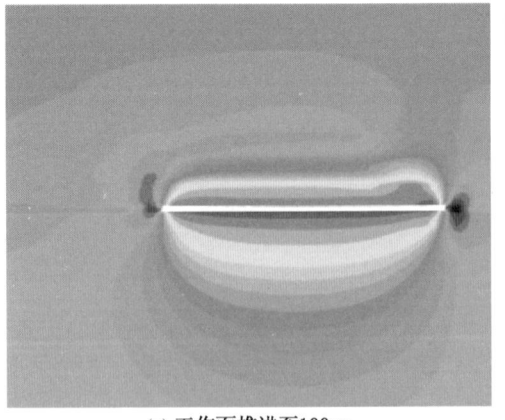

(e) 工作面推进至100 m

第二章 急倾斜煤层长壁采场围岩与装备相互作用及控制机理

(f) 工作面推进至120 m

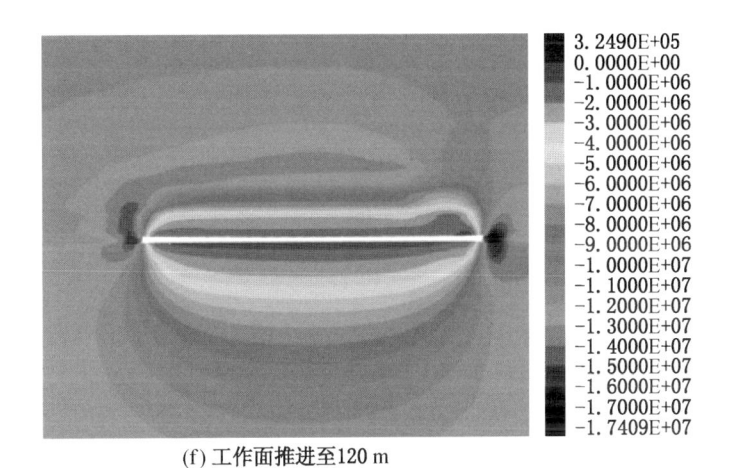

图 2-16 不同推进度时中部区域垂直应力分布

工作面倾斜下部（1/3L）采空区垮落矸石充填密实，对该区域顶板形成强支撑作用。因此在模拟推采过程中对该区域采空区进行充填（工作面推采 20 m 以后进行充填，原因是在 20 m 以前顶板垮落不充分，尚不能实际形成非均匀充填的特点），以符合实际情况。除初采期间外，下部区域在煤壁前方 0~1 m 范围内超前支承压力达到峰值，峰值应力平均为 13.67 MPa，应力集中系数平均为 1.20，超前支承压力的影响范围约为 20 m。

急倾斜薄煤层推进时，工作面沿走向方向上、中、下不同区域的水平位移和铅垂位移分布云图如图 2-17 所示。分析可知，伪俯斜工作面顶底板的位移呈现沿铅垂方向对称的拱形形态，但顶板内水平位移方向存在较大的差异性，工作面上部区域顶板水平位移向采空区侧偏移，中部较对称，下部向工作面前方偏移。对于上覆岩层水平方向运移特征而言，中、上部区域顶板水平位移以向采空区方向运动为主；下部区域由于垮落矸石充填的约束，顶板运动空间减小。同时由于工作面伪俯斜布置，充填矸石沿走向可认为其处于仰斜状态，一方面抑制顶板的变形，另一方面堆积矸石会产生沿走向方向指向未开采区域的应力分力，使得顶底板沿走向形成负位移，因此工作面下部区域超前煤壁一定距离的顶板内出现负位移，且随工作面推进垮落矸石充填影响作用效果逐渐增强，负位移数值逐渐增大。

(a) 工作面推进20 m时的走向剖面围岩水平位移

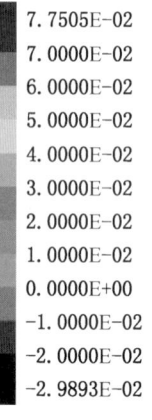

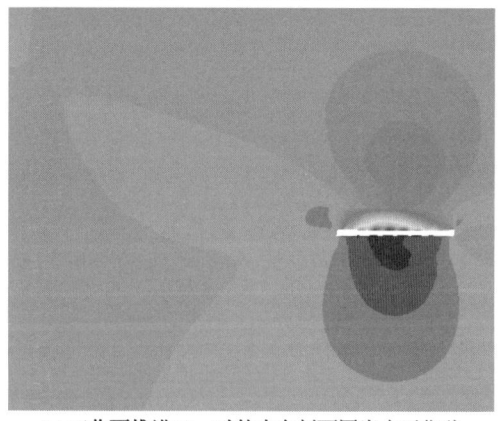

(b) 工作面推进40 m时的走向剖面围岩水平位移

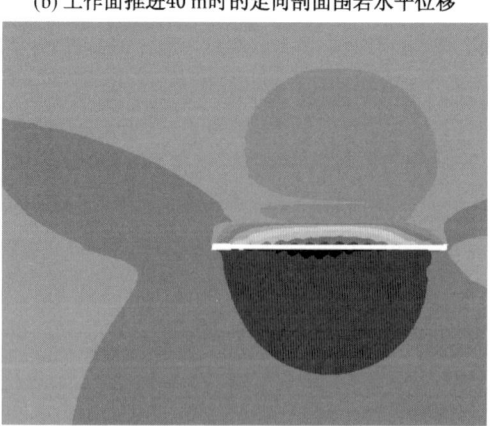

(c) 工作面推进80 m时的走向剖面围岩水平位移

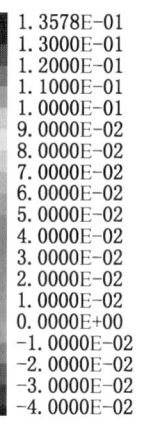

(d) 工作面推进140 m时的走向剖面围岩水平位移

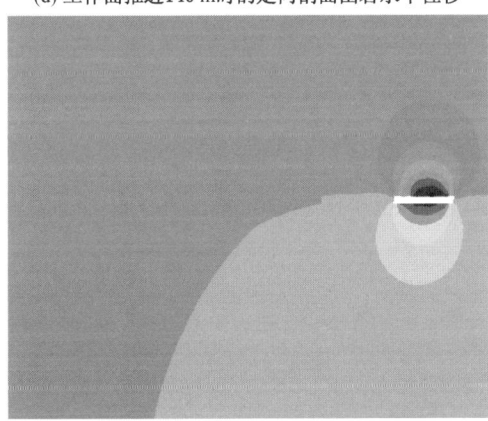

(e) 工作面推进20 m时的走向剖面围岩位移

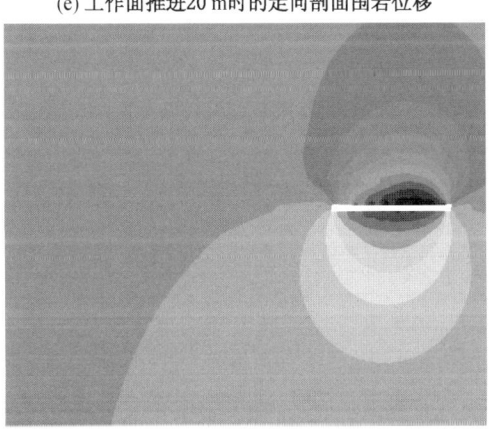

(f) 工作面推进40 m时的走向剖面围岩位移

(g) 工作面推进80 m时的走向剖面围岩位移

(h) 工作面推进140 m时的走向剖面围岩位移

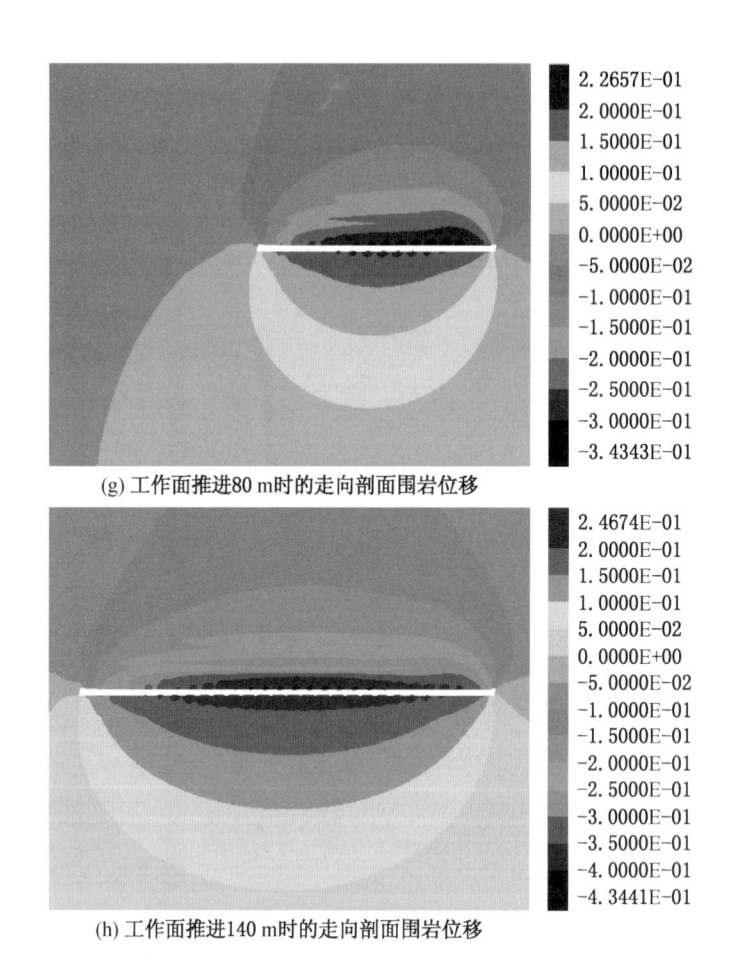

图 2-17　不同推进度下工作面不同区域位移云图

不同推进度下工作面沿走向方向不同区域的围岩塑性破坏分布,如图 2-18 所示。由工作面塑性区演变规律可知,随工作面推进,首先在工作面前后方煤壁的边角处产生以剪切为主的变形破坏,随后破坏范围随工作面的推进不断向前方和向更高位岩层发育。沿走向方向工作面直接顶以拉破坏为主,基本顶及上部岩层呈现压剪复合破坏,且倾斜上、中、下顶底板的塑性破坏范围不同,最大塑性破坏高度特征为中部最大、工作面下部及上部相当。随工作面推进中、上部区域塑性区向上发育更充分,而工作面下部区域塑性区变化幅度和发育程度更低。

第二章　急倾斜煤层长壁采场围岩与装备相互作用及控制机理

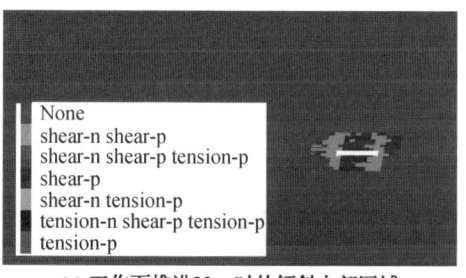

(a) 工作面推进20 m时的倾斜上部区域

(b) 工作面推进40 m时的倾斜上部区域

(c) 工作面推进80 m时的倾斜上部区域

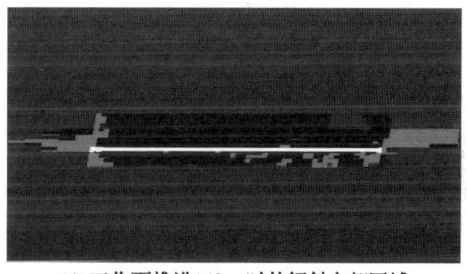

(d) 工作面推进140 m时的倾斜上部区域

(e) 工作面推进20 m时的倾斜中部区域

(f) 工作面推进40 m时的倾斜中部区域

(g) 工作面推进80 m时的倾斜中部区域

(h) 工作面推进140 m时的倾斜中部区域

(i) 工作面推进20 m时的倾斜下部区域

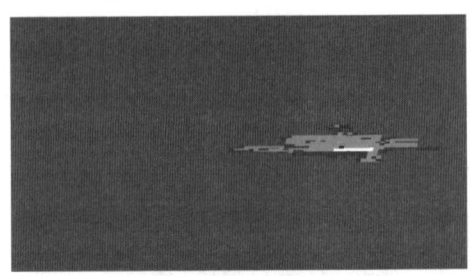

(j) 工作面推进40 m时的倾斜下部区域

(k) 工作面推进80 m时的倾斜下部区域

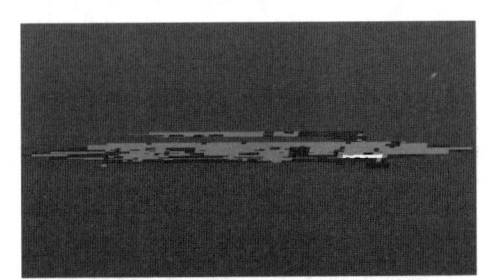

(l) 工作面推进140 m时的倾斜下部区域

图2-18　不同推进度下工作面塑性区分布图

二、不同伪斜角下伪俯斜采场基本顶力学演化规律

以四川太平煤矿31111工作面为背景，建立三维数值计算模型，模拟伪斜角为0°、10°、20°、30°时的急倾斜煤层长壁工作面开采，煤层倾角47°~56°，数值计算模型如图2-19所示。在模型建立过程中，考虑到模型计算时边界效应的影响，使主要研究区域处于边界效应影响的范围外，在采场两侧分别留有宽64 m的煤柱，同时在采场前后也留有不同尺寸的煤柱，以减小边界效应。模型底部限制垂直移动，模型前后和侧面限制水平移动，在模型表面施加7.5 MPa的补偿载荷。

开采初期，采空区范围内基本顶出现应力释放，应力释放主要集中在中部和上部，应力释放区域沿倾向展开方向与工作面基本平行，呈现出典型的非对称特征。随后，应力释放区域沿倾向表现出明显的等级划分，且应力释放程度最大的区域处于倾斜中部和上部的交汇处。在采空区下部充填作用下，基本顶下部出现了应力集中。随着工作面推进，在倾斜方向上应力释放区域始终处于上部和中

第二章 急倾斜煤层长壁采场围岩与装备相互作用及控制机理

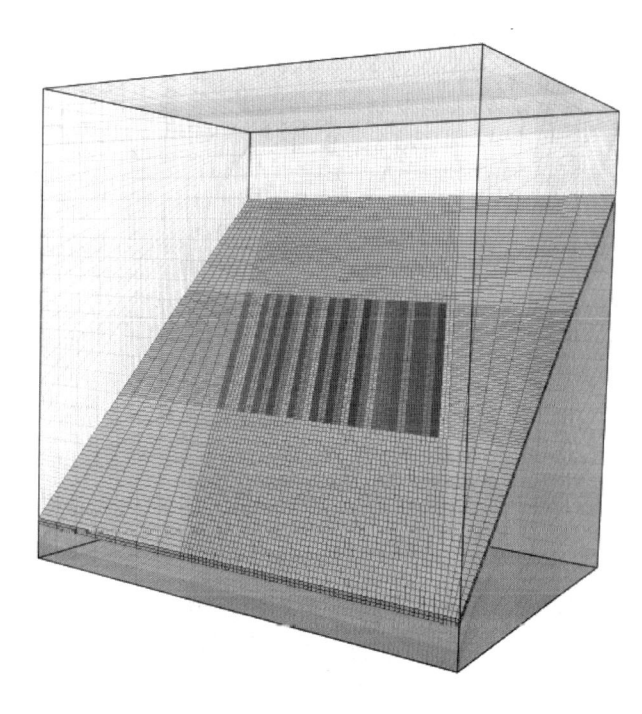

图 2-19 数值计算模型

部,不同等级的应力释放区域范围基本不变,应力集中区域始终处于下部中段和下段。正常回采阶段,在同一推进度下,不同基本顶中、上部的应力释放程度随着伪斜角的增加基本不变,下部的应力集中程度随着伪斜角的增加而降低,且降低幅度越来越大;在同一伪斜角布置条件下,随着工作面推进,中、上部基本顶应力释放程度越来越大,如图 2-20 所示。

工作面初采阶段:在工作面采空区垮落顶板堆积相对较少时,倾斜中下部区域基本顶出现变形,该现象符合物理相似模拟实验中的开采初期顶板直接顶首先从工作面中下部区域发生破裂和垮落,从而影响上方基本顶的变形特征。工作面初采期间,基本顶变形区域呈狭长的椭圆形,在伪斜角变化影响下,其变形区域在倾向上沿着伪斜角方向(图 2-21)。工作面正常开采期间:采空区上方基本顶最大变形区域主要集中在倾斜中上部,且工作面前方基本顶由于采动影响作用,也会发生一定程度的变形。在伪斜角变化影响下,采空区上方基本顶变形区域呈不规则平行四边形状,采空区周围基本顶也发生变形,其中在工作面倾斜上部回风巷侧基本顶变形范围明显大于倾斜下方运输巷侧。工作面推进度相同时:

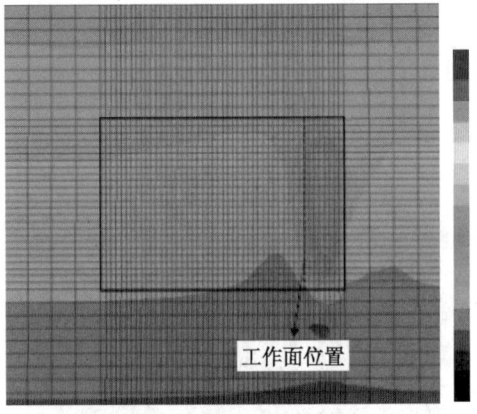

(a) 工作面推进20 m（伪斜角0°）

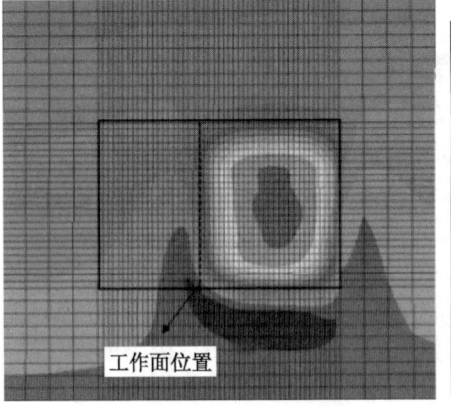

(b) 工作面推进70 m（伪斜角0°）

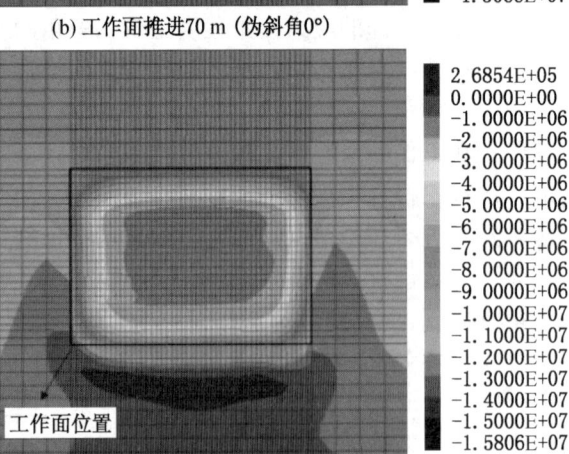

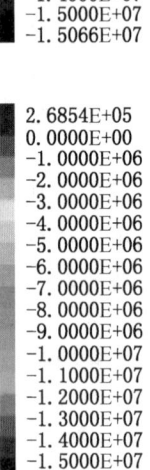

(c) 工作面推进140 m（伪斜角0°）

第二章 急倾斜煤层长壁采场围岩与装备相互作用及控制机理

(d) 工作面推进20 m（伪斜角10°）

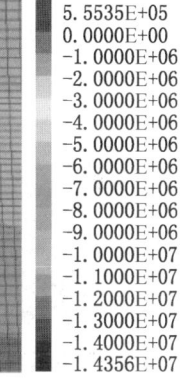

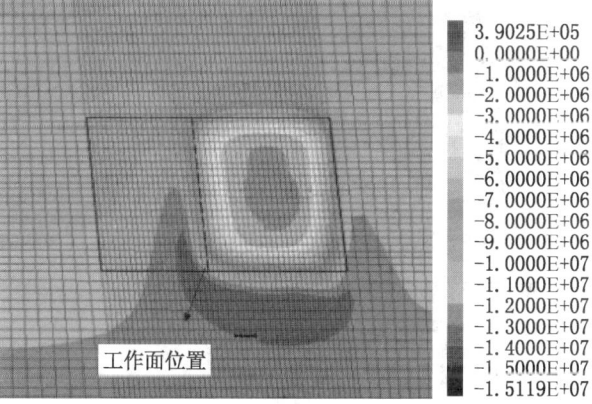

(e) 工作面推进70 m（伪斜角10°）

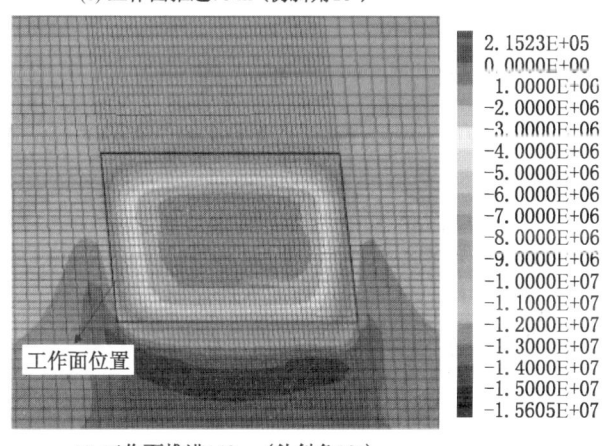

(f) 工作面推进140 m（伪斜角10°）

39

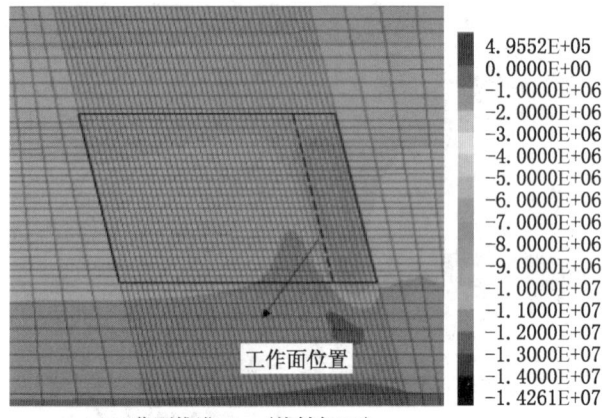

(g) 工作面推进20 m（伪斜角20°）

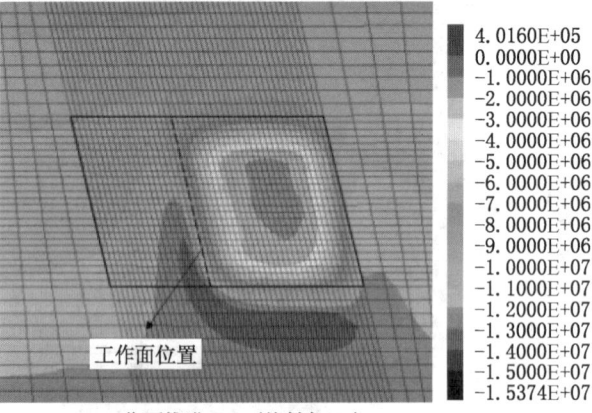

(h) 工作面推进70 m（伪斜角20°）

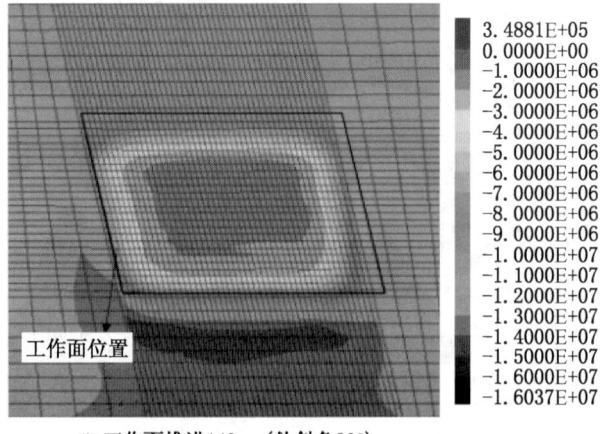

(i) 工作面推进140 m（伪斜角20°）

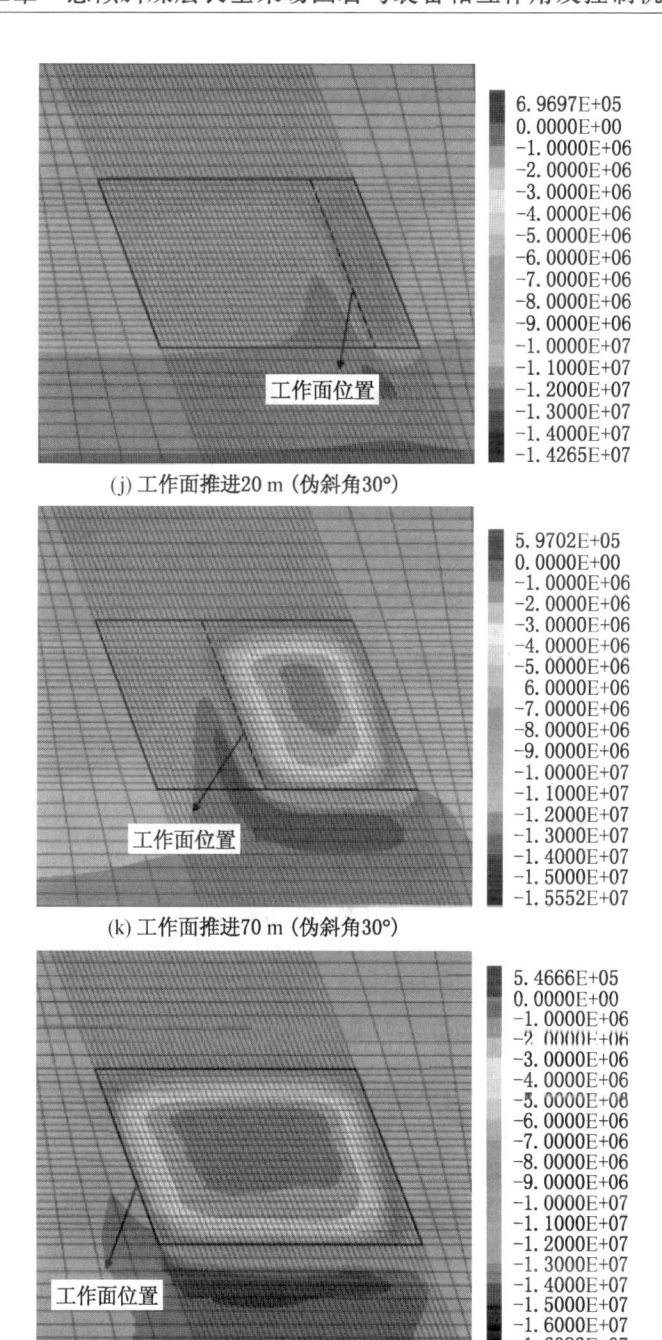

(j) 工作面推进20 m（伪斜角30°）

(k) 工作面推进70 m（伪斜角30°）

(l) 工作面推进140 m（伪斜角30°）

图2-20 不同伪斜角下基本顶垂直应力演化规律

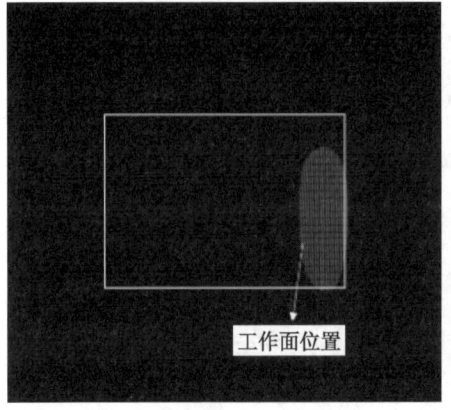

(a) 工作面推进20 m（伪斜角0°）

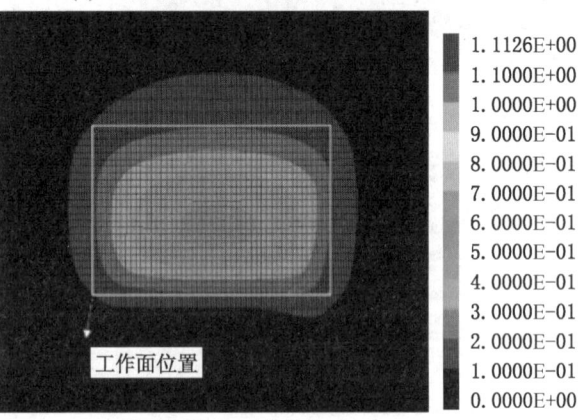

(b) 工作面推进70 m（伪斜角0°）

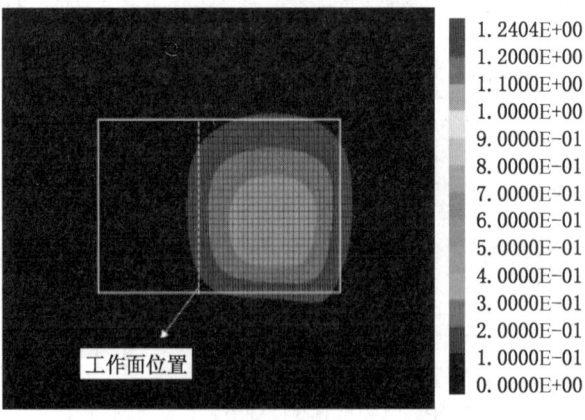

(c) 工作面推进140 m（伪斜角0°）

第二章 急倾斜煤层长壁采场围岩与装备相互作用及控制机理

(d) 工作面推进20 m（伪斜角10°）

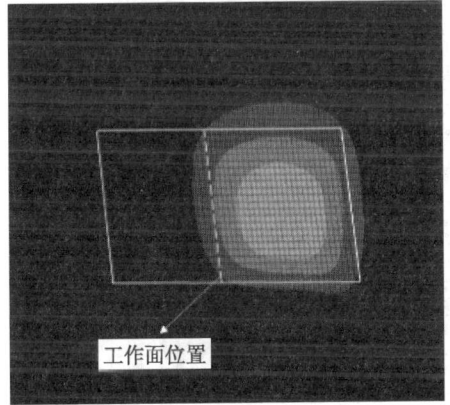

(e) 工作面推进70 m（伪斜角10°）

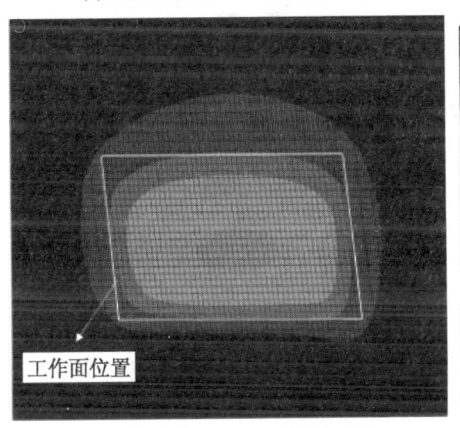

(f) 工作面推进140 m（伪斜角10°）

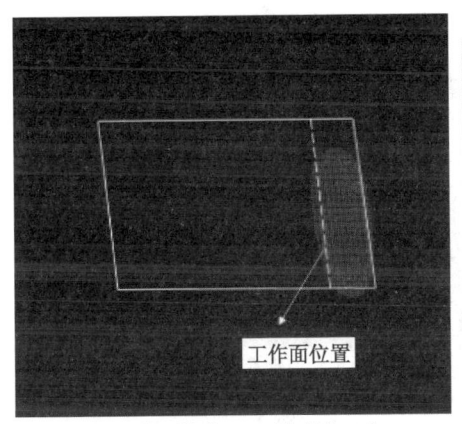

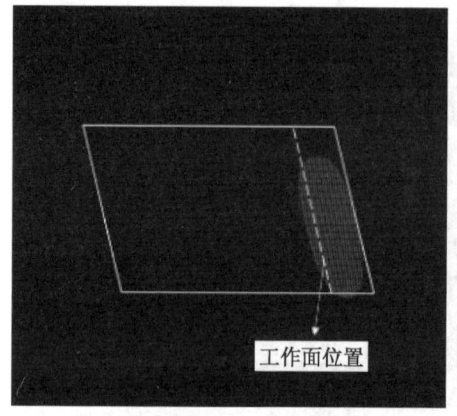

(g) 工作面推进20 m (伪斜角20°)

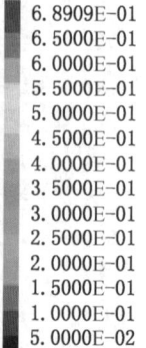

(h) 工作面推进70 m (伪斜角20°)

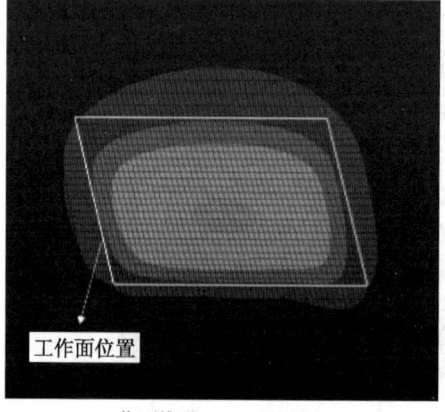

(i) 工作面推进140 m (伪斜角20°)

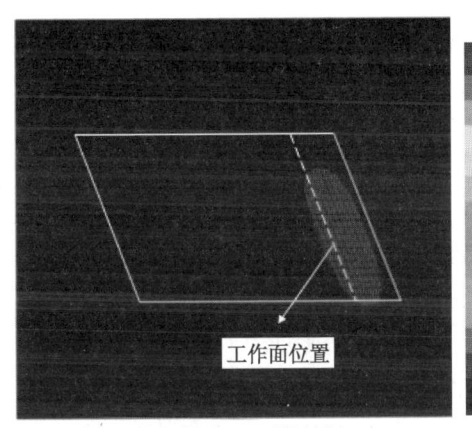

(j) 工作面推进20 m（伪斜角30°）

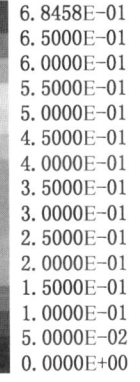

(k) 工作面推进70 m（伪斜角30°）

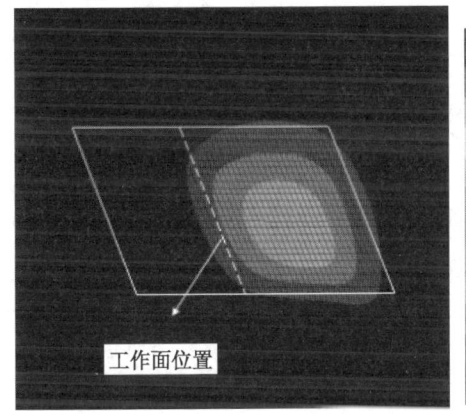

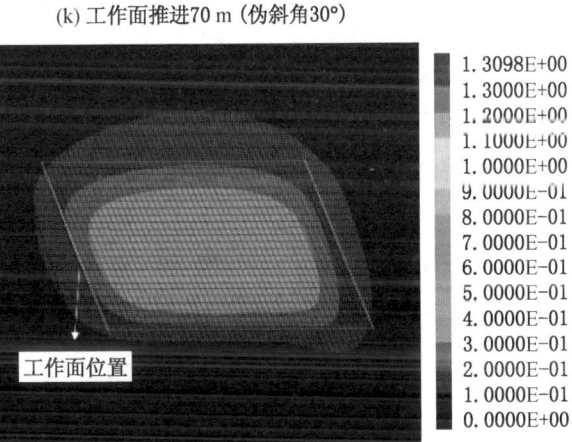

(l) 工作面推进140 m（伪斜角30°）

图2-21 不同伪斜角下基本顶位移演化规律

随着工作面伪斜角的变化,基本顶变形轮廓在倾向上始终与工作面倾斜方向一致,基本顶变形区域由近似矩形状变为近似平行四边形状;当伪斜角一定时,随着工作面推进距离的增加,采空区上方基本顶变形区域与变形量随之增加,其中变形区域逐渐向工作面前后方及两巷侧顶板延伸,且回风巷侧变形范围大于运输巷侧。

工作面开采时,采空区上方低位顶板产生拉伸破坏,而上方基本顶主要是以剪切破坏为主,且在开采过程中,采空区前后方及四周围岩顶板均受到破坏影响产生塑性区。工作面推进度一定时,随伪斜角的增加,工作面前方基本顶在倾斜方向上会逐渐形成上部小而下部大的非对称塑性破坏区;伪斜角一定时,随着工作面推进度的增加,采空区基本顶塑性破坏范围也随之增大,如图2-22所示。

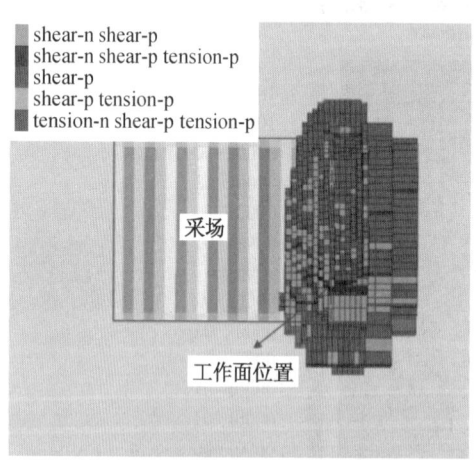

(a) 工作面推进20 m(伪斜角0°)

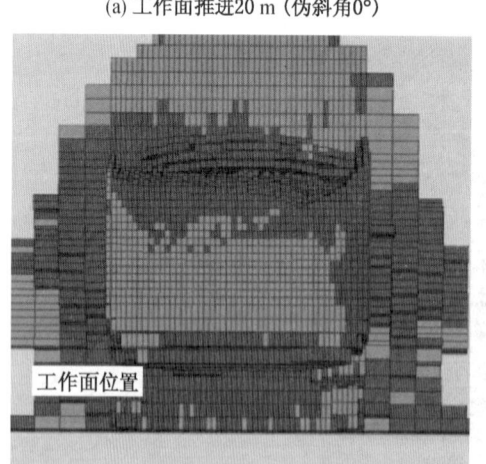

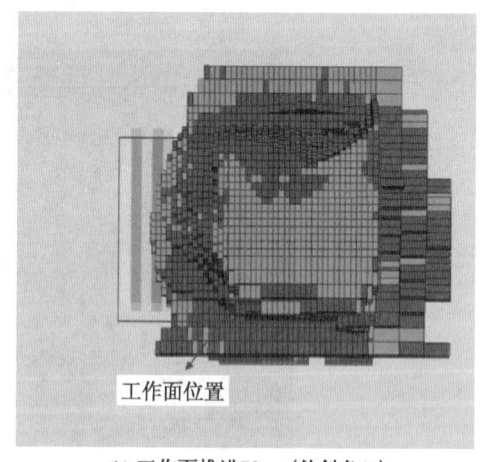

(b) 工作面推进70 m(伪斜角0°)

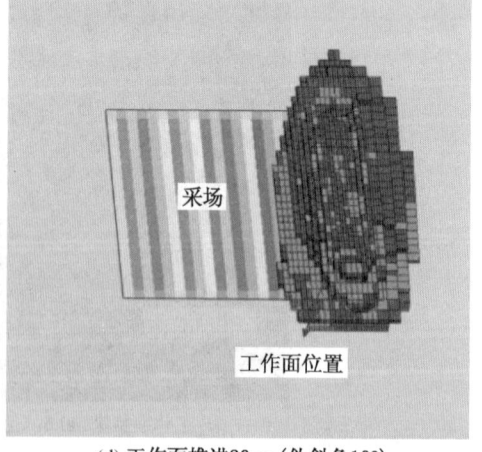

(c) 工作面推进140 m(伪斜角0°)

(d) 工作面推进20 m(伪斜角10°)

第二章 急倾斜煤层长壁采场围岩与装备相互作用及控制机理

(e) 工作面推进70 m（伪斜角10°）

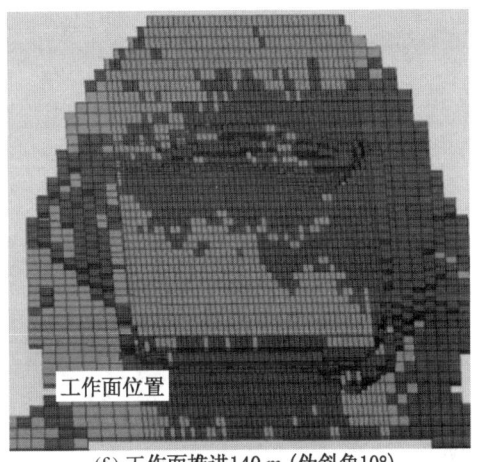

(f) 工作面推进140 m（伪斜角10°）

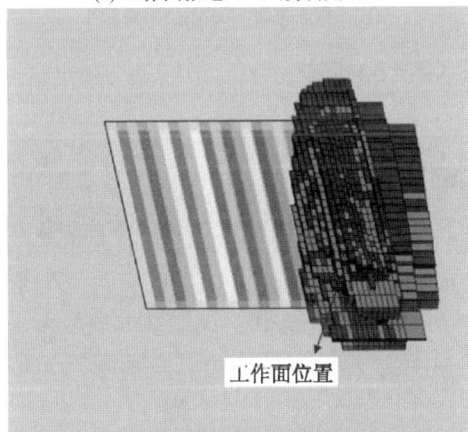

(g) 工作面推进20 m（伪斜角20°）

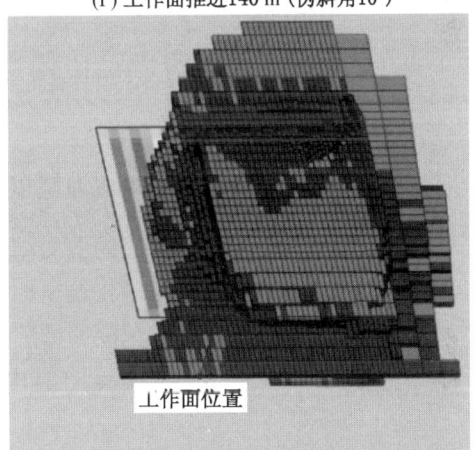

(h) 工作面推进70 m（伪斜角20°）

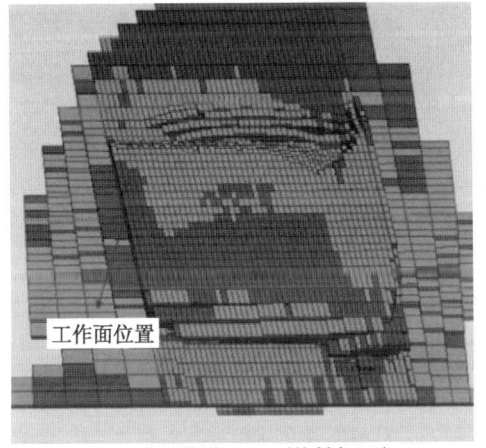

(i) 工作面推进140 m（伪斜角20°）

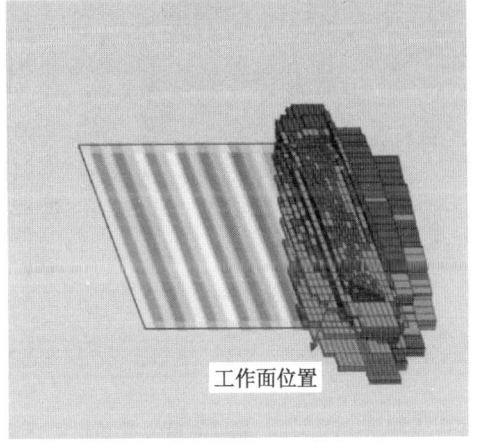

(j) 工作面推进20 m（伪斜角30°）

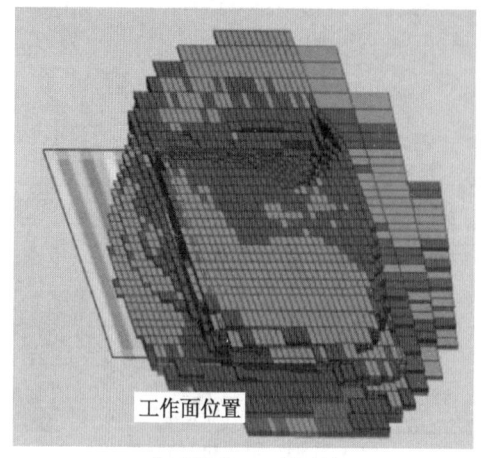

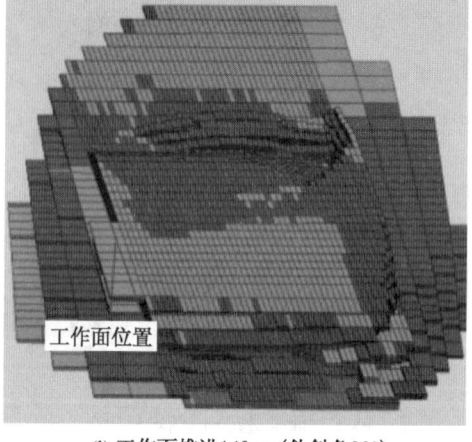

(k) 工作面推进70 m（伪斜角30°)　　　　　(l) 工作面推进140 m（伪斜角30°)

图 2-22　不同伪斜角下基本顶塑性破坏演化特征

三、伪俯斜采场围岩三维应力展布及演化规律

针对急倾斜煤层开采引起的覆岩结构，其中伪顶增大了采空区矸石充填率的差异化，提高了基本顶裂隙演化速率；煤层倾角是影响基本顶应力与变形呈勺形分布的主要因素，主导覆岩裂隙倾向演化与分区破断；急倾斜煤层基本顶最大变形位于中上部，采场三维空间逐渐演化成"上宽下窄"的应力、变形形态，如图 2-23 所示。

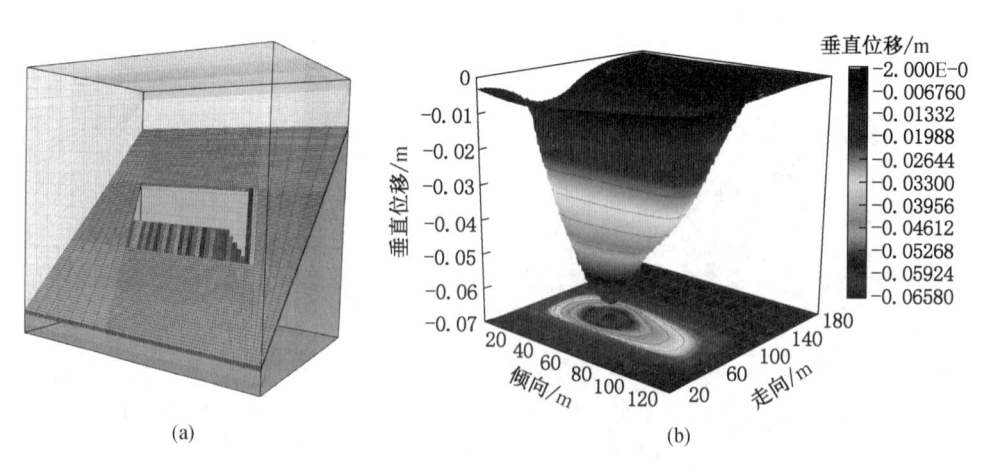

(a)　　　　　　　　　　(b)

图 2-23　采场顶板三维模型与位移分布演化规律

第二章　急倾斜煤层长壁采场围岩与装备相互作用及控制机理

急倾斜煤层伪俯斜采场直接顶中部和上部的破坏范围，是以岩层层面方向的层状破坏为主；基本顶破坏裂隙分布的区域差异性明显，基本顶中部和上部的破坏以垂直层面方向的柱状破坏为主，直接顶中部下表面受到拉应力，故中部直接顶先破坏。基本顶的应力释放范围沿倾斜方向较小且处于中上部，基本顶中部顶板应力高于上部，下部顶板的压力又高于中部。在基本顶下部和中部之间，以及中部和上部之间以剪破坏为主，且中部破坏程度最大，上部次之，下部最小。应力释放路径在同一层位顶板中和在不同层位顶板岩层间是不同的，应力由高强度岩层向低强度岩层转移和由高强度岩层向高强度岩层转移的路径也不同。相同层位的顶板应力逐渐减小时，其应力轮廓沿倾向向上缩短，同时应力壳最高处降低，但位置不变；每层顶板的上表面向上缩短的速度大于下表面的缩短速度，如图 2-24 所示。

由于采空区下部充填矸石有效支撑区域范围的增加，工作面中、下部悬顶范围的增加，使得伪俯斜工作面支承压力呈现出与真斜工作面不同的分布特征，表现为真斜工作面的下部最大、中部次之、下部最小转化为中部最大、下部次之、上部最小，工作面中部支承压力是下部支承压力的 1.05 倍，工作面中部支承压

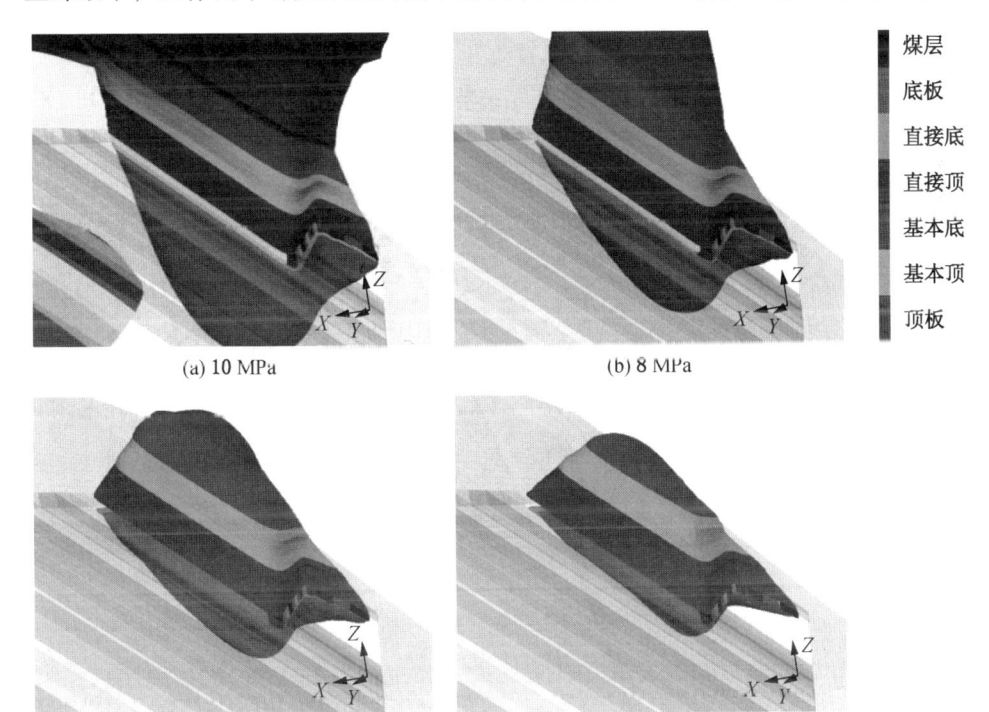

(a) 10 MPa

(b) 8 MPa

(c) 6 MPa

(d) 4 MPa

(e) 2 MPa　　　　　　　　　　(f) 1 MPa

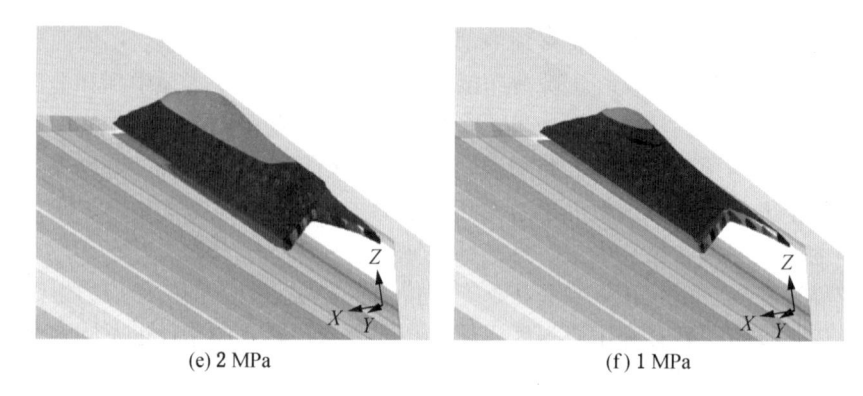

图 2-24　伪俯斜采场顶板岩层间垂直应力传递特征

力是上部支承压力的 1.06 倍，差别不大。同时，伪俯斜工作面回风巷侧应力集中程度小于运输巷侧，回风巷侧支承压力是运输巷侧支承压力的 0.66 倍，除了埋深及充填程度不同外，上、下端头滞后垮落区域顶板的稳定性不同，也是造成回风巷侧应力集中程度小于运输巷侧的主要原因，如图 2-25 所示。

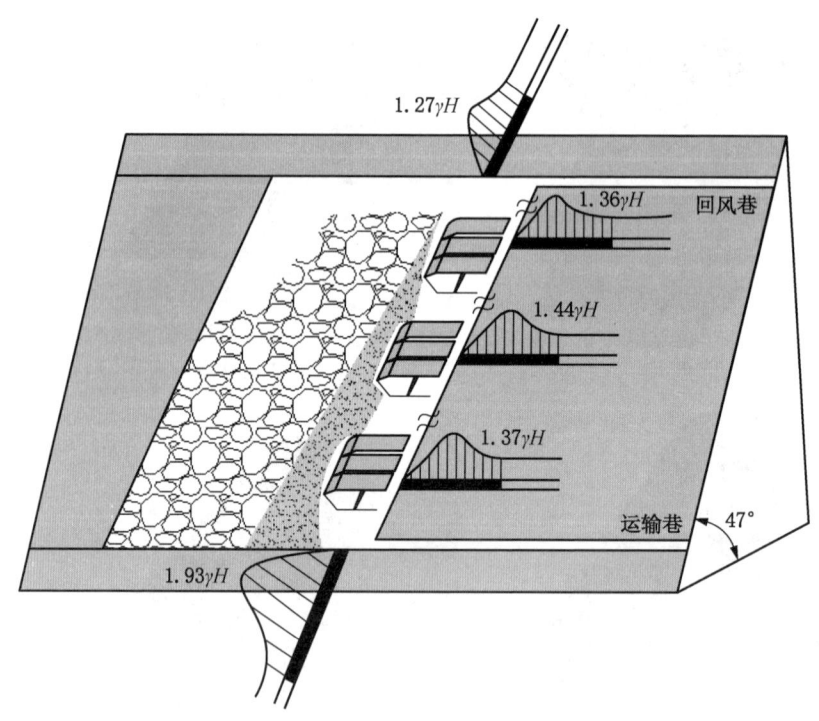

图 2-25　伪俯斜工作面支承压力分布特征

第二节　急倾斜伪俯斜采场空间顶板破断运移规律

一、中厚煤层开采顶板破断演化规律

三维物理相似材料模拟实验以某矿中厚煤层工作面为工程背景，伪俯斜工作面走向推进长度平均为 974.5 m，倾斜长度平均为 77.8 m，伪斜角 10°，煤层平均厚度 3.5 m，平均埋深 350 m，煤层倾角 41°~59°，平均倾角为 49°，容重为 1.44 t/m³。煤层伪顶为灰色黏土泥岩，厚度 0~0.3 m。直接顶上部为深灰色泥岩，下部为灰色钙质泥岩，含黄铁矿团块，厚度 6.8~10.2 m。基本顶上部为深灰色泥岩，中部为泥质灰岩，下部为灰黑色硅质薄层灰岩，俗称"小铁板"，厚度 6.2~11.4 m。直接底为灰色泥岩，厚度 3.8~6.8 m。基本底上部为中厚层状细砂岩，中部为中砂岩，下部为灰白色铝土岩，厚度 3.1~5.7 m。采面内顶底板全区都很完整，顶板属Ⅲ类、底板属Ⅳ类。煤岩层物理力学参数见表 2-2。

表 2-2　某矿中厚煤层工作面煤岩层物理力学参数

岩层类型	岩性	容重/(kg·m⁻³)	弹性模量/MPa	内摩擦角/(°)	抗压强度/MPa	泊松比/mm
基本顶	泥质灰岩	2600	1833.6	36.9	3.07	0.24
直接顶	钙质泥岩	2430	1133.3	31.1	1.51	0.32
伪顶	黏土泥岩	2460	300.0	25.0	1.46	0.25
煤层	煤	1700	500.0	27.6	0.42	0.30
直接底	泥岩	2110	1066.7	28.3	1.40	0.33
基本底	细砂岩	2400	1350.0	28.5	2.36	0.22

根据中厚煤层工作面地质情况以及岩层物理力学参数，结合模型平台尺寸，确定三维模型尺寸为 1500 mm×1150 mm×500 mm（长×宽×高），模型倾角 40°，伪斜角 10°，几何相似比为 1∶100，应力相似常数 160，具体其他相似常数见表 2-3。

表 2-3　三维模型相似常数

相似常数类型	相似常数	相似常数类型	相似常数
几何	100	应力	160
容重	1.6	时间	10

急倾斜煤层长壁综采理论与技术

根据几何相似比，将河砂作为骨料，石膏、大白粉作为胶结材料，云母作为分层材料，物理模型相似材料配比见表2-4，经过铺平、压实、预制裂隙等步骤，在三维变角度实验架上铺装实验模型。模型中工作面使用高度为3.5 cm（实际3.5 m）的钢管模拟，工作面边界煤柱仍然铺装相似材料，两侧边界各留20 cm煤柱。模型顶部铺设铁砖模拟上覆载荷0.046 MPa。

表2-4 相似材料配比

岩层类型	岩性	岩层厚度/mm	质量配比
基本顶	泥质灰岩	2600	36.9
直接顶	钙质泥岩	2430	31.1
伪顶	黏土泥岩	2460	25.0
煤层	煤	1700	27.6
直接底	泥岩	2110	28.3
基本底	细砂岩	2400	28.5

急倾斜中厚煤层伪俯斜采场，开切眼侧倾斜中部的基本顶首先发生破断垮落，其次是倾斜上部基本顶，顶板随着工作面的推进沿走向发生周期性破断，且破断纵向裂隙沿工作面伪斜方向延伸，裂隙上边界位于倾斜上部顶板，裂隙下边界位于倾斜中下部顶板。煤层上方顶板裂隙发育程度较高，随着层位的升高，顶板破断裂隙越来越少。工作面基本顶整体初次破断轮廓呈非对称"O"形，如图2-26所示（左侧为模型图，右侧为轮廓图）。

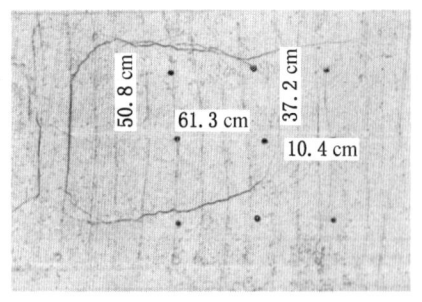

(a) 覆岩

第二章　急倾斜煤层长壁采场围岩与装备相互作用及控制机理

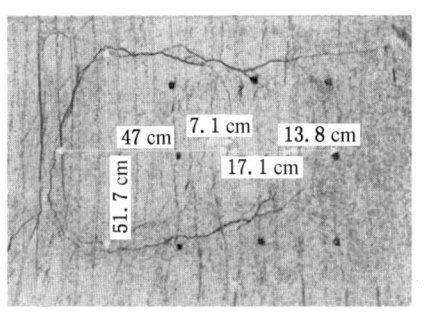

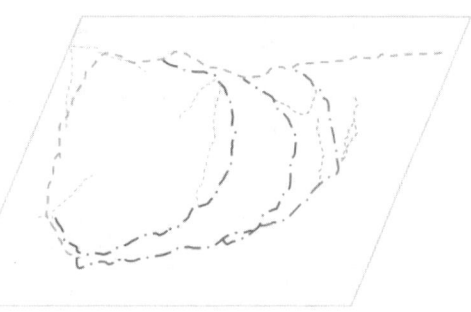

(b) 高位基本顶

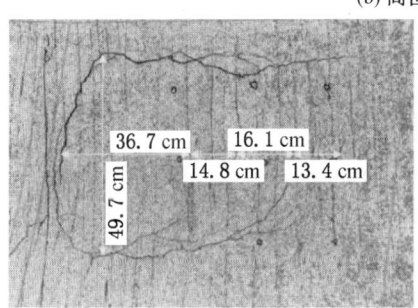

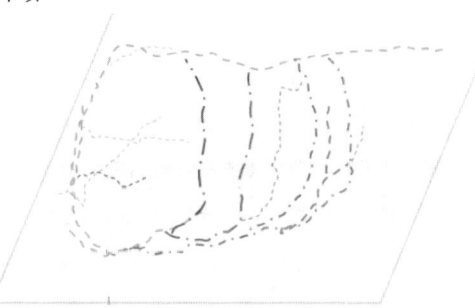

(c) 低位基本顶

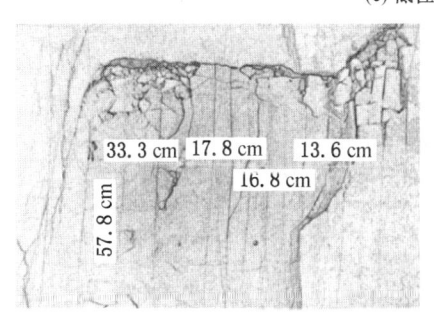

(d) 高位直接顶

图 2-26　不同层位顶板破断轮廓垂视图

在初次破断范围内直接顶产生走向和倾向的裂隙，形成局部的"X"形裂缝。基本顶周期破断轮廓呈不规则月牙状，破断长边界沿工作面伪斜方向。从不同层位的顶板破断轮廓可发现，高位直接顶和基本顶的破断轮廓基本处于不同层位的同一位置，但低层位的顶板裂隙发育程度高，并且随着工作面的持续推进，基本顶的周期性破断会对已采区域的未垮顶板造成二次扰动影响，从而导致已采区的顶板裂隙数量增多。

53

二、多区段开采顶板破断运移规律

为了提高急倾斜煤层长壁开采平面物理模拟实验中岩层位移分析的准确性和效率,采用了基于 Visual Studio 开发的变形摄影测量程序 PAPMMSP,该程序可根据物理模拟实验数码照片及模型上所布置的测点变化,生成岩层变形数据库并进行数据分析,得到岩层位移、曲率、应变、斜率和孔隙比等数据。同时选取了具有代表性的 5 层顶板对顶板运移进行分析,对应的测点顶板分别为 b、d、e、f、g 排(即顶板 1~5,各层顶板距 5 号煤层距离分别为 8.55 m、20.40 m、32.70 m、46.35 m、61.80 m)。物理相似模拟实验中,在区段煤柱两侧分别布置 5 号煤层上、下区段工作面,区段煤柱宽 19 cm,工作面斜长 80 cm。实验分 3 个阶段,第 1 阶段为回采巷道布置,第 2 阶段为上区段工作面开采,第 3 阶段为下区段工作面开采,具体开采过程及顶板变形、破坏和运移特征,如图 2-27 所示。

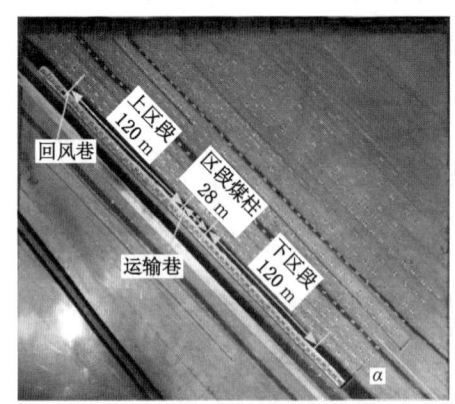

(a) 未开采时

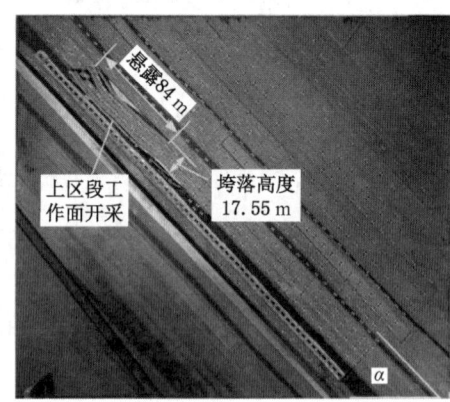

(b) 上区段工作面开采

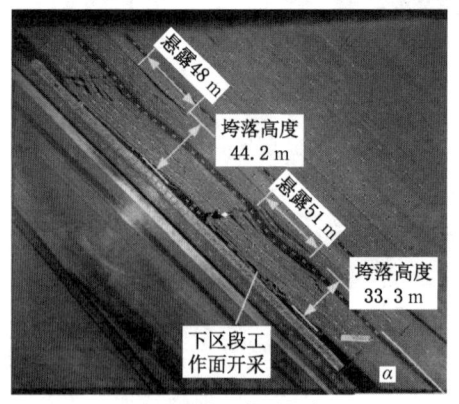

(c) 下区段工作面开采

图 2-27 急倾斜多区段开采物理模拟实验

第二章　急倾斜煤层长壁采场围岩与装备相互作用及控制机理

急倾斜多区段采场顶板沿垂直岩层方向和平行岩层方向的运动具有明显不同，下区段开采更明显，其垂直岩层方向的位移是平行岩层方向的 2 倍，如图 2-28 所示。采场倾斜中上部破坏顶板以倾斜堆砌为主，倾斜中、下部破坏岩层

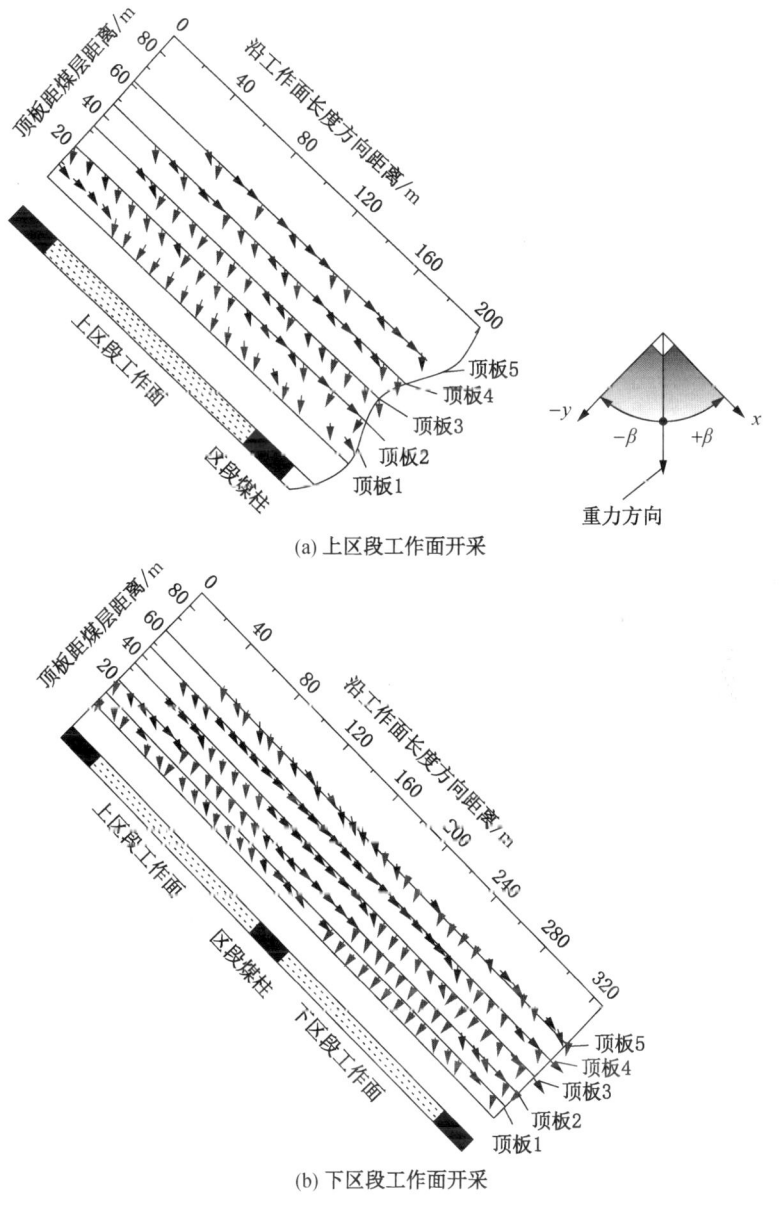

(a) 上区段工作面开采

(b) 下区段工作面开采

图 2-28　多区段工作面开采岩层运移方向特征

则以反倾斜堆砌为主,倾向范围大但斜率小,其中下区段采场顶板倾斜堆砌高度达 45 m,最大斜率 0.65,如图 2-29 所示,较上区段开采均明显增加。下区段开采顶板孔隙比云图呈非对称拱形,最大孔隙比位于采场倾斜上部顶板,如

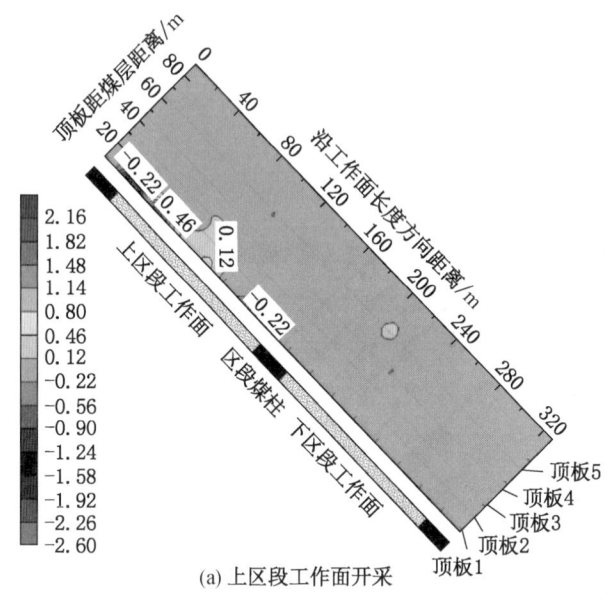

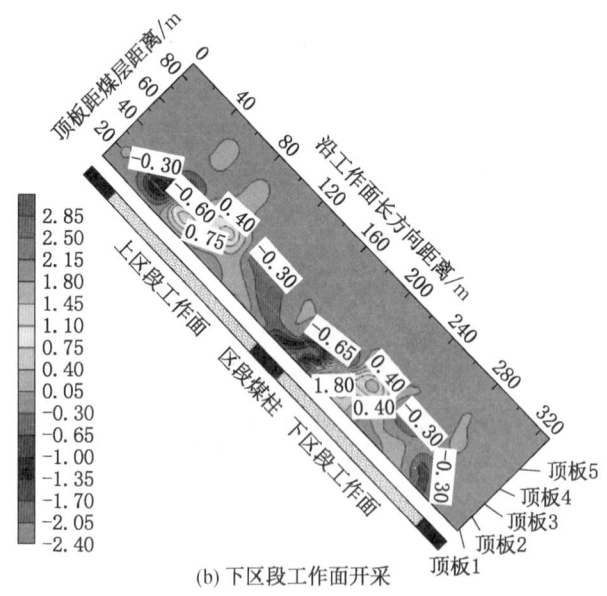

(a) 上区段工作面开采

(b) 下区段工作面开采

图 2-29 岩层变形破坏斜率分布特征

第二章 急倾斜煤层长壁采场围岩与装备相互作用及控制机理

图 2-30 所示,与上区段不同。下区段开采时,区段煤柱发生压缩、滑动,加剧了区段间的相互作用,导致上区段顶板发生大范围二次运移,使上区段采场低位破坏顶板二次压缩、高位顶板离层。较急倾斜煤层单区段长壁开采,再次印证了多区段开采是导致采场围岩运动更为复杂,且岩层控制难度大幅增加的关键。

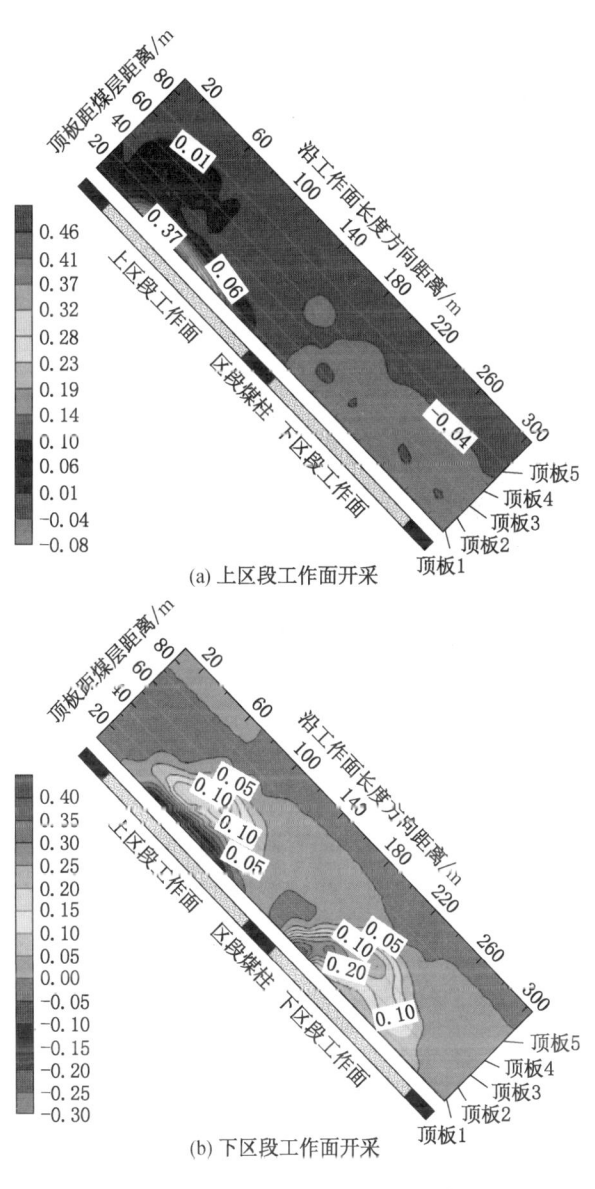

(a) 上区段工作面开采

(b) 下区段工作面开采

图 2-30 岩层变形破坏孔隙比分布特征

三、采场三维空间顶板破断运移规律

通过对急倾斜煤层伪俯斜开采顶板运移规律三维物理模拟实验，分析伪俯斜采场顶板运移演化规律，揭示急倾斜伪俯斜采场工作面基本顶的垮落、破断、充填的新规律。

实验表明，工作面倾斜上部直接顶的位移已经超过了采高，说明测点随着上部垮落直接顶一起滑移；中部直接顶的位移达到了采高的3/4，接近上部位移量的3/5；下部基本不变。工作面中部推进后，采空区中部垮落顶板堆积范围沿倾向呈现非均衡变化特征。采空区中上部的垮落顶板堆积范围沿倾向自下而上呈现堆积高度逐渐减小的趋势，且垮落顶板与采空区侧边界的距离沿倾向自下而上越来越远，如图2-31至图2-33所示。

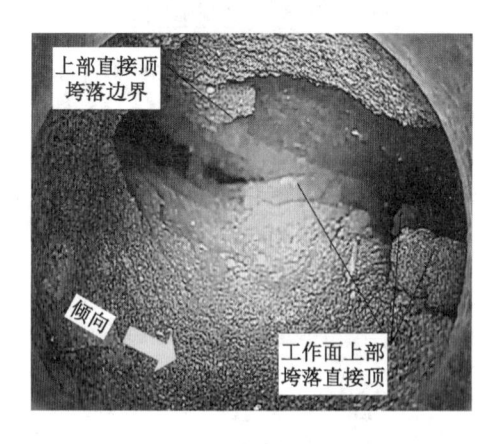

图2-31 采空区上部直接顶垮落

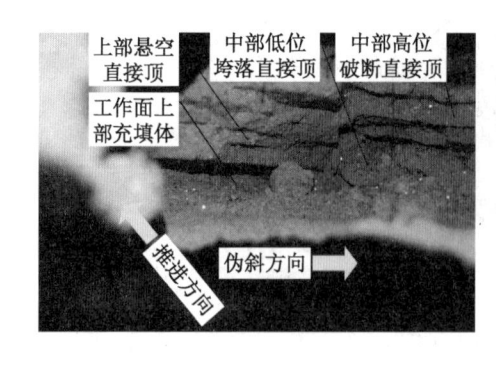

图2-32 中部直接顶破断

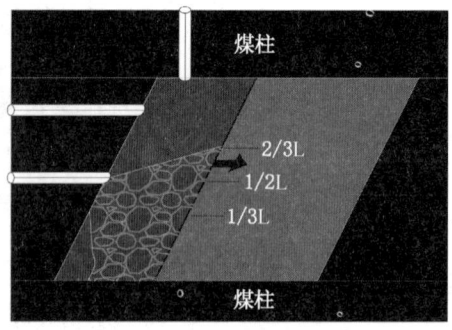

图2-33 垮落直接顶不均衡充填

第二章 急倾斜煤层长壁采场围岩与装备相互作用及控制机理

悬露基本顶在工作面侧产生的沿伪斜方向的裂隙，与之前基本顶中上部的采空区侧沿伪斜方向裂隙，以及沿走向裂隙同时形成了非对称"O-X"破坏形态中"O"的上半部分。在前后两条伪斜方向裂隙之间，产生了呈倒"八"字形状的两条裂隙，裂隙下部交汇并向基本顶中下部延伸。工作面推进至 52.8 m 时，基本顶先在采空区侧上部发生小范围垮落。随后，基本顶发生初次垮落，如图 2-34 所示。

(a) 基本顶局部"O-X"裂隙分布特征

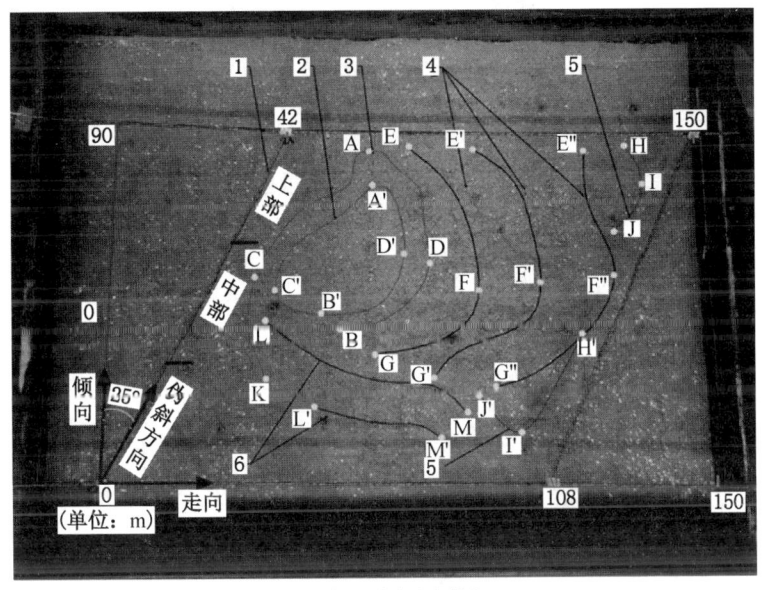

(b) 基本顶裂隙分布特征

1—采场边界；2—初次破断下沉盆地；3—初次破断裂隙；4—周期破断裂隙；
5—上、下端头顶板破断裂隙；6—下部基本顶破断裂隙

图 2-34 伪俯斜采场基本顶变形破坏特征

四、采场矸石动态充填规律

急倾斜伪俯斜采场三维物理模拟实验表明，伪俯斜采场顶板垮落具有分区特征和时序性，伪俯斜工作面矸石运移是一个持续的动态过程。可分为 4 个阶段，最终沿走向在工作面中下部形成矸石运移活跃区域和矸石充填稳定区域。活跃区域随工作面推进而前移，该区域沿走向超前于真斜工作面；充填稳定区域沿走向范围不断扩大，沿倾向范围略小于真斜工作面。急倾斜伪俯斜工作面不同区域破断顶板对支架的作用形式及程度不同，中部具体表现为"砸-压-推"且程度剧烈，下部主要为作用在支架后方一侧的推力，上部最弱。破断顶板使支架发生不同程度的"倒""扭"现象。

工作面底板压力演化特征如图 2-35 所示，图中 A 所在范围内，工作面破断顶板沿倾向向下运动，在逐渐充填工作面下部的过程中，第一排传感器由下向上压力值由大变小，相邻传感器压力差越来越大。当工作面推进到 3.6 m 时，滑移矸石出现了如图 2-36 所示的堆积形态。该过程为矸石充填的第一阶段，堆积矸石沿倾向分为安息角不同的上、下两段，上、下两段沿倾向分别占真斜工作面长度的 1/3 和 1/6。第一阶段矸石的充填程度是变化的，且具有不均衡特征。由于伪俯斜工作面上端头超前于真斜工作面布置，使伪俯斜采场的充填矸石范围沿走向超前于真斜工作面，且主要为第一阶段的上段矸石。

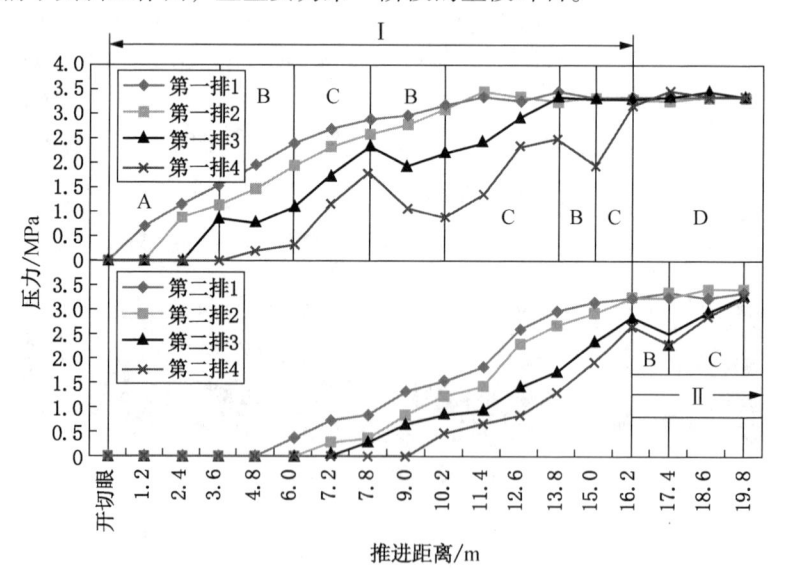

图 2-35 工作面底板压力演化特征

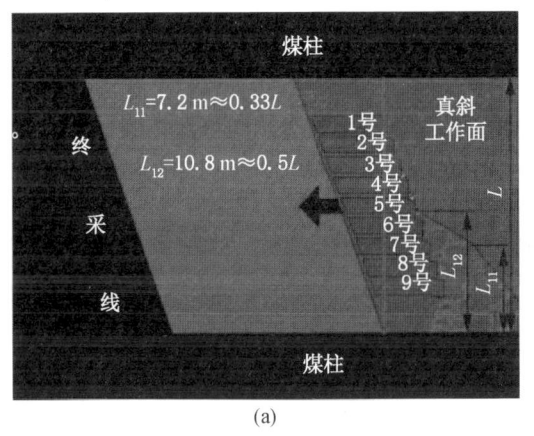

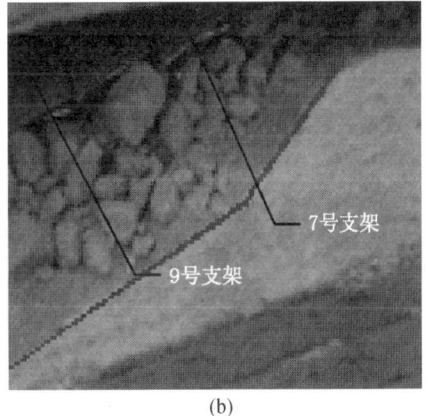

第二章 急倾斜煤层长壁采场围岩与装备相互作用及控制机理

(a)

(b)

L—真斜工作面长度

图 2-36 第一阶段充填矸石堆积状态

随着工作面推进,第一阶段的上段矸石失去了支架作用沿煤层倾向下滑产生凹陷区域,形成了如图 2-37 所示的矸石堆积形态。矸石在下滑过程中对支架尾梁产生沿倾向向下的推力,影响下部支架的稳定性,此为矸石充填的第二阶段。随着顶板继续垮落,在图 2-35 中 C 所在范围内,垮落矸石填补了第二阶段形成的凹陷区域,形成如图 2-38 所示矸石堆积形态,这一过程为矸石充填的第三阶段。该阶段类似于第一阶段,充填矸石同样可分为上、下两段,但上段较第一阶段沿倾向范围小 0.6 m,下段范围较第一阶段大 2.4 m。随着矸石沿倾向充填范围的扩大,其沿走向的超前距离也随之增加。随着工作面推进,第二阶段和第三

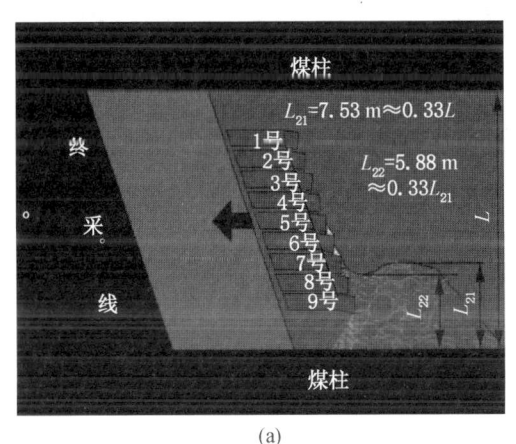

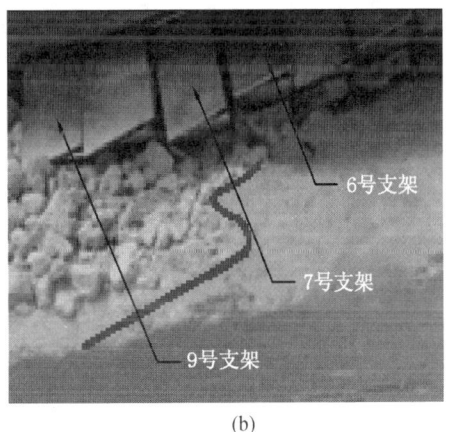

(a)

(b)

图 2-37 第二阶段充填矸石堆积状态

阶段交替出现，即图 2-35 中 B、C 区域的交替循环。工作面推进至 16.2 m 时，支架后方靠近边界侧不再出现交替现象，形成了如图 2-35 中 I 区域所示的矸石充填稳定区域；支架附近 B、C 区域仍然交替出现，形成了如图 2-35 中 II 区域所示的矸石运移活跃区域。

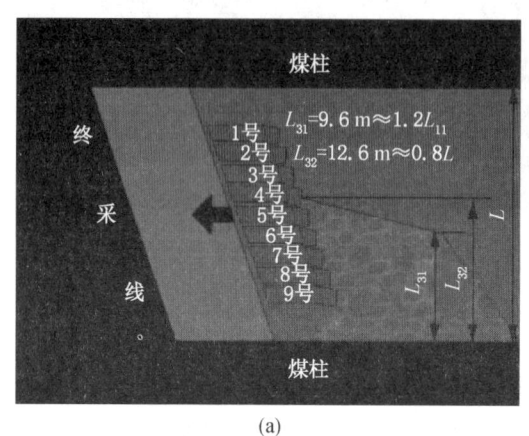

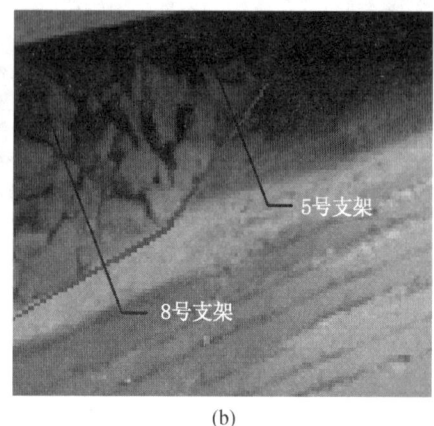

图 2-38 第三阶段充填矸石堆积状态

I、II 区域的出现，在图 2-35 中 D 所在范围内形成了如图 2-39 所示的矸石堆积形态，即矸石运移的第四阶段。稳定区域随着工作面推进，在走向上范围不断扩大。活跃区域沿走向范围变化不大，随着工作面推进，该区域前移。

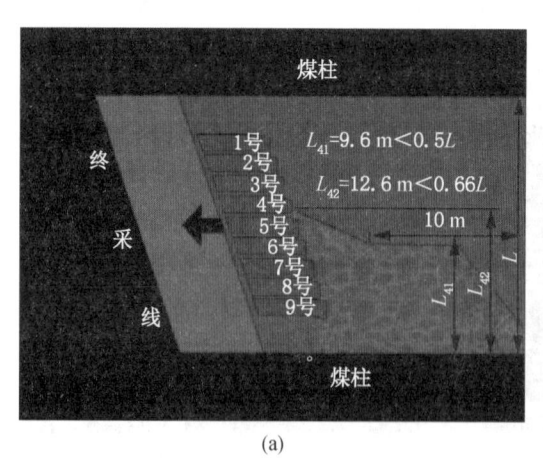

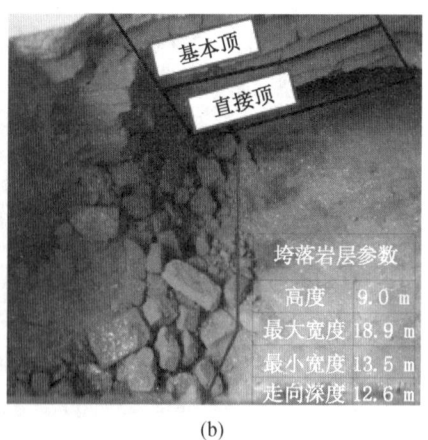

图 2-39 第四阶段充填矸石堆积状态

第二章　急倾斜煤层长壁采场围岩与装备相互作用及控制机理

伪俯斜采场采空区垮落顶板分布有明显的区域性特征，且与真斜采场的垮落顶板分布特征不同，垮落顶板主要集中在采空区中下部区域。特别是在采空区中下部一定范围内堆积的垮落顶板，对悬空顶板的支撑效果明显，称这一区域为充填矸石有效支撑区域，如图 2-40 所示。伪俯斜采场采空区充填矸石有效支撑区域范围（$2/5L_2$）比真斜工作面下部的充填矸石有效支撑区域范围（$1/3L_1$）长，但是充填矸石有效支撑区域内支撑强度最大的中段位置上移，使得伪俯斜工作面中部顶板运移空间减小，同时，真斜工作面下部充填矸石的压实度大于伪俯斜工

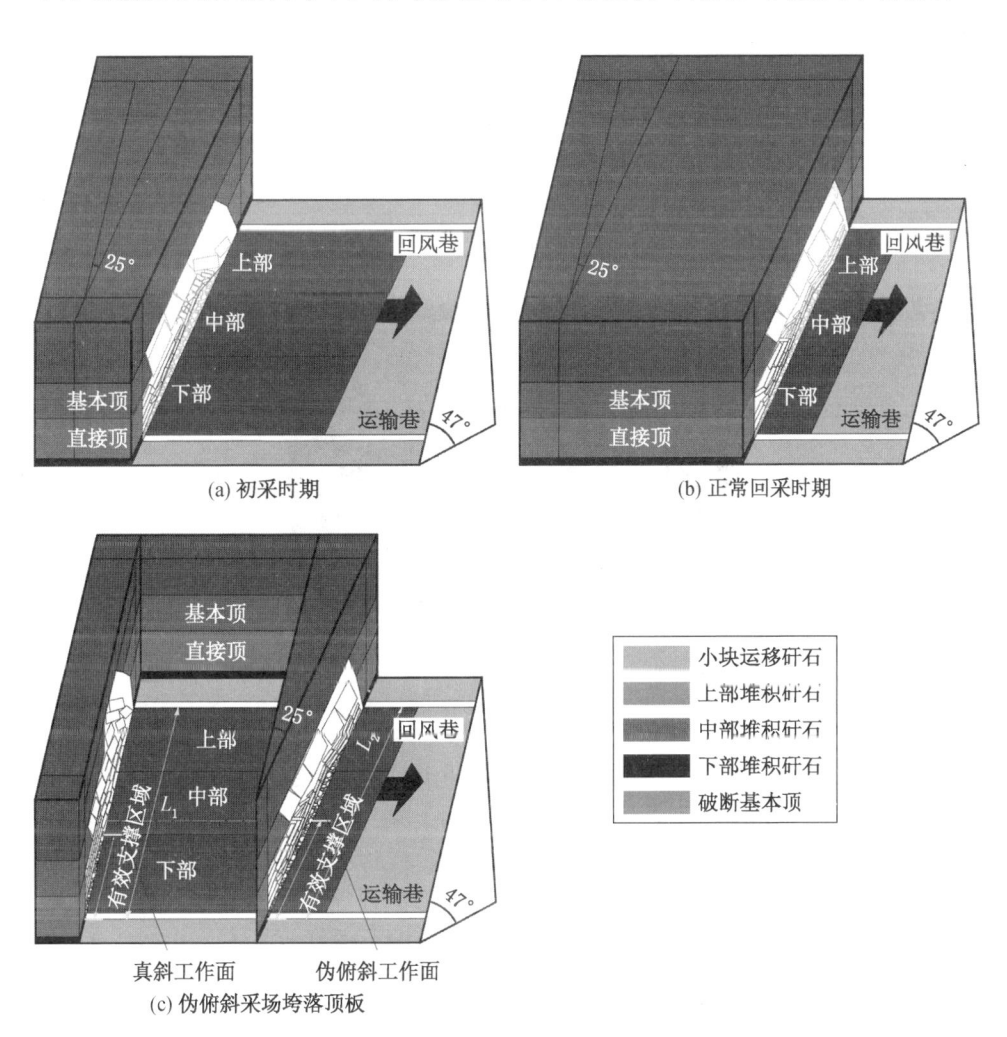

(a) 初采时期

(b) 正常回采时期

(c) 伪俯斜采场垮落顶板

图 2-40　伪俯斜采场顶板结构演化与充填特征

作面，真斜工作面下部顶板沿倾向的破断范围小于伪俯斜工作面。又因为真斜工作面垮落顶板的运移空间大，所以，伪俯斜工作面上部顶板的垮落高度低于真斜工作面，真斜工作面上隅角处的"空洞"范围大于伪俯斜工作面。显然，急倾斜伪俯斜采场相比真斜采场采空区中部充填程度增加，下部降低；中上部顶板破坏程度减小，下部顶板破坏程度增加。

五、采场顶板和采空区形态特征

根据急倾斜伪俯斜采场采空区扫描实测及物理相似模拟实验现象，结合第一测站和第二测站探测结果综合分析发现，急倾斜伪俯斜综采工作面采空区上端头空间形态呈拱壳状，沿走向采空区高度随着距支架的距离增加而降低，倾向开度（上下两侧间距）由前（工作面支架侧）至后（采空区侧）逐步减小，采空区空间尺度也逐步降低，沿倾向采空区走向长度由下至上逐步变长，如图 2-41 和图 2-42 所示。

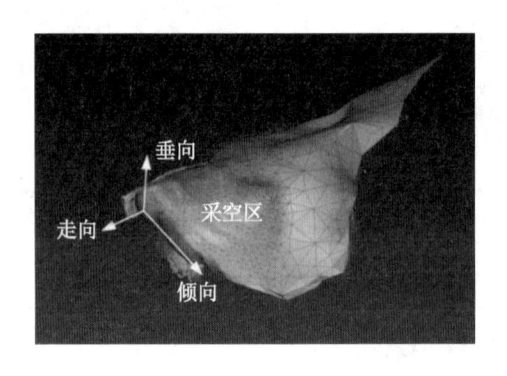

图 2-41　上端头采空区点云图

通过物理模拟实验和现场探测，得出了伪俯斜采场采空区形态及顶板破断裂隙轮廓，如图 2-43 所示。分析表明，工作面上端头采空区倾斜上方轮廓较大，说明工作面上端头顶板破断垮落层位较高，空间较大，上端头垮落顶板堆积较少；沿着倾斜方向向下，模型尺寸逐渐减小，即工作面上端头沿倾斜方向往下，矸石堆积量及堆积程度增大。工作面矸石主要堆积在倾斜中下部、中部及中上部区域，矸石堆积程度较高，支架后方采空区空间很小。由于工作面倾斜中下部区域有大尺寸矸石堆积于支架后方，从而阻挡了倾斜中上部矸石沿倾向向下进一步运移，因此工作面下端头采空区空间形态相对较大，矸石堆积充填较少，下端头

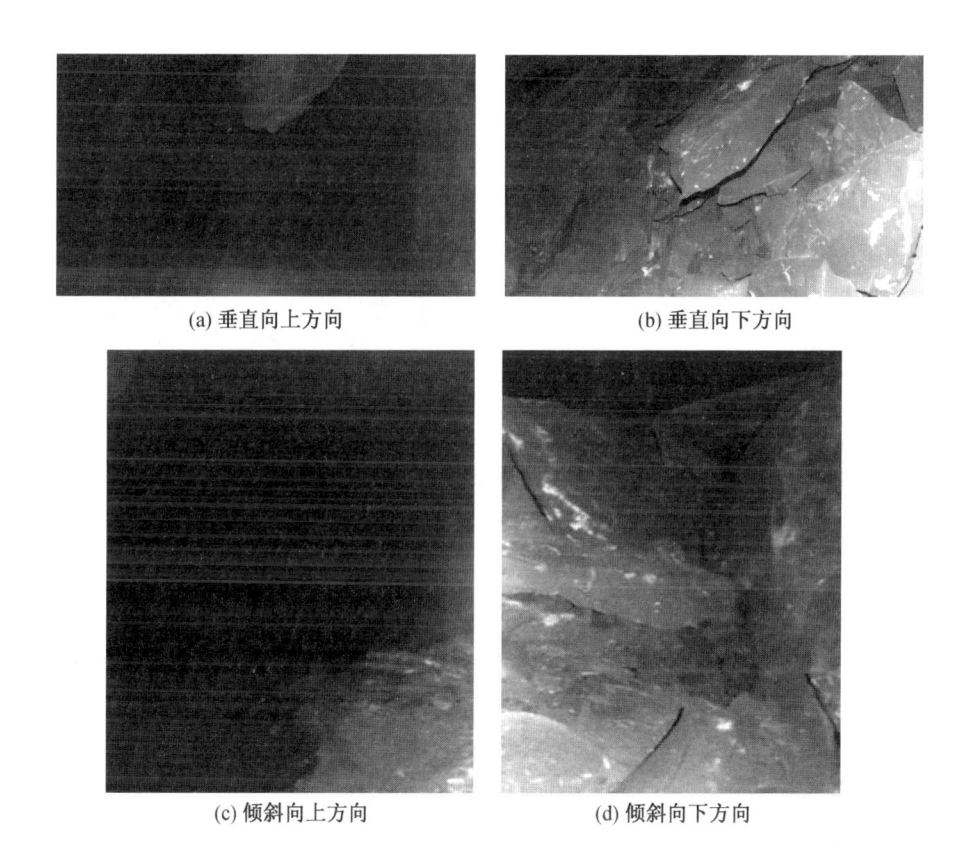

第二章　急倾斜煤层长壁采场围岩与装备相互作用及控制机理

(a) 垂直向上方向　　(b) 垂直向下方向

(c) 倾斜向上方向　　(d) 倾斜向下方向

图 2-42　第二测站采空区实测图

采空区倾斜方向高度由上至下逐步升高，且下边缘处高度增加幅度较大，其他区域高度变化则相对较缓，呈现为非对称反曲拱状。工作面基本顶初次破断轮廓呈"O"状，周期破断呈沿伪斜方向的不规则月牙状，从破断裂隙明显看出工作面基本顶发生初次和周期破断时的垮落步距。

六、采场基本顶破断理论分析

结合上述理论分析结论，将急倾斜伪俯斜采场不同开采阶段的基本顶，分别视为四边固支和三边固支一边简支边界条件下的平行四边形板模型，如图 2-44 所示，求解得到不同阶段下的基本顶挠度及内力方程，给出基本顶破断判据。发现平行四边形板初次破断时两长边会最先发生断裂，其次是板中部区域、中部下

65

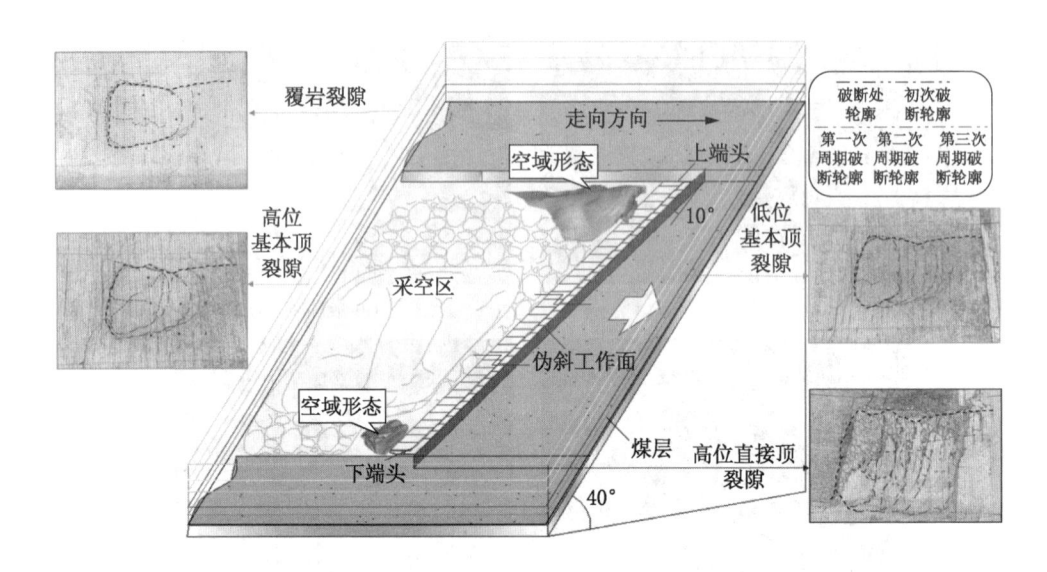

图2-43 伪俯斜采场采空区形态及顶板破断裂隙轮廓

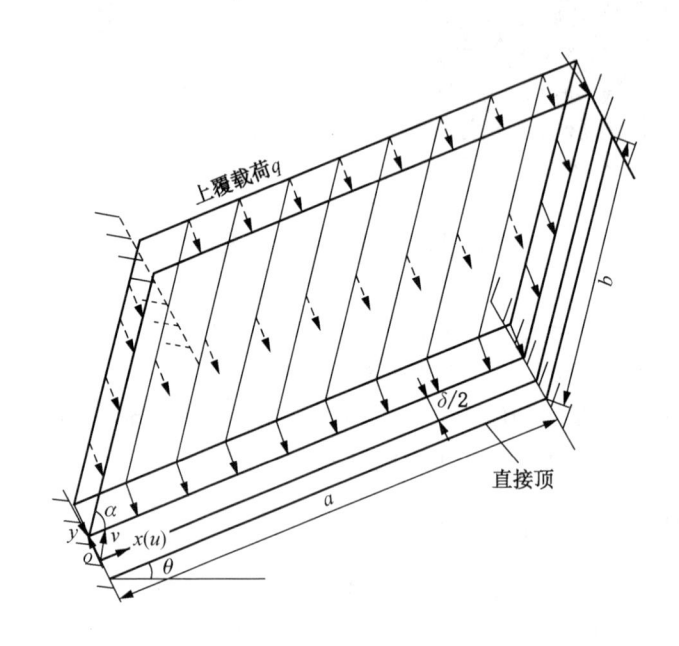

图2-44 急倾斜伪俯斜采场基本顶力学模型

表面和两长边上表面都受拉伸破坏；但周期破断时顶板中部破断轮廓向煤壁侧偏移，实体煤侧先发生破坏，平行四边形顶板初次破断和周期破断时形态都呈非对称倾斜"O-X"形状。四边固支和三边固支一边简支顶板破坏范围均随走向推进距离的增加而增加，但工作面四边固支条件下顶板达到破断时的走向长度明显大于三边固支一边简支顶板的走向长度；两种边界条件下的平行四边形顶板最大挠度值均与板角度成正比关系，顶板弯曲变形值随着角度的增加而增加。与四边固支板相比，三边固支一边简支条件下顶板靠近简支边的区域越容易弯曲变形。

直角坐标 x、y 与斜角坐标 u、v 的关系为

$$u = x - y\cot\alpha, \quad v = y\frac{1}{\sin\alpha}$$

根据最小势能原理，泛函为

$$\Pi = \frac{D}{2}\iint\left(\frac{\partial^2\omega}{\partial x^2} + \frac{\partial^2\omega}{\partial y^2}\right)^2 \mathrm{d}x\mathrm{d}y - \iint q\omega \mathrm{d}x\mathrm{d}y$$

$$D = \frac{E\delta^3}{12(1-\mu^2)}$$

式中　D——薄板的弯曲刚度，N/m；

　　　E——基本顶的弹性模量，GPa；

　　　δ——基本顶厚度，m；

　　　μ——基本顶岩层的泊松比。

由公式可得

$$\mathrm{d}x = \mathrm{d}u + \cos\alpha \mathrm{d}v, \mathrm{d}y = \sin\alpha \mathrm{d}v$$

则可推导出

$$\mathrm{d}x\mathrm{d}y = (\mathrm{d}u + \cos\alpha \mathrm{d}v)\sin\alpha \mathrm{d}v = \sin\alpha \mathrm{d}u\mathrm{d}v + \sin\alpha\cos\alpha \mathrm{d}v^2 \approx \sin\alpha \mathrm{d}u\mathrm{d}v$$

将泛函应用于斜坐标系，其对应的表达式为

$$\Pi = \frac{D}{2}\iint\left(\frac{\partial^2\omega}{\partial x^2} + \frac{\partial^2\omega}{\partial y^2}\right)^2 \mathrm{d}x\mathrm{d}y - \iint q\omega \mathrm{d}x\mathrm{d}y$$

$$= \frac{D}{2\sin^3\alpha}\int_0^a\int_0^b\left(\frac{\partial^2\omega}{\partial u^2} - 2\cos\alpha\frac{\partial^2\omega}{\partial u \partial v} + \frac{\partial^2\omega}{\partial v^2}\right)^2 \mathrm{d}u\mathrm{d}v - \sin\alpha\int_0^a\int_0^b q\omega \mathrm{d}u\mathrm{d}v$$

式中　ω——基本顶的位移函数（即挠度方程）。

其表达式可写为

$$\omega = UV$$

式中　U——u 的函数；

　　　V——v 的函数。

V 在 v 方向的位移可采用瑞利-里兹法求解，其只需满足位移边界条件

即可。

可得

$$\Pi = \frac{D}{2\sin^3\alpha}\int_0^a\int_0^b (U^2 V''^2 + U''^2 V^2 + 2U''UV''V - 4\cos\alpha U'UV''V' + 4\cos^2\alpha U'^2 V'^2 - 4\cos\alpha U''U'V'V)\mathrm{d}u\mathrm{d}v - \sin\alpha\int_0^a\int_0^b qUV\mathrm{d}u\mathrm{d}v$$

假设两端固定梁函数为

$$V(v) = \left(\frac{v}{b}\right)^4 - 2\left(\frac{v}{b}\right)^3 + \left(\frac{v}{b}\right)^2$$

再根据欧拉－拉格朗日方程得

$$\frac{\partial \Pi}{\partial U} - \frac{d}{\mathrm{d}u}\frac{\partial \Pi}{\partial U'} + \frac{d^2}{\mathrm{d}u^2}\frac{\partial \Pi}{\partial U''} = 0$$

得到 U 的常微分方程为

$$\frac{1}{630}b^4 U^4 - 3 \times \frac{2}{105}b^2 U'' + \frac{4}{5}U = \frac{1}{30}\sin^4\alpha\frac{qb^4}{D}$$

化简得

$$b^4 U^4 - 36b^2 U'' + 504U = 11.81\frac{qb^4}{D}$$

解微分方程得

$$U(u) = \frac{qb^4\sin^4\alpha}{24D} + C_1 \mathrm{e}^{\frac{\sqrt{18-6I\sqrt{5}}u}{b}} + C_2 \mathrm{e}^{\frac{\sqrt{18+6I\sqrt{5}}u}{b}} + C_3 \mathrm{e}^{-\frac{\sqrt{18-6I\sqrt{5}}u}{b}} + C_4 \mathrm{e}^{-\frac{\sqrt{18+6I\sqrt{5}}u}{b}}$$

式中　e——自然指数；

　　　I——虚数单位，根据计算原理 $U(u)$ 计算结果只取实部。

将基本顶初次破断边界条件视为

$$\begin{cases} u = 0 \text{ 时 } U = 0 \\ u = 0 \text{ 时 } U' = 0 \\ u = a \text{ 时 } U = 0 \\ u = a \text{ 时 } U' = 0 \end{cases}$$

当基本顶初次破断后，采空区上方基本顶边界条件变为三边固支一边简支，此时其边界条件为

$$\begin{cases} u = 0 \text{ 时 } U = 0 \\ u = 0 \text{ 时 } U'' = 0 \\ u = a \text{ 时 } U = 0 \\ u = a \text{ 时 } U' = 0 \end{cases}$$

第二章 急倾斜煤层长壁采场围岩与装备相互作用及控制机理

此时，由于公式中 $\frac{qb^4\sin^4\alpha}{24D}$ 里的各个变量参数均为已知量，且结合急倾斜伪俯斜采场开采期间基本顶不同破断阶段的边界条件，计算即可得到 4 个常数 C_1、C_2、C_3、C_4 的值。

由此可得到基本顶达到初次、周期破断的顶板在 u 方向的表达式 U，进一步推导基本顶的挠度 ω。

急倾斜伪俯斜采场基本顶内各点的弯矩和内力表达式如下：

$$\begin{cases} M_x = -D\left(\frac{\partial^2\omega}{\partial x^2} + \mu\frac{\partial^2\omega}{\partial y^2}\right) = -D\left[\frac{\partial^2\omega}{\partial u^2} + \frac{\mu}{\sin^2\alpha}\left(\frac{\partial^2\omega}{\partial v^2} - 2\cos\alpha\frac{\partial^2\omega}{\partial u\partial v} + \cos^2\alpha\frac{\partial^2 w}{\partial u^2}\right)\right] \\ M_y = -D\left(\frac{\partial^2\omega}{\partial y^2} + \mu\frac{\partial^2\omega}{\partial x^2}\right) = -D\left[\mu\frac{\partial^2\omega}{\partial u^2} + \frac{1}{\sin^2\alpha}\left(\frac{\partial^2\omega}{\partial u^2} - 2\cos\alpha\frac{\partial^2\omega}{\partial u\partial v} + \cos^2\alpha\frac{\partial^2 w}{\partial u^2}\right)\right] \\ M_{xy} = -D(1-\mu)\frac{\partial^2\omega}{\partial x\partial y} = -D(1-\mu)\frac{1}{\sin\alpha}\left(\frac{\partial^2\omega}{\partial u\partial v} - \cos\alpha\frac{\partial^2\omega}{\partial u^2}\right) \end{cases}$$

$$\begin{cases} \sigma_x = \frac{12M_x}{\delta^3}z \\ \sigma_y = \frac{12M_y}{\delta^3}z \\ \tau_{xy} = \tau_{yx} = \frac{12M_{xy}}{\delta^3}z \end{cases}$$

平行四边形顶板的第一主应力 σ_1 的表达式为

$$\sigma_1 = \frac{\sigma_x + \sigma_y}{2} + \sqrt{\left(\frac{\sigma_x - \sigma_y}{2}\right)^2 + (\tau_{xy})^2}$$

当该主应力 σ_1 大于或等于岩层本身的极限抗拉强度时，就认为该顶板发生拉伸破断。因此，得到该顶板的破断判据为

$$\sigma_{1\max} \geq [\sigma_t]$$

式中 $[\sigma_t]$——基本顶的抗拉强度，MPa。

平行四边形顶板中主应力 σ_1 较大的区域与基本顶发生较大弯矩的区域基本吻合，也从侧面进一步反映了主应力与顶板发生变形破断之间的关系，顶板主应力越大，其越容易发生破断。无论是四边固支还是三边固支一边简支平行四边形顶板，其主应力都具有明显的非对称"O-X"形式，对称线沿平行四边形板的倾斜方向，即工作面伪斜方向，主应力区域主要集中于板的倾斜中下部到中上部区域。根据主应力值的大小可以推测平行四边形固支板长边最先容易发生拉伸断裂，其次在板的中部产生沿伪斜方向的 O 形圈，局部形成非对称的 X 形裂缝。

三边固支一边简支基本顶其较大主应力区域偏向简支边，固支边一端在高主应力影响下会先发生破断，如图 2-45 所示。

(a) 四边固支基本顶

(b) 三边固支一边简支基本顶

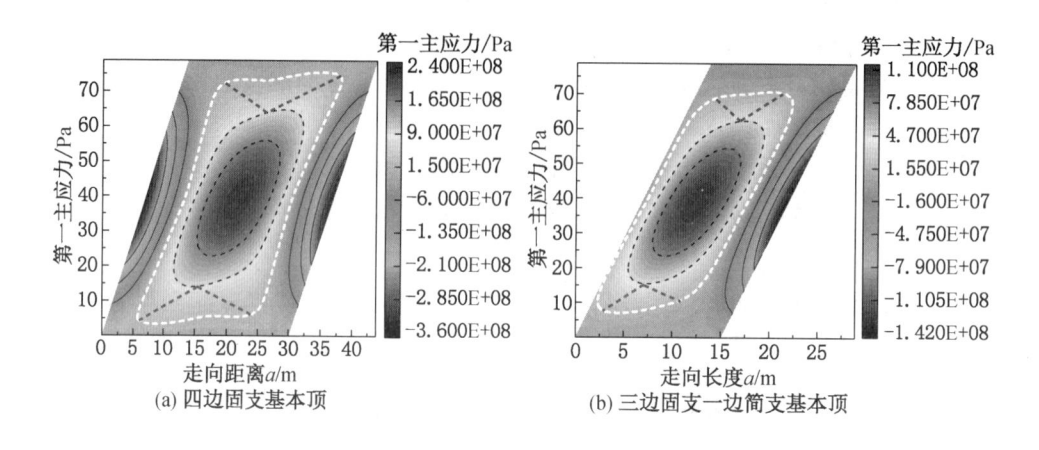

图 2-45　平行四边形基本顶主应力云图

第三节　急倾斜伪俯斜采场支架与围岩相互作用机理

一、中厚煤层伪斜采场围岩环境下支架力学演化规律

（一）支架应力演化规律

1. 支架阻力变化特征

为了分析急倾斜伪俯斜采场围岩-支架相互作用应力、位移演化特征和支架力学响应特征，采用 Rhino + Kubrix + FLAC3D 相结合的数值建模与分析方法，以石洞沟煤矿 31111 急倾斜中厚煤层伪俯斜开采液压支架为研究对象，支架结构主要包括：立柱液压缸、前连杆、底座、后连杆、掩护梁、平衡液压缸、顶梁；同时，铰接点包括：前连杆铰接点、后连杆铰接点、掩护梁-顶梁铰接点、平衡液压缸铰接点、立柱液压缸铰接点等。首先采用犀牛软件 Rhino 建立液压支架的三维模型。建模时，顶梁、掩护梁、前连杆、后连杆按照弹性体处理，底座视为刚性体。其中 Rhino 进行网格划分，再通过 Kubrix 导入 FLAC3D 中实现，在工作面开挖开切眼后，把支架等比例模型布置于工作面，对支架选用各向同性弹性模

第二章　急倾斜煤层长壁采场围岩与装备相互作用及控制机理

型 mechanical elastic 赋参，模拟其初撑力，循环开挖，依次随采移动异形液压支架，如图 2-46 所示。

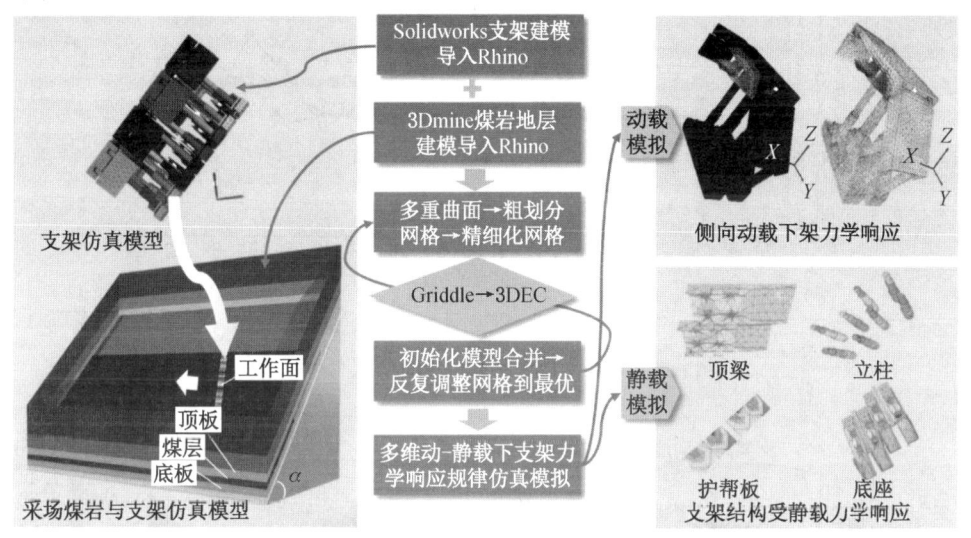

图 2-46　基于等比例外置建模的数值模拟实验步骤

通过三维物理相似模拟实验和数值仿真方法，对急倾斜伪俯斜采场条件下支架与围岩相互作用规律进行了系统的研究，结果表明，急倾斜伪俯斜工作面顶板离层、破断、垮落过程分区域特征更加明显，其对支架的作用强度区域性差异也明显增强。正常开采时，沿工作面倾向，工作面中部区域直接顶先发生破断、垮落，上部区域次之，最后下部区域的支架在不同区域工作阻力差异性不明显；工作面来压具有分区性和时序性，工作面下部区域来压滞后于中上部来压，来压期间，工作面不同区域基本顶先后垮落，工作面中部区域先来压，上部区域次之，最后为下部区域，初次来压，工作面不同区域的支架工作阻力值呈现下部区域＞中部区域＞上部区域。工作面中部区域基本顶对支架的作用特征与直接顶不同，工作面中部基本顶对支架的作用具有频率低、强度大、时间长的特征；与之对应，直接顶对支架的作用具有频率高、强度小、时间短的特征，如图 2-47 所示。

2. 支架间相互作用特征

急倾斜伪俯斜工作面支架间相互作用与真斜工作面不同，支架呈梯阶状布置，造成支架侧向非均衡受载，支架间更易发生摆尾和前倾等失稳现象，如图 2-48 所示。受倾角影响，支架间相互作用也具有分区域性特征。正常开采时，工

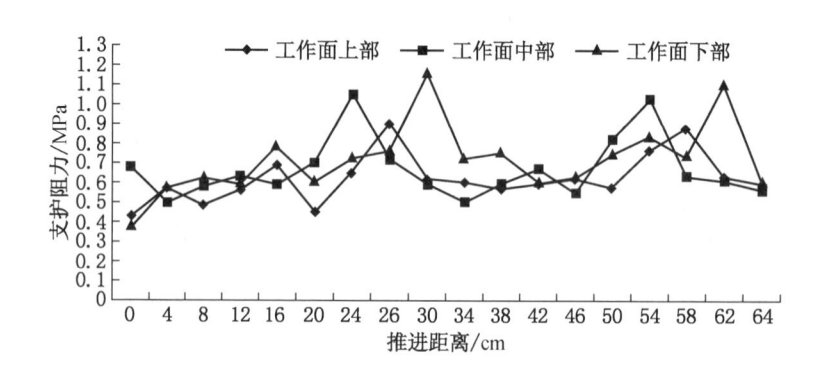

图 2-47 工作面支护阻力与推进距离的关系

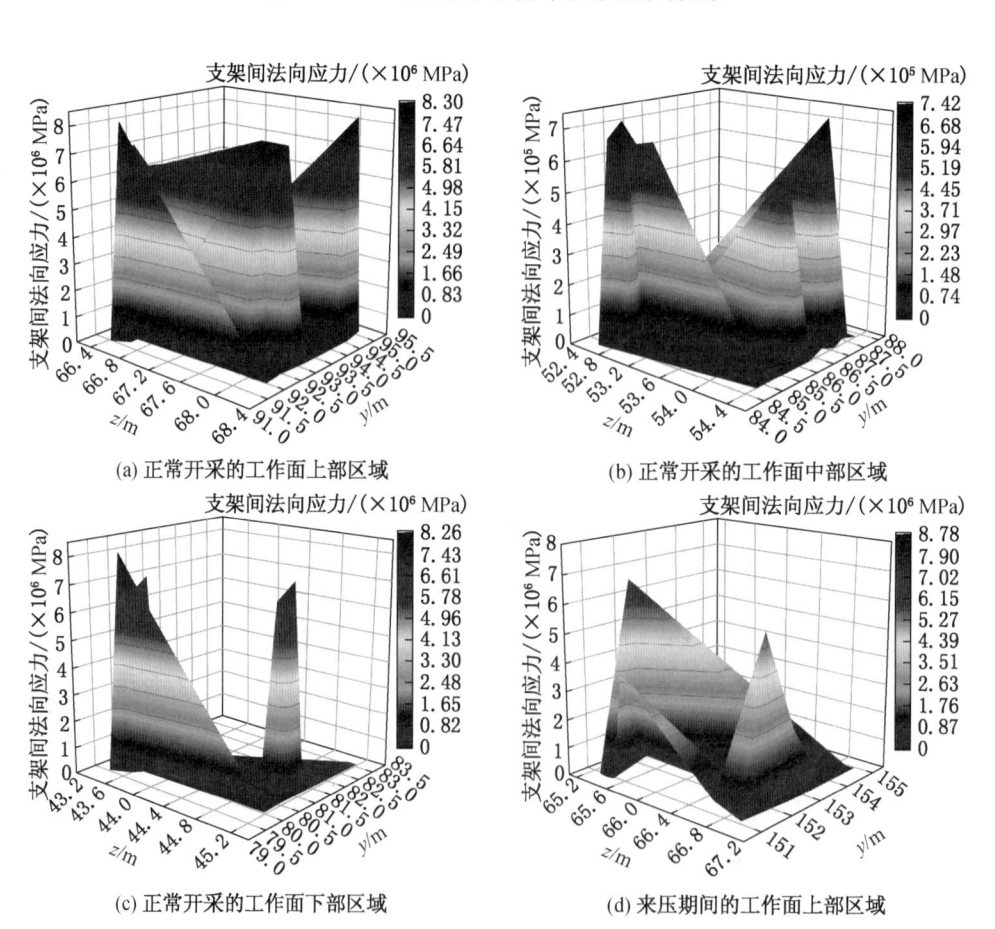

(a) 正常开采的工作面上部区域

(b) 正常开采的工作面中部区域

(c) 正常开采的工作面下部区域

(d) 来压期间的工作面上部区域

第二章 急倾斜煤层长壁采场围岩与装备相互作用及控制机理

(e) 来压期间的工作面中部区域

(f) 来压期间的工作面下部区域

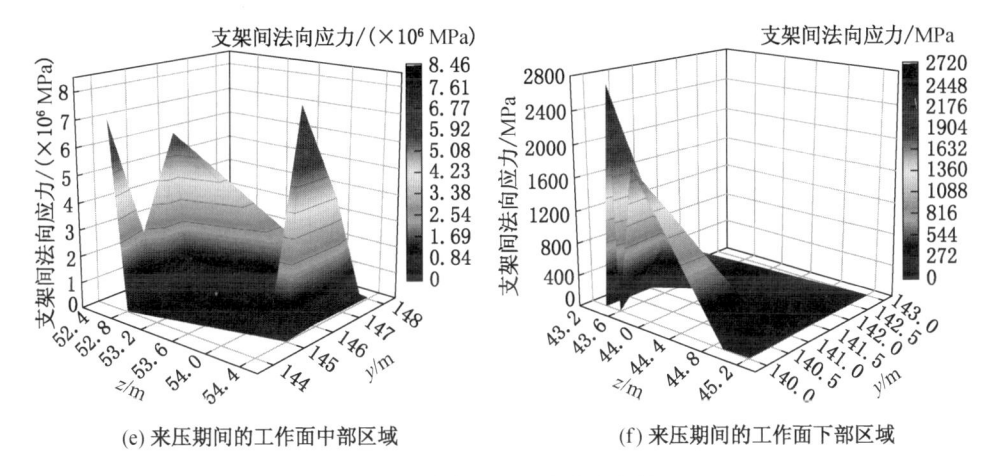

图 2-48 支架间法向应力演化特征

作面倾斜下部区域支架间底部应力集中且分布不均匀,支架易发生倾倒失稳,工作面中上部区域支架间上前、下后部位法向应力集中,支架易发生摆尾;来压期间,支架间法向应力降低,且下部区域降低更加明显,工作面下部区域顶板正压支架,支架间相互挤咬程度降低,工作面中上部区域支架相互作用强度大且作用形式复杂多变,支架倾倒、摆尾都易发生,沿工作面倾向,支架最大法向应力呈现上部区域＞中部区域＞下部区域。

急倾斜伪俯斜工作面支架间切向应力分区域特征明显。正常开采时,沿工作面倾向支架间最大切向应力呈现出上部区域＞中部区域＞下部区域,表明工作面中上部区域支架间上下相互错动明显,且支架间相互作用明显区域发生在支架顶梁间,工作面中部区域相互作用明显区域发生在支架顶梁前端,支架偏载明显,工作面上部区域受载多变,顶梁间上下错动现象较为明显;来压期间,支架间切向应力明显降低,且工作面下部区域应力降低更加明显,沿工作面倾向最大切应力呈现出中部区域＞上部区域＞下部区域,最大切向应力多集中在支架底座间,工作面中上部区域支架间相互作用多变且强度较大,易发生失稳,如图 2-49 所示。

3. 立柱受载变化规律

顶板应力集中现象发生在支架与顶板接触靠掩护梁侧,由于支架受顶板载荷影响,支架立柱与顶梁接触部位侧向发生应力集中现象,其中前立柱发生拉应力集中,后立柱发生压应力集中,且支架后立柱的压应力集中较为明显,支架立柱与顶梁接触部位侧向集中应力值最大,如图 2-50 所示。受工作面倾角的影响,

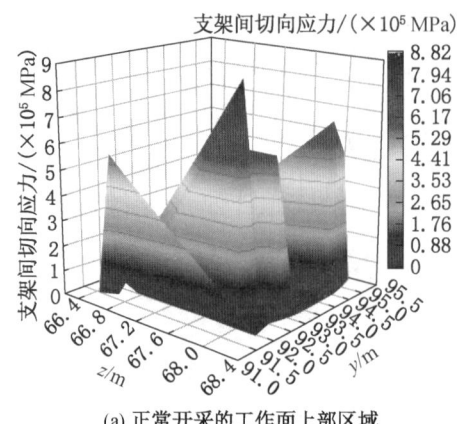

(a) 正常开采的工作面上部区域

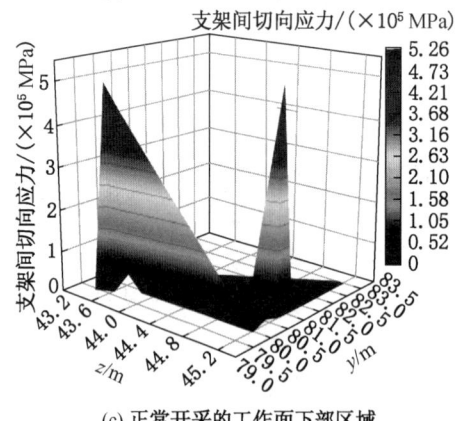

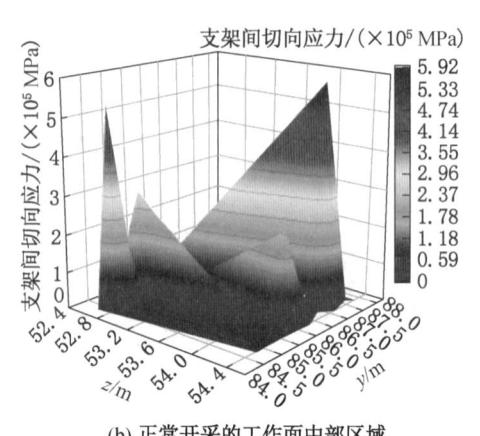

(b) 正常开采的工作面中部区域

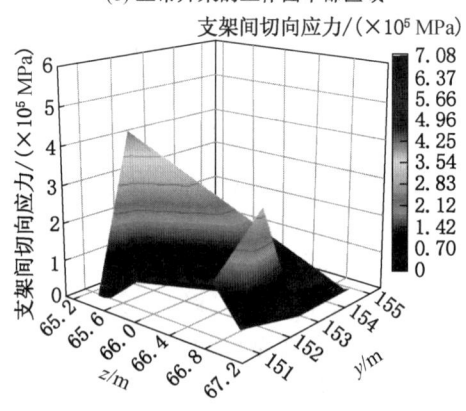

(c) 正常开采的工作面下部区域

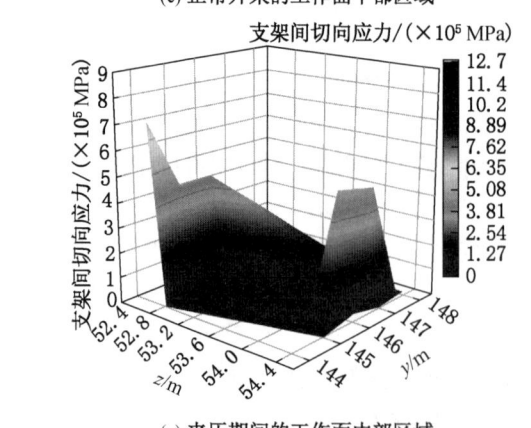

(d) 来压期间的工作面上部区域

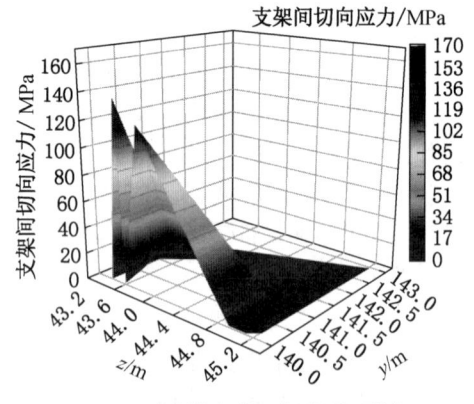

(e) 来压期间的工作面中部区域

(f) 来压期间的工作面下部区域

图 2-49 支架间切向应力演化特征

第二章　急倾斜煤层长壁采场围岩与装备相互作用及控制机理

(a) 正常开采的工作面上部区域

(b) 正常开采的工作面中部区域

(c) 正常开采的工作面下部区域

(d) 来压期间的工作面上部区域

(e) 来压期间的工作面中部区域

(f) 来压期间的工作面下部区域

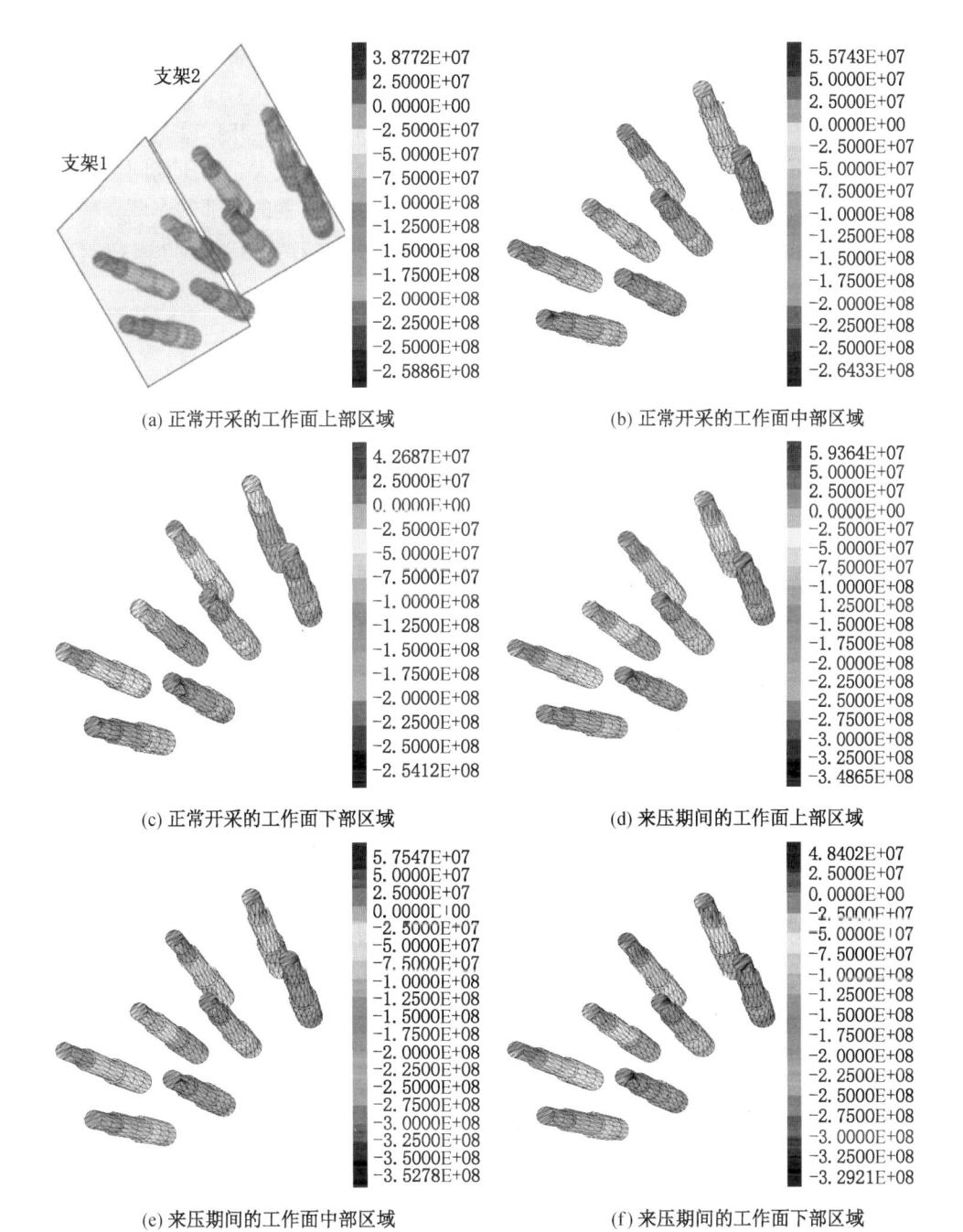

图 2-50　支架立柱垂直应力演化特征

沿工作面倾向支架立柱应力分布具有分区域特征，在工作面正常开采时，沿工作面倾向，工作面上、中、下部区域立柱拉应力分别为38.77 MPa、55.74 MPa、42.69 MPa；压应力分别为 -258.86 MPa、-264.33 MPa、-254.12 MPa，表明工作面中部区域支架所受顶板载荷较大，拉应力、压应力较大。来压期间，工作面中上部区域支架有前倾与侧摆趋势，立柱压应力集中位置的后部的左侧立柱向后部的右侧立柱偏转，工作面中上部区域立柱所受应力较大，顶板运动较为活跃。

4. 顶梁受载变化规律

图2-51中，伪俯斜工作面异形支架顶梁非对称性特征更加明显。顶梁在与立柱接触位置形成压应力集中，且后立柱接触点集中应力值大于前立柱，受倾角与错位布置影响，顶梁应力分布具有分区域和非对称特性，工作面中、上部区域顶梁受拉应力区域面积较下部区域大，下部区域顶梁受压应力范围较大。工作面正常开采时，沿工作面倾向，工作面上、中、下部区域的顶梁最大拉应力分别为80.79 MPa、101.25 MPa、137.89 MPa；压应力分别为 -258.86 MPa、-264.33 MPa、-293.20 MPa，如图2-52所示，表明在正常开采时，工作面下部区域顶梁拉应力、压应力较大，工作面中、下部区域顶梁受载变化较大，其支架-围岩相互作用较强。来压期间，工作面上部区域顶梁拉应力、压应力最大且增幅较大，中部区域次之，下部最小，顶梁拉应力区域沿工作面倾向向下有斜向延伸趋势，说明支架顶梁错位布置时非对称性受载并易发生偏转。

5. 掩护梁受载变化规律

伪俯斜工作面支架掩护梁局部易形成应力集中，掩护梁不仅在与支架顶梁连接处形成应力集中，且在掩护梁下部的外侧区域压应力集中也比较明显，如图2-53所示。受倾角影响，支架掩护梁所受荷载具有分区域特征。正常开采时，沿工作面倾向，工作面上、中、下部区域掩护梁最大拉应力分别为188.83 MPa、175.68 MPa、191.46 MPa；最大压应力分别为 -163.89 MPa、-158.60 MPa、-185.42 MPa，表明倾斜下部区域掩护梁拉应力、压应力均较大。来压期间，倾斜上部区域掩护梁拉应力、压应力增长明显，且大于中、下部区域，表明异形支架在错位布置下，支架掩护梁间作用明显，工作面中上部区域顶板相对活跃，极易引发摆尾。

6. 底座受载变化规律

伪俯斜工作面支架侧向发生非均衡性受载，造成支架底座应力分布具有明显非对称性特征，支架底座在后立柱处易形成压应力集中，且右侧立柱压应力大于左侧。底座的稳定性与立柱的作用具有较大关系，当支架立柱受力较大时，底座

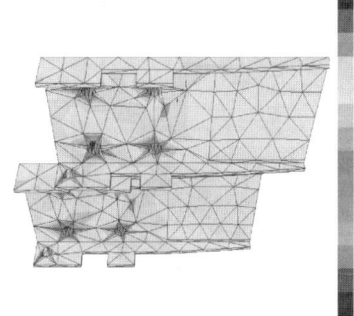

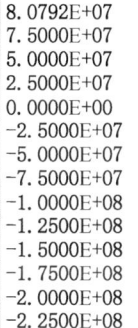

(a) 正常开采的工作面上部区域

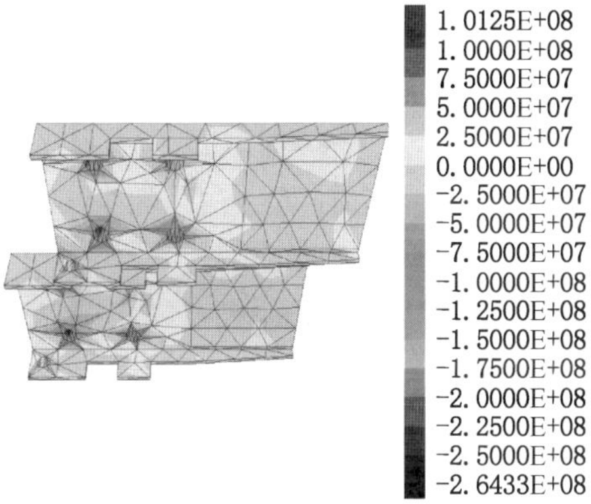

(b) 正常开采的工作面中部区域

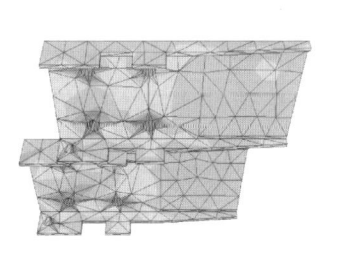

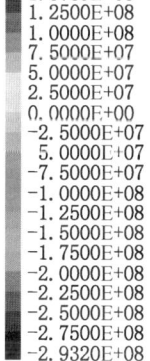

(c) 正常开采的工作面下部区域

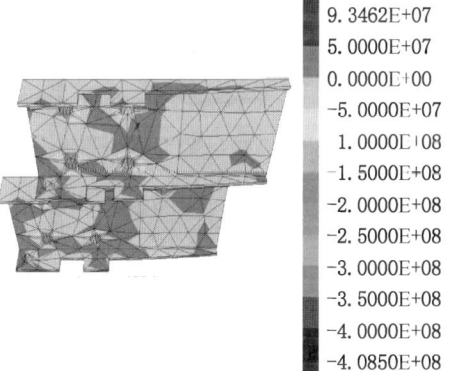

(d) 来压期间的工作面上部区域

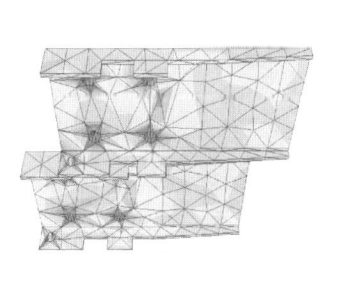

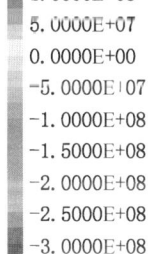

(e) 来压期间的工作面中部区域

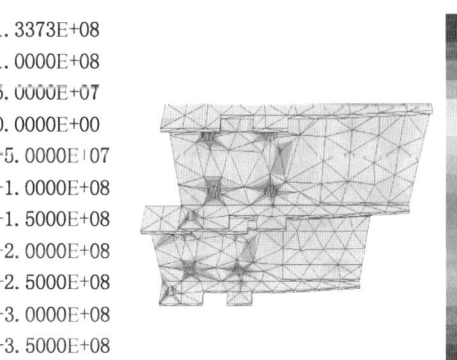

(f) 来压期间的工作面下部区域

图 2-51 支架顶梁垂直应力演化特征

(a) 正常开采的工作面上部区域

(b) 正常开采的工作面中部区域

(c) 正常开采的工作面下部区域

(d) 来压期间的工作面上部区域

(e) 来压期间的工作面中部区域

(f) 来压期间的工作面下部区域

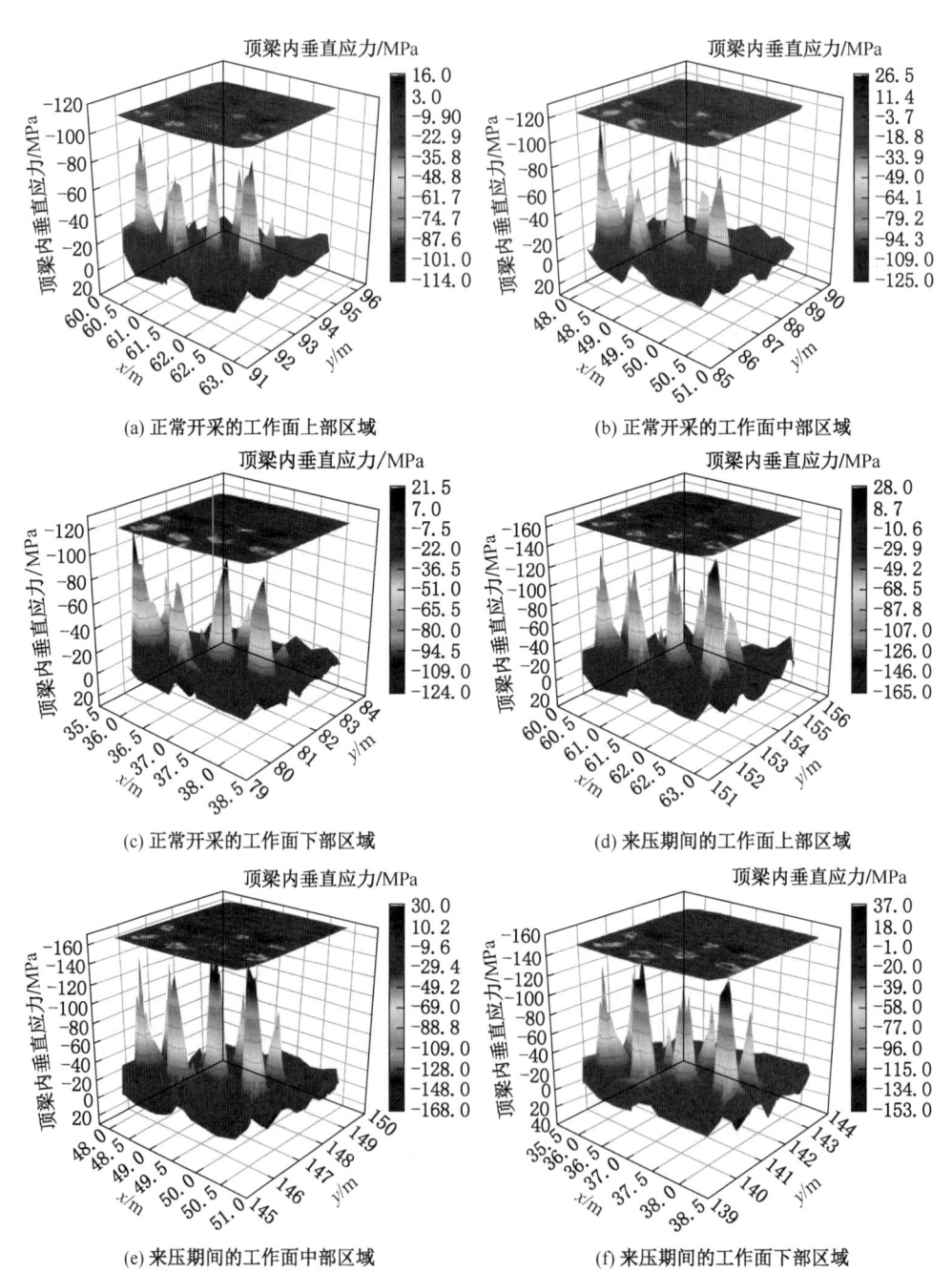

图 2-52 支架顶梁内垂直应力演化特征

第二章 急倾斜煤层长壁采场围岩与装备相互作用及控制机理

(a) 正常开采的工作面上部区域

(b) 正常开采的工作面中部区域

(c) 正常开采的工作面下部区域

(d) 来压期间的工作面上部区域

(e) 来压期间的工作面中部区域

(f) 来压期间的工作面下部区域

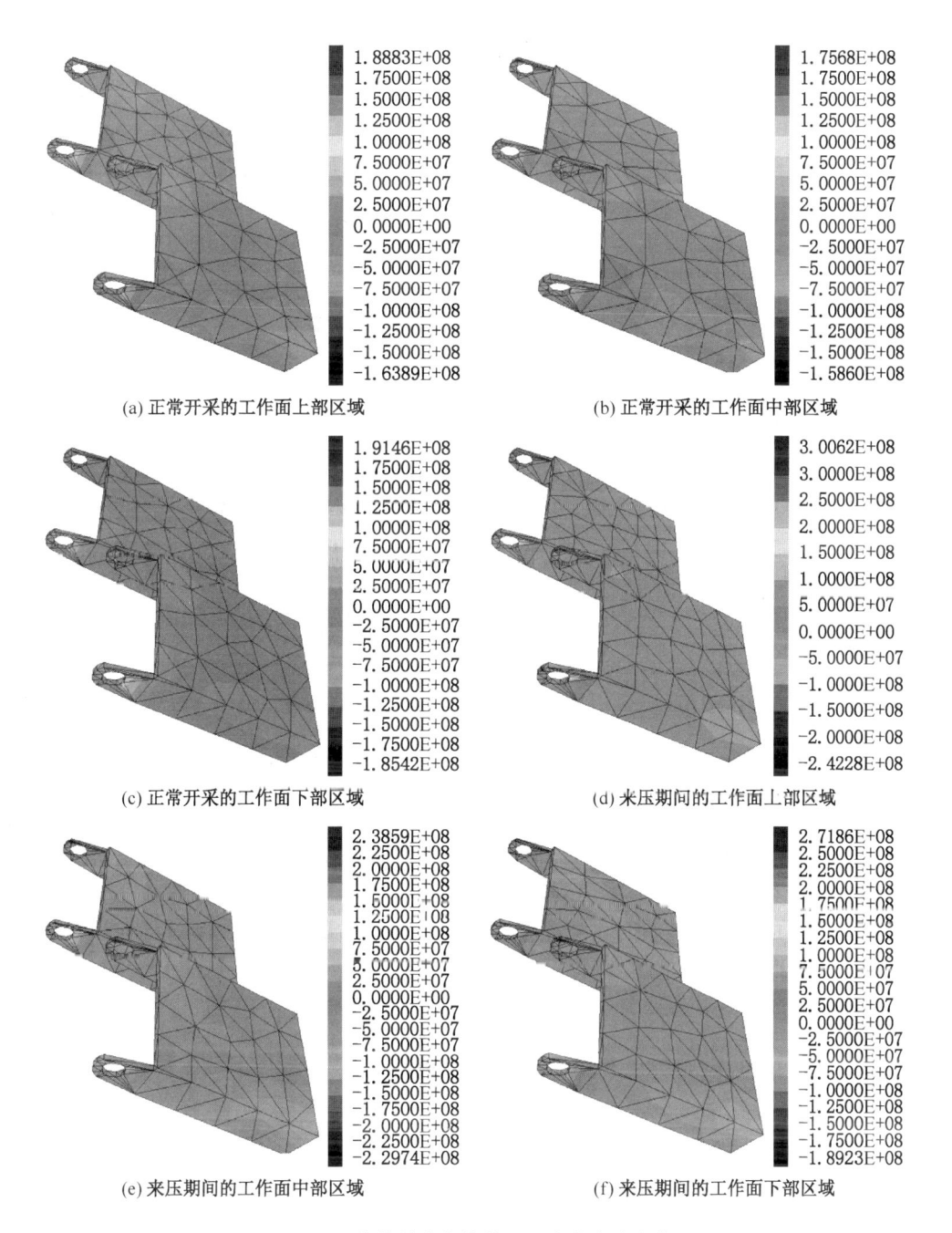

图 2-53　伪俯斜支架掩护梁垂直应力演化特征

与立柱连接的局部区域易发生应力集中。工作面正常开采时,支架底座应力分布也具有分区域特点,工作面上、中、下部区域支架底座的最大拉应力分别为91.28 MPa、101.01 MPa、66.63 MPa;最大压应力分别为 -197.56 MPa、-259.52 MPa、-112.35 MPa,表明倾斜中部区域支架底座拉应力、压应力较大,上部次之,下部最小。来压期间,倾斜下部区域支架底座压应力明显增大(达 -236.44 MPa),且呈现出下部压应力最大,中部次之,下部最小的特征;中部区域的底座拉应力最大,表明中、上部区域底板底座受载多变,特别是底座中后部区域更为明显,对支架稳定性影响较大,如图 2-54 所示。

7. 护帮板受载变化规律

工作面不同区域支架护帮板应力分布具有分区域和非对称特征,在支架护帮板和顶梁连接点局部区域形成压应力集中,其他区域多为压应力降低区,如图 2-55 所示,由于支架的非对称受载特点,工作面倾向上部护帮板局部区域应力集中大于下部。工作面正常开采时,护帮板应力具有分区域特性,沿工作面倾向上、中、下部区域护帮板最大压应力分别为 -40.11 MPa、-40.26 MPa、-52.87 MPa,表明工作面下部区域护帮板与煤壁作用相对明显,中部次之,上部最小;来压期间,护帮板压应力降低区逐渐转化为拉应力区,工作面上部区域护帮板压应力增加明显,且呈现上部区域>中部区域>下部区域,说明随着开采空间的增大,工作面中上部区域煤壁对支架护帮板作用增加,应加强对该区域煤壁的维护。

(二) 支架位移演化特征

1. 立柱位移演化特征

急倾斜伪俯斜工作面支架左、右立柱非对称受载更为明显,前部的左立柱底部位移量最大,后部的右立柱顶部位移量最大,如图 2-56 所示,且多发生在立柱侧向局部区域。工作面正常开采时,支架立柱位移量沿工作面倾向具有分区域特征,工作面上、中、下区域立柱最大位移量分别为 2.55×10^{-5} m、3.24×10^{-5} m、3.46×10^{-5} m,表明在采场异形顶梁作用下,倾斜下部支架受到影响最大,中部次之,上部最小,这与真倾斜急倾斜有所不同;来压期间,工作面上部区域最大位移量增加明显,呈现出下部区域>上部区域>中部区域,工作面上部区域立柱位移量变化大,表明该区域支架受载多变,极易发生失稳,中部支架受载较为稳定。

2. 顶梁位移演化特征

支架顶梁位移量分布也呈现非对称特征,在前立柱与顶梁局部区域形成左、右非对称小变形区域,如图 2-57 所示。受倾角影响,沿工作面倾向顶梁位移呈

第二章　急倾斜煤层长壁采场围岩与装备相互作用及控制机理

(a) 正常开采的工作面上部区域

(b) 正常开采的工作面中部区域

(c) 正常开采的工作面下部区域

(d) 来压期间的工作面上部区域

(e) 来压期间的工作面中部区域

(f) 来压期间的工作面下部区域

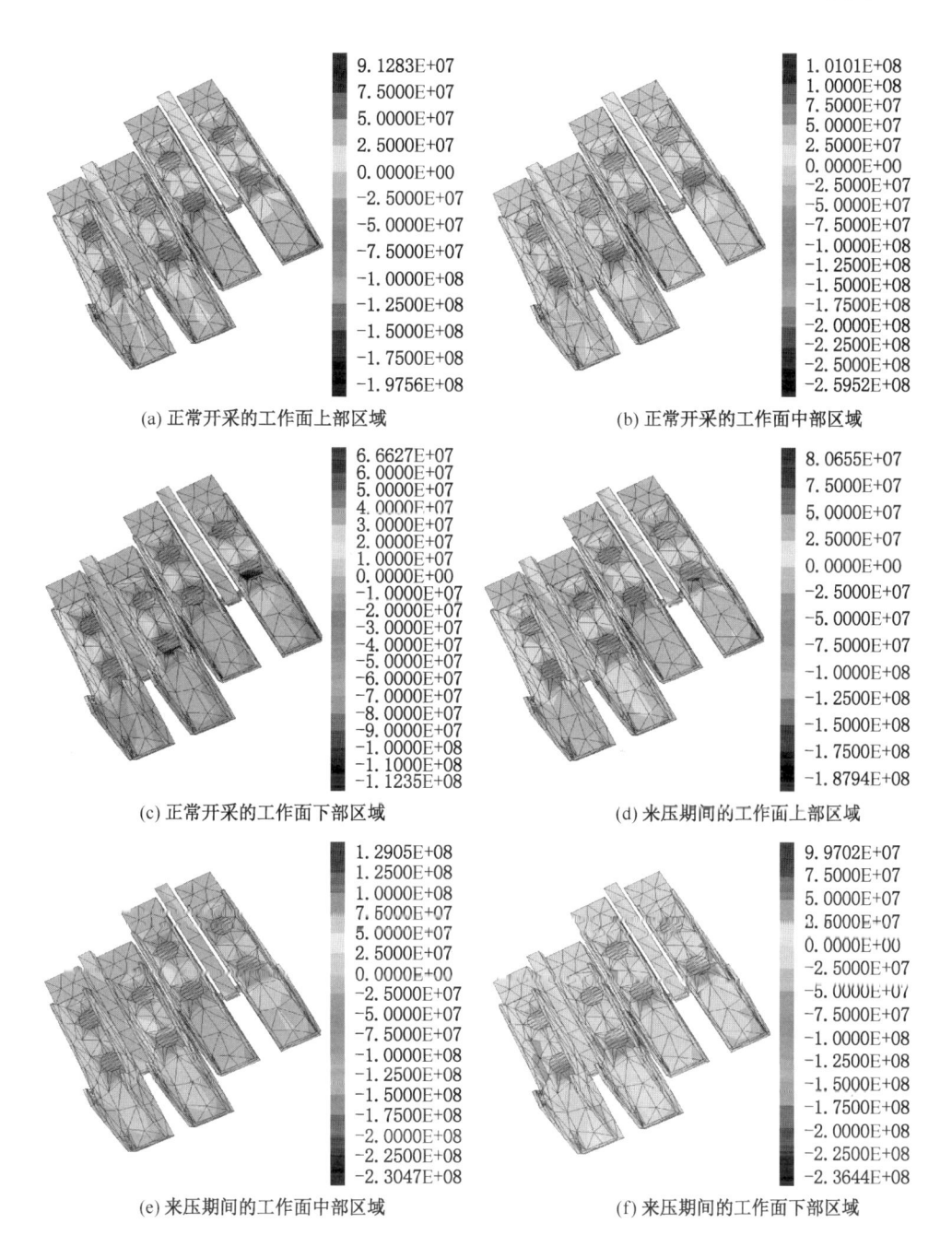

图 2-54　支架底座应力演化特征

(a) 正常开采的工作面上部区域

(b) 正常开采的工作面中部区域

(c) 正常开采的工作面下部区域

(d) 来压期间的工作面上部区域

(e) 来压期间的工作面中部区域

(f) 来压期间的工作面下部区域

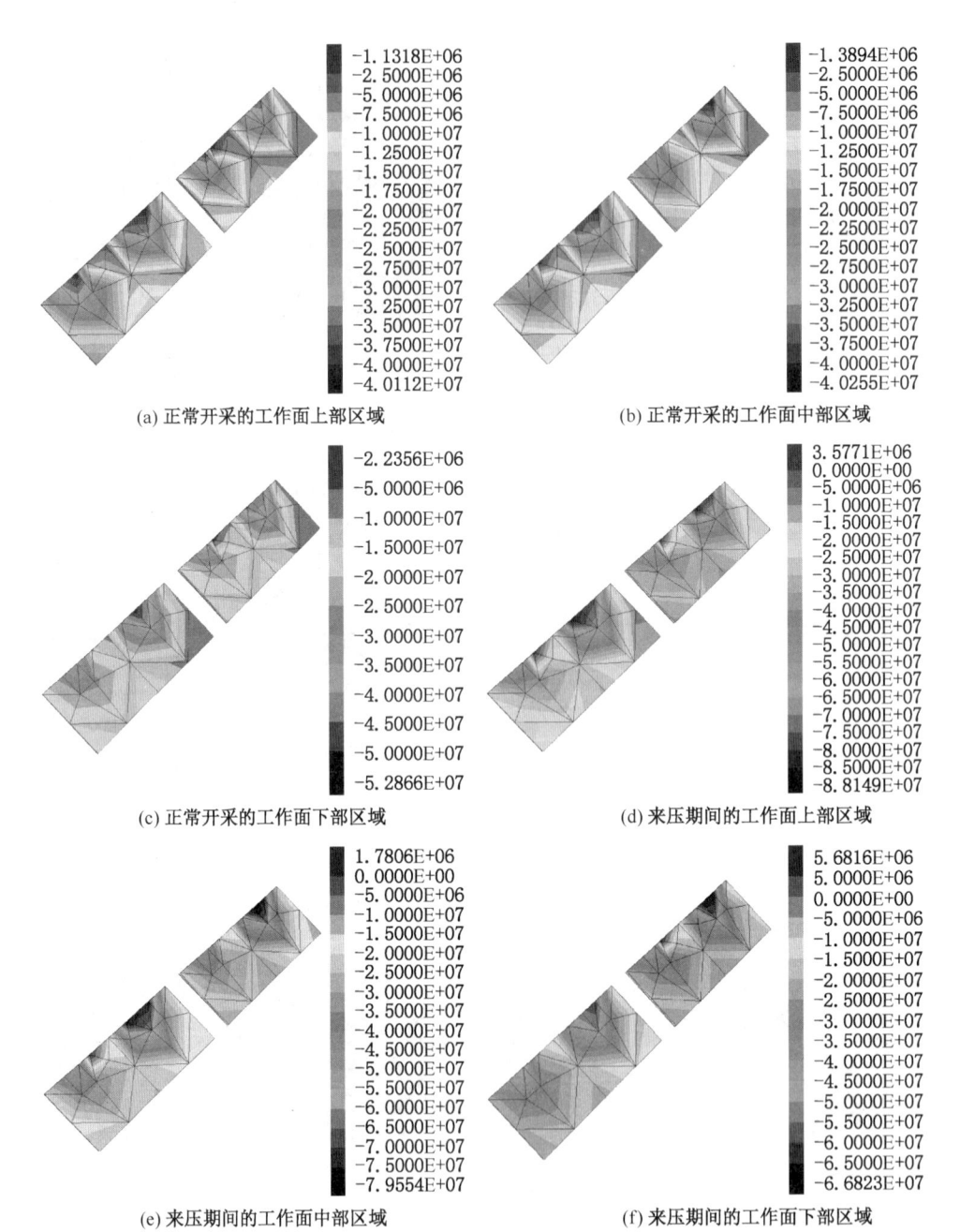

图 2-55 支架护帮板应力演化特征

第二章　急倾斜煤层长壁采场围岩与装备相互作用及控制机理

(a) 正常开采的工作面上部区域　　　　　　　(b) 正常开采的工作面中部区域

(c) 正常开采的工作面下部区域　　　　　　　(d) 来压期间的工作面上部区域

(e) 来压期间的工作面中部区域　　　　　　　(f) 来压期间的工作面下部区域

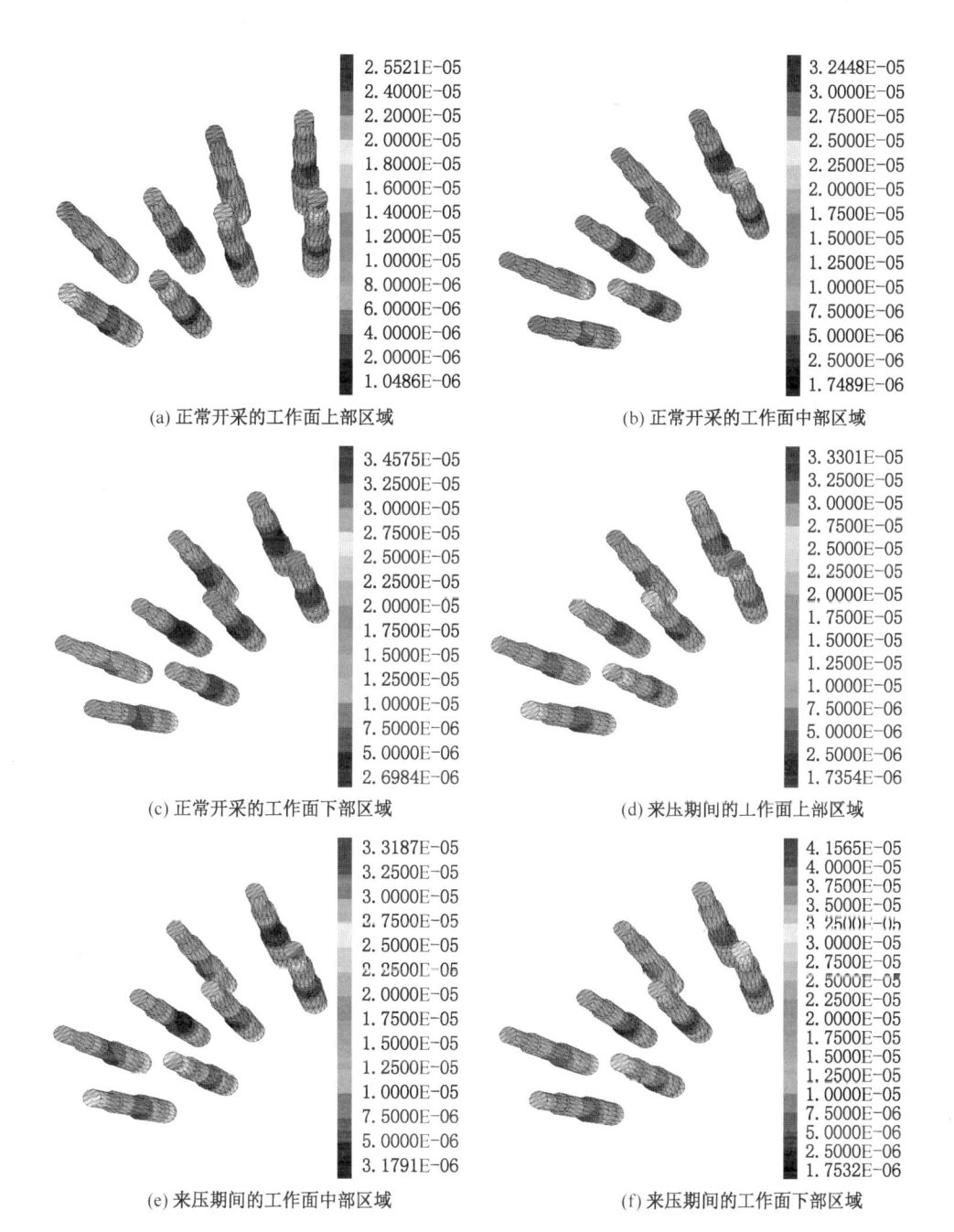

图 2-56　支架立柱位移演化特征

(a) 正常开采的工作面上部区域

(b) 正常开采的工作面中部区域

(c) 正常开采的工作面下部区域

(d) 来压期间的工作面上部区域

(e) 来压期间的工作面中部区域

(f) 来压期间的工作面下部区域

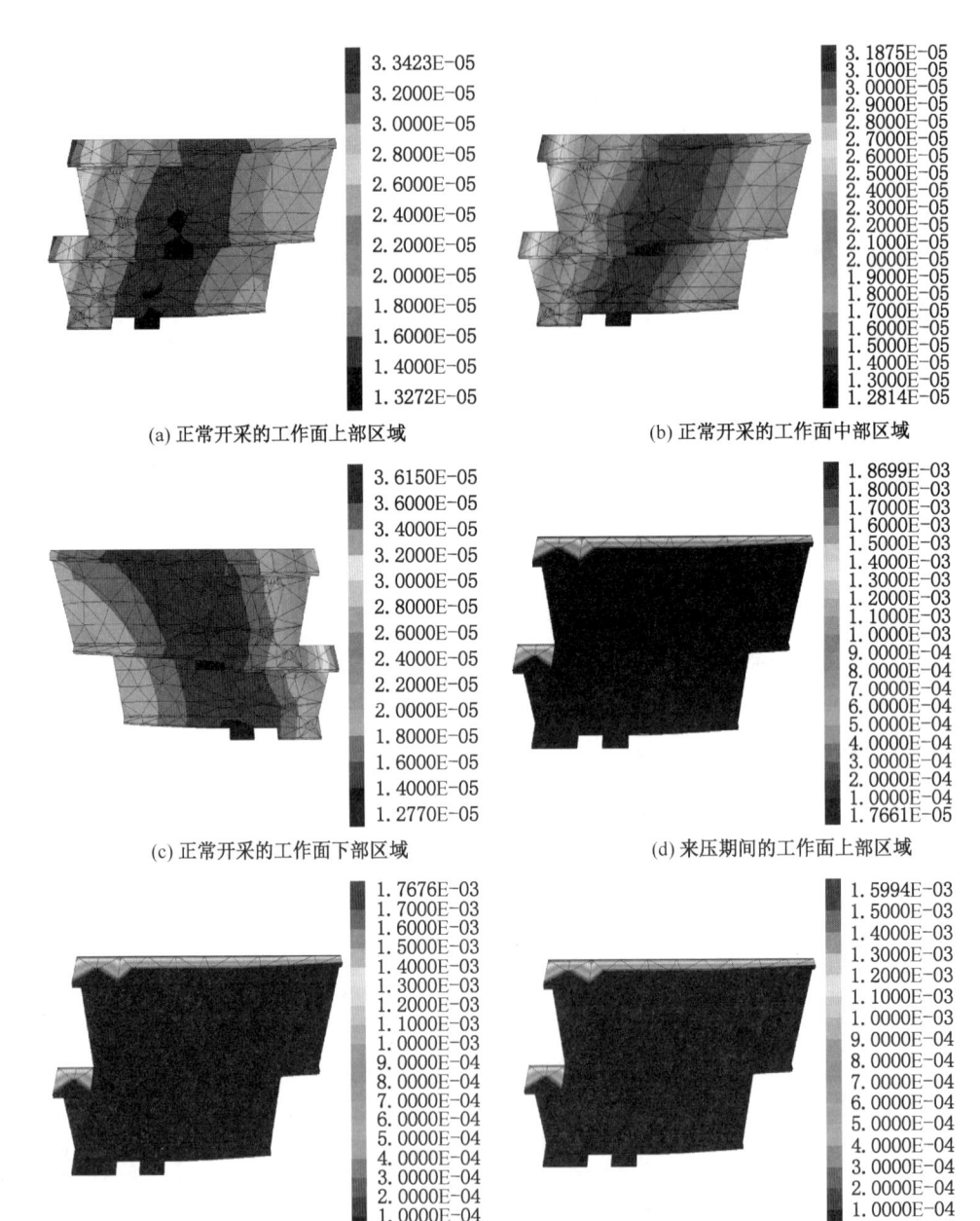

图 2-57　支架顶梁位移演化特征

现分区域特征。正常开采时，工作面倾斜上、中、下部区域顶梁最大位移量分别为 3.34×10^{-5} m、3.19×10^{-5} m、3.62×10^{-5} m，呈现出工作面下部区域＞上部区域＞中部区域，表明下部区域支架顶梁受载变形较大，支架与围岩作用强度大；来压期间，顶梁与顶板接触面位移量较大，工作面上部区域顶梁位移量增加明显，且呈现出上部区域＞中部区域＞下部区域，表明随着开采空间增加，工作面中上部区域顶板较为活跃，支架顶梁间侧向作用明显。

3. 掩护梁位移演化特征

与急倾斜真斜工作面相比，伪俯斜支架掩护梁非对称位移分布特征更加明显，在掩护梁的中部区域出现明显非对称位移分布特征，掩护梁倾向上部和顶梁连接处变形最大，如图 2-58 所示。正常开采时，工作面掩护梁位移呈现分区域特征，工作面倾斜上、中、下部区域掩护梁的最大位移量分别为 3.01×10^{-5} m、2.88×10^{-5} m、3.18×10^{-5} m，呈现出工作面下部区域＞上部区域＞中部区域，表明下部区域支架掩护梁位移量较大。来压期间，工作面上部区域掩护梁位移增加明显，最大位移呈现出上部区域＞中部区域＞下部区域，表明来压期间工作面中上部区域掩护梁相互作用更为活跃。

4. 底座位移演化特征

支架底座位移分布非对称特征明显，底座右侧局部区域形成非对称小变形区域，底座后端出现非对称大变形区域，如图 2-59 所示。受倾角影响，沿工作面倾向底座位移分布呈现分区域特征。正常开采时，工作面上、中、下部区域底座的最大位移量分别为 5.71×10^{-5} m、5.71×10^{-5} m、6.59×10^{-5} m，最大位移呈现出工作面下部区域＞中、上部区域，表明正常开采时，下部区域支架底座变形量较大，支架与围岩的作用强度较大；来压期间，底座与底板接触范围位移量较大，上部区域底座位移量明显增加，且呈现出上部区域＞中部区域＞下部区域，表明工作面上部底座间的相互作用更为明显，而下部则不明显。

5. 护帮板位移演化特征

支架护帮板位移分布非对称性特征明显，沿工作面倾向，小变形区域与大变形区域呈现非对称性分布特征，如图 2-60 所示。受倾角影响，沿工作面倾向，工作面护帮板位移分布呈现分区域特征。正常开采时，工作面上、中、下部区域护帮板的最大位移量分别为 9.80×10^{-5} m、9.50×10^{-5} m、12.04×10^{-5} m，呈现出工作面下部区域＞上部区域＞中部区域，表明在工作面正常开采时，下部区域支架护帮板变形量较大，支架与煤壁相互作用强度较大；来压期间，护帮板与煤壁接触面位移量较大，工作面上部区域护帮板位移量增加，且呈现出上部区域＞中部区域＞下部区域位移量，表明随工作面开采，工作面中上部区域煤壁

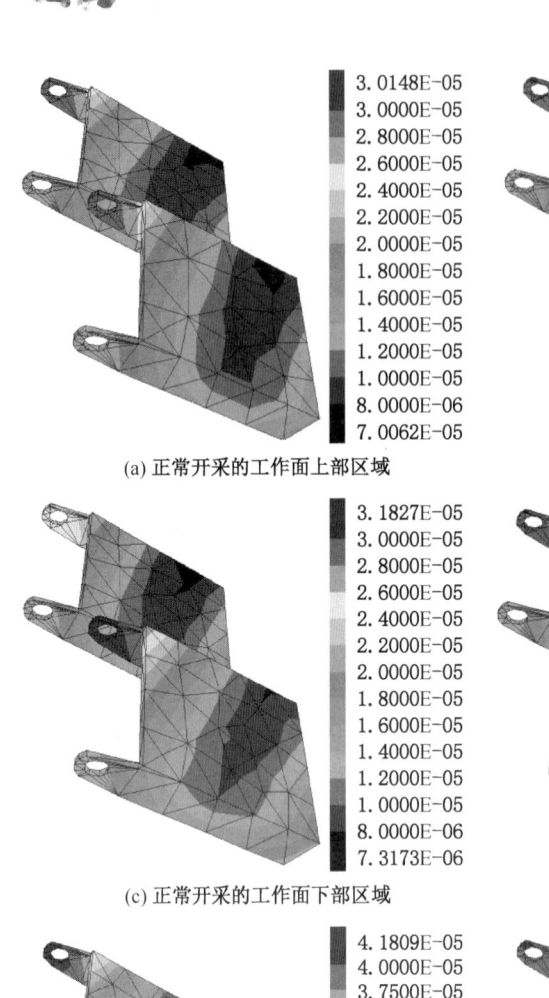

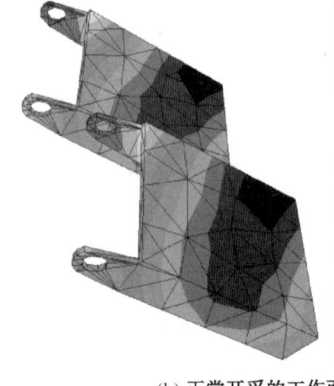

(a) 正常开采的工作面上部区域

(b) 正常开采的工作面中部区域

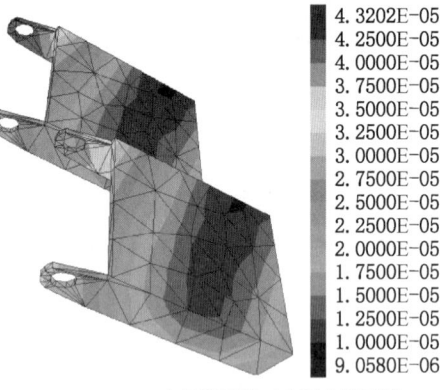

(c) 正常开采的工作面下部区域

(d) 来压期间的工作面上部区域

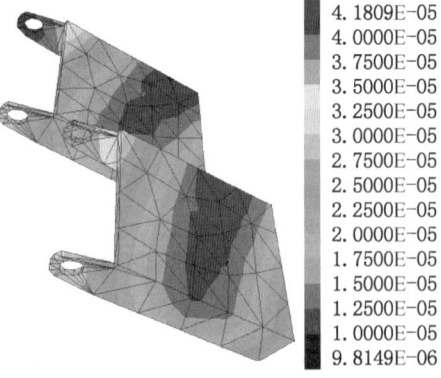

(e) 来压期间的工作面中部区域

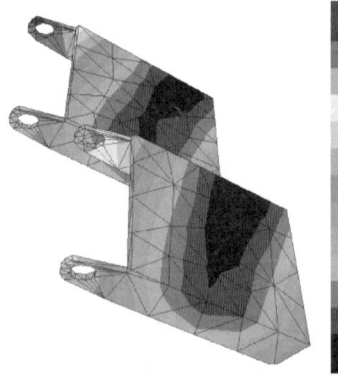

(f) 来压期间的工作面下部区域

图 2-58 支架掩护梁位移演化特征

第二章 急倾斜煤层长壁采场围岩与装备相互作用及控制机理

(a) 正常开采的工作面上部区域

(b) 正常开采的工作面中部区域

(c) 正常开采的工作面下部区域

(d) 来压期间的工作面上部区域

(e) 来压期间的工作面中部区域

(f) 来压期间的工作面下部区域

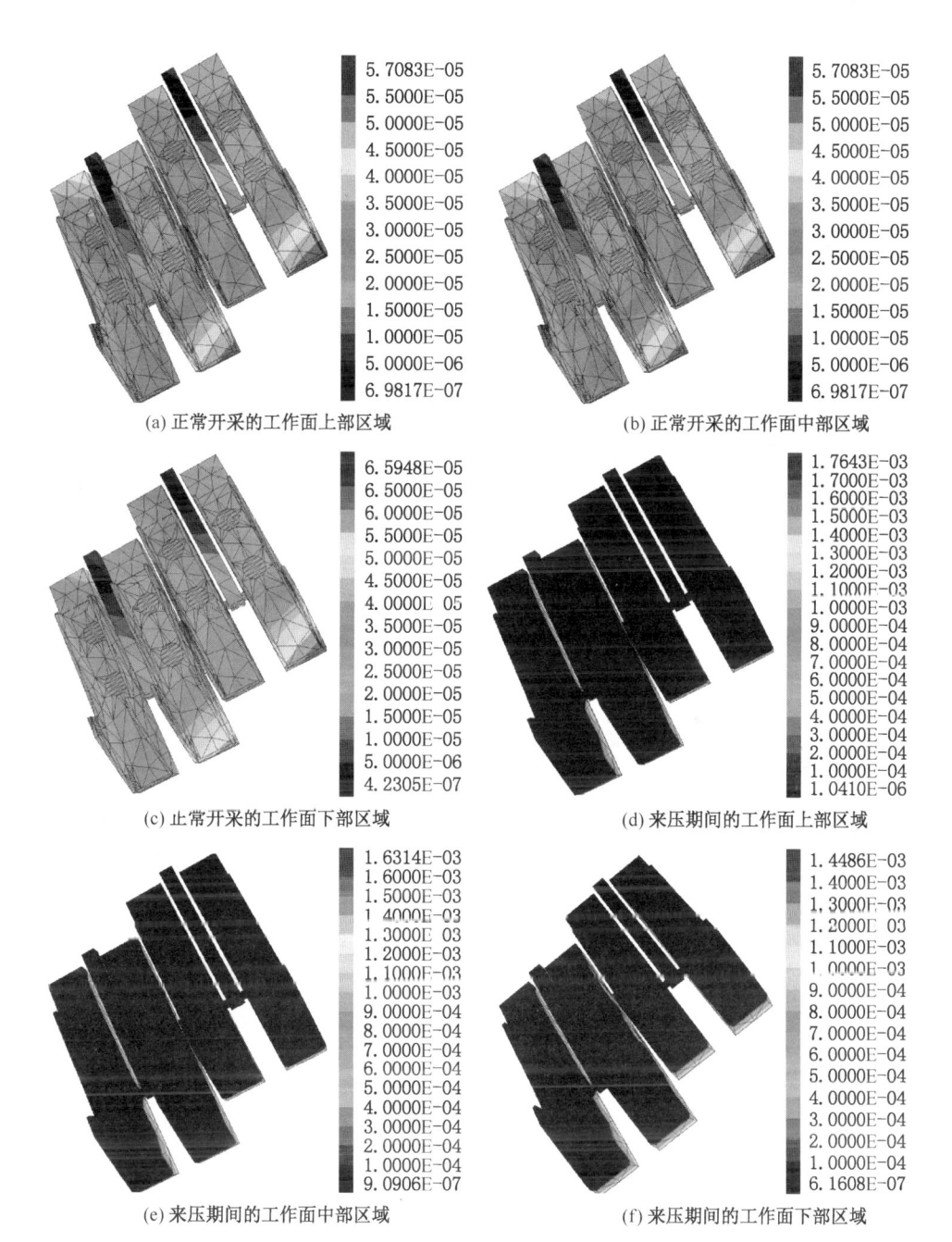

图 2-59 支架底座位移演化特征

(a) 正常开采的工作面上部区域

(b) 正常开采的工作面中部区域

(c) 正常开采的工作面下部区域

(d) 来压期间的工作面上部区域

(e) 来压期间的工作面中部区域

(f) 来压期间的工作面下部区域

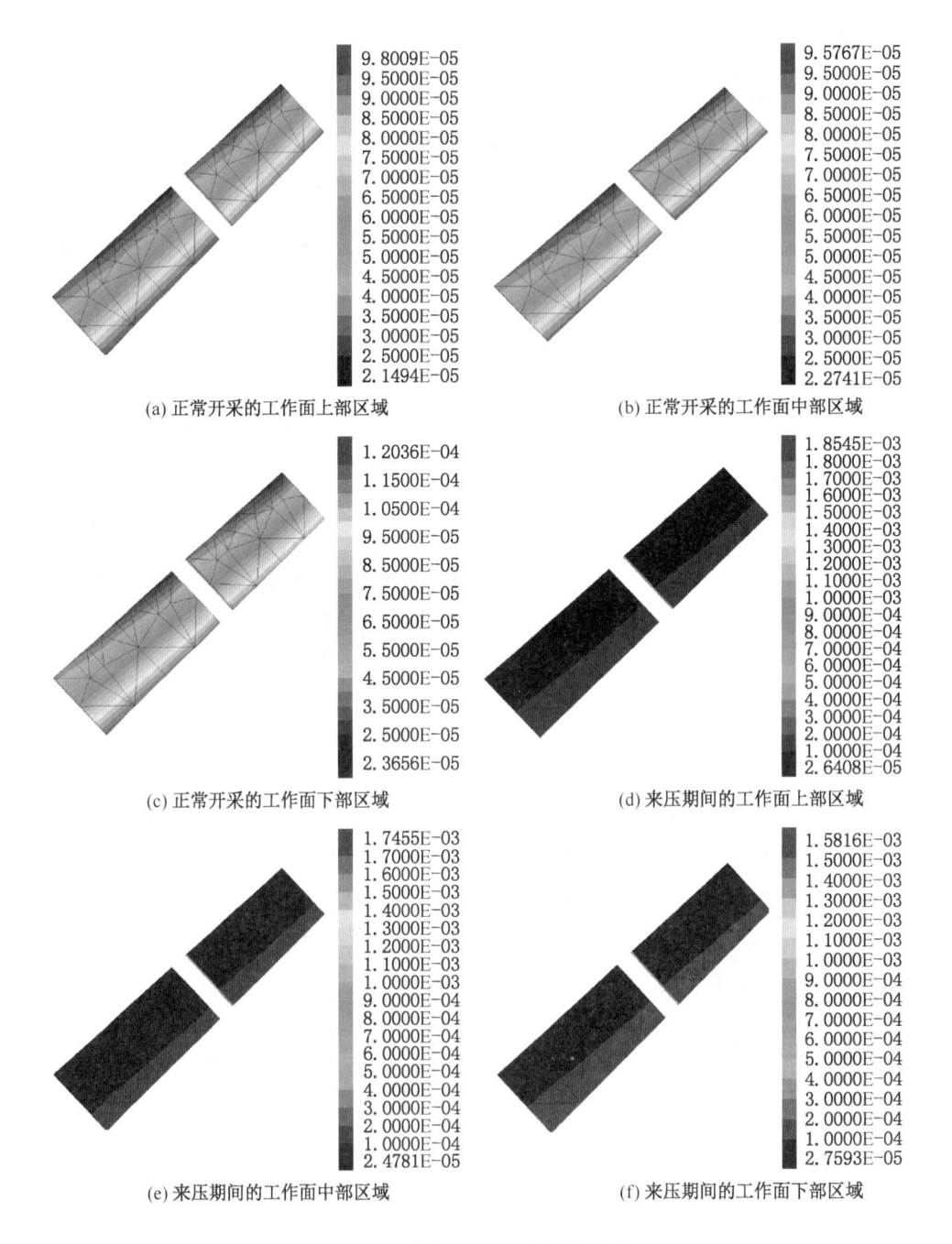

图 2-60 支架护帮板位移演化特征

变形较明显，对工作面中上部护帮板作用明显，需考虑对工作面中上部区域煤壁加强支护。

二、薄煤层伪俯斜采场支架工作阻力分布演化特征

根据四川太平煤矿31111急倾斜薄煤层伪俯斜长壁开采工作面矿压观测，对矿压显现特征进行研究，如图2–61所示、见表2–5。结果表明，沿倾斜方向工作面支架载荷特征呈现较明显的非对称性，一般为，中部＞下部＞上部。工作面绝大部分支架呈现出支架前柱垂直载荷明显高于后柱载荷的特征，支架后柱上方顶梁与顶板接触关系不佳，支架多处于前倾"低头"姿态。工作面整体支架工作阻力利用率都不高，利用率长期处于30%以下，其中上部区域平均工作阻力为1034.00 kN，平均阻力利用率为25.85%；中部区域平均工作阻力为1354.37 kN，平均阻力利用率为33.86%；下部区域平均工作阻力为1216.53 kN，平均阻力利用率为30.41%，见表2–5。四柱式液压支架大部分时间呈现出支架前柱垂直载荷高于后柱，后柱断销频发。

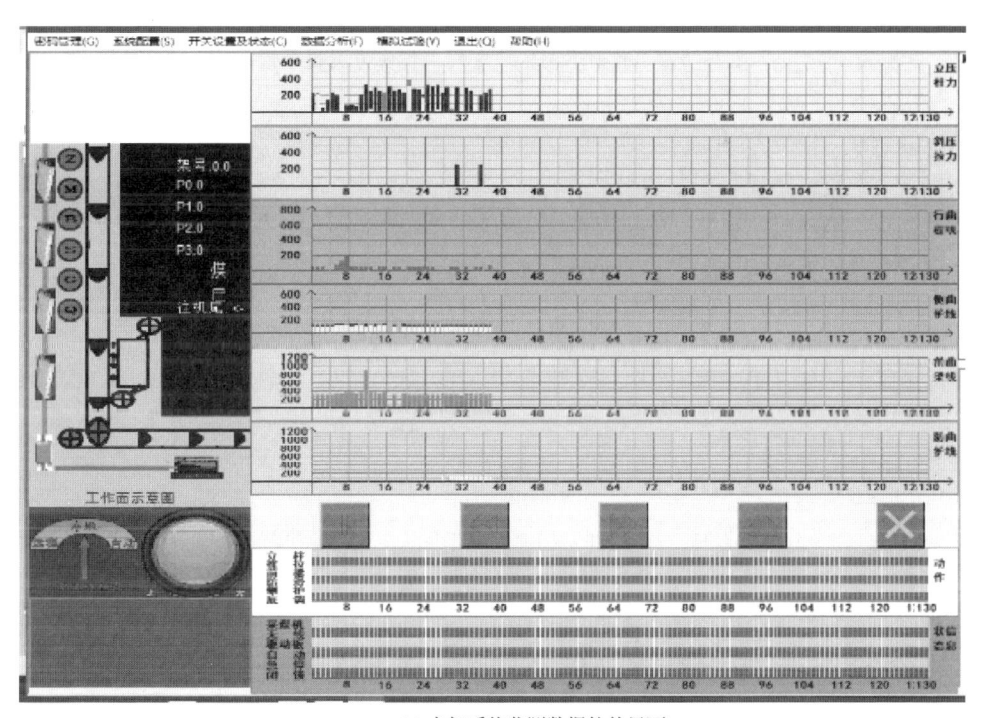

(a) 支架系统监测数据软件界面

(b) 沿工作面倾向各支架载荷状态

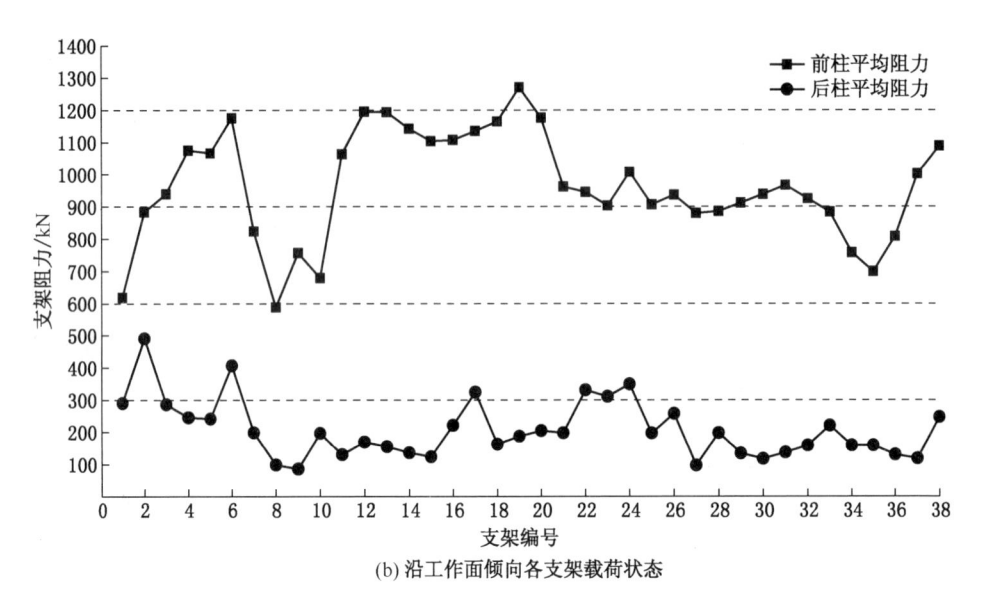

图 2-61 急倾斜薄煤层长壁伪俯斜工作面支架阻力分布演化特征

表 2-5 工作面不同区域支架工作阻力利用率情况

测区	测点	前柱/kN	后柱/kN	平均阻力/kN	利用率/%
下部	3号支架	939.43	286.44	1216.53	30.41
	6号支架	1175.25	406.47		
	9号支架	756.53	85.48		
中部	16号支架	1107.80	221.02	1354.37	33.86
	19号支架	1270.89	187.44		
	22号支架	945.32	330.63		
上部	28号支架	885.30	198.09	1034.00	25.85
	31号支架	966.02	136.41		
	34号支架	757.44	158.73		

综合物理模拟和数值模拟分析，表明在急倾斜工作面，四柱式液压支架的前后柱非对称受载特征更为明显，适应性较差，而轻型、两柱式液压支架则可以较好地适应倾角大、伪斜角大的情况，有效降低了支护对工作面开采的不利影响，

提升了急倾斜伪俯斜工作面支护装备的整体稳定性。

三、大采高采场煤矸互层顶板与支架相互作用机理

（一）煤矸互层顶板破断特征

急倾斜煤矸互层顶板采场开采时，工作面中上部夹矸与软煤夹层间首先出现离层裂隙，随后沿煤层倾向和走向进一步扩展。煤矸互层顶板易在支架上方发生裂断，且多为软煤夹层破坏所致。煤矸互层顶板工作面的初次来压步距比非夹矸顶板工作面的初次来压步距更大，周期来压步距接近，夹矸层对上方顶板具有缓冲与支撑作用，导致覆岩垮落高度较非夹矸顶板开采时更低，夹矸层内的煤体破坏是夹矸顶板破坏的主要诱因，如图2-62至图2-64所示。

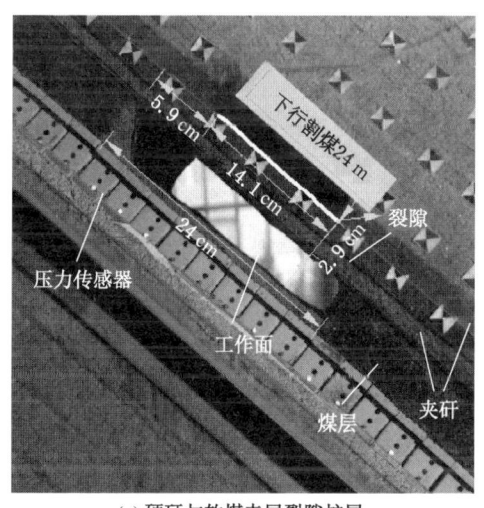

(a) 硬矸与软煤夹层裂隙扩展　　(b) 破断夹矸与垮落顶煤

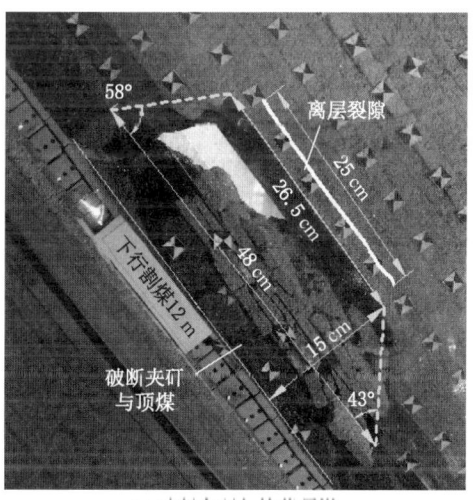

图2-62 倾向平面物理模拟实验

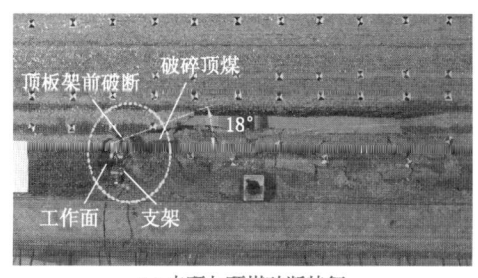

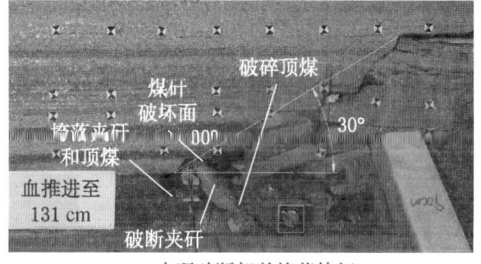

(a) 夹矸与顶煤破断特征　　(b) 夹矸破断架前垮落特征

图2-63 走向平面物理模拟实验

(a) 工作面倾斜中下部架前冒顶

(b) 工作面倾斜上部架前冒顶

图 2-64 工作面架前冒顶情况

(二) 煤矸互层顶板失稳机理及支架阻力分析

基于修正 Prandtl 挤压理论建立了急倾斜硬矸-软煤夹层力学模型，如图 2-65 所示，得出了夹矸层极限载荷与支架最大阻力、极限载荷公式。

(a) 夹矸-顶煤-支架相互作用特征

(b) 力学模型

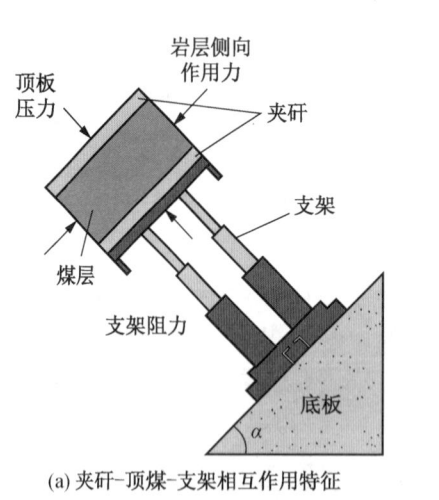

图 2-65 硬矸软煤夹层作用力学模型

求得板面的极限载荷为

$$P = k\left[mh\operatorname{th}\frac{mb}{h} + \frac{h\pi^2}{48m} - \frac{mb^2}{4h} - \frac{h\mathrm{e}^{\frac{-2mb}{h}}}{4m} - 2b + \frac{bm^2}{3} - \frac{b}{2}\ln\left(1 + \mathrm{e}^{\frac{-2mb}{h}}\right)\right] - \frac{rbh}{2} - \frac{r_0 bH}{2}(\sin\alpha - 2\cos\alpha)$$

基于以上理论分析与实验研究结果，认为单位面积的软煤夹层承受的最大载荷即为支架对单位面积煤矸互层顶板可施加的最大阻力，因此，结合液压支架具体尺寸和参数，顶梁为整体式顶梁，长度为 4.4 m，前端上翘 2°~3°，最大宽度为 1.88 m，根据两柱掩护式支架顶梁阻力分布特征，最大载荷处于顶梁前端，最小载荷处于顶梁后端，即可根据夹矸间煤层最大载荷特征求得支架对软煤夹层可施加的最大阻力。

由图 2-66 可以看出，不同倾角条件下，当倾角较大时（煤层倾角为 45°），软煤夹层厚度较薄（厚度 0.75 m）时，支架所能施加的最大阻力为 3034 kN，当倾角为 40°时，支架最大阻力为 5040 kN，当倾角为 35°时，支架最大阻力为 6560 kN，此时，随着软煤夹层厚度的增加，支架最大阻力可达 7279 kN。即软煤夹层厚度相同时，支架的最大阻力随着倾角的增大而增大，当倾角相同时，支架的最大阻

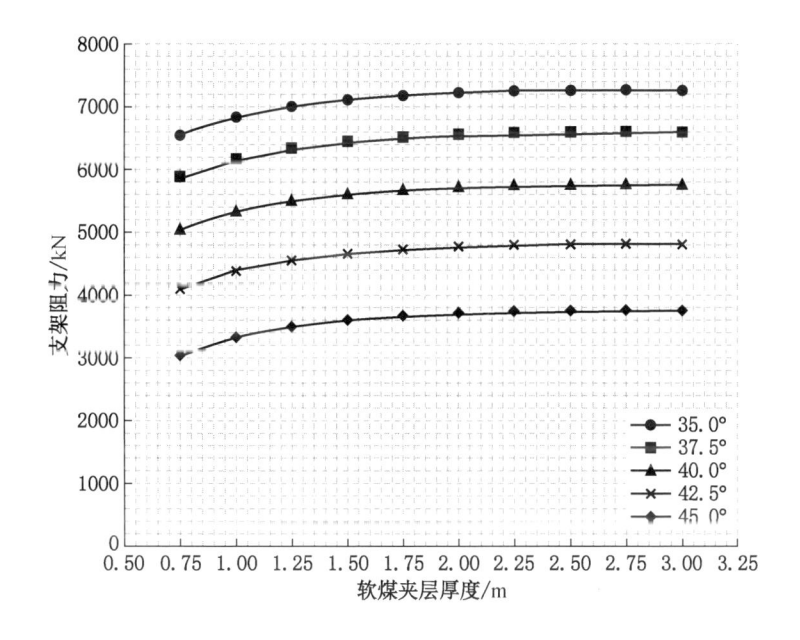

图 2-66 不同倾角下支架阻力分布曲线

力随着软煤夹层厚度的增加而增加，当厚度增加至 2.75~3.00 m 时，支架最大阻力达到最大值，随着厚度继续增加，支架最大阻力则随之降低，但降幅较小。当倾角为 40°时，不同埋深条件下（图 2-67），支架最大阻力随着埋深的增加而增加，同时，对于同一急倾斜工作面来说，不同的埋深也反映了沿工作面长度方向的不同区域，可以看出，工作面不同区域支架最大阻力分布特征为倾斜上部区域最小、中部较大、下部最大，即埋深与支架最大阻力成正比关系。

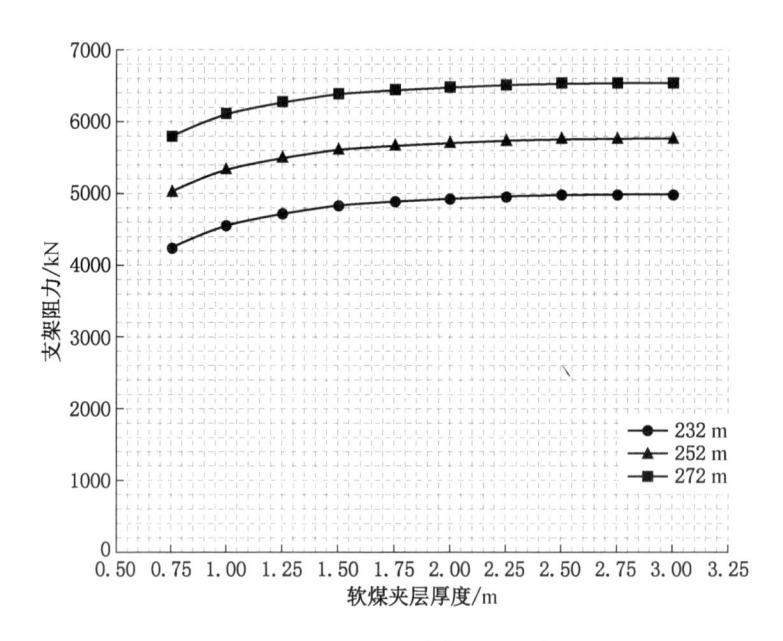

图 2-67 不同埋深下支架阻力分布曲线

同时，根据走向平面物理相似模拟实验，在夹矸煤层厚度在 2.00~2.50 m，埋深 252 m 时，工作面顶板来压期间，出现小范围煤壁片帮，并伴随轻微冒顶和支架空顶现象。特别是当工作面推进至 85 m、107 m、125 m、131 m 时，即顶板第 4 次、第 7 次、第 10 次、第 11 次来压时，均出现软煤夹层被压碎现象，此时支架的实际工作阻力约为 4738 kN、5119 kN、6410 kN、5689 kN，平均为 5489 kN，这与理论计算结果（5721 kN）较为接近，表明计算结果与实验结果较为一致。

（三）煤矸互层顶板下三维支架-围岩关系

1. 煤矸互层顶板对支架顶梁的作用

支架的第一种典型受载状态为煤矸互层顶板与顶梁正接触，如图 2-68a 所示，该状态下，支架在达到煤矸互层顶板最大承受载荷前可保持稳定，且对相邻

第二章　急倾斜煤层长壁采场围岩与装备相互作用及控制机理

(a) 顶板与支架顶梁正接触

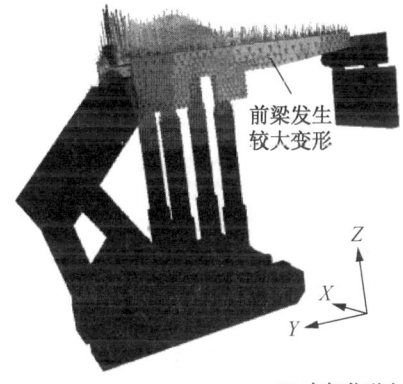

(b) 支架位移与速度特征

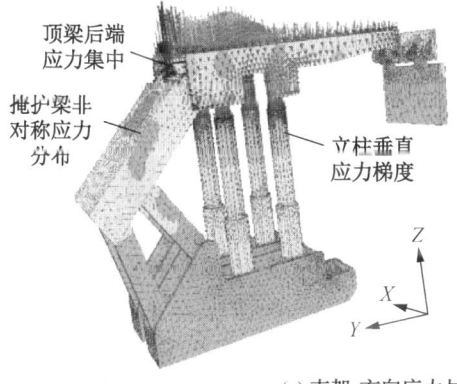

(c) 支架z方向应力与速度特征

图 2-68　煤矸互层顶板对支架顶梁的作用

95

支架的影响较小。图2-68b和图2-68c中支架顶梁后方运动速度大于前方，在前后柱区域有小范围升高。正压作用下，顶梁承载了相应的顶板载荷，且受载均匀，该状态下支架处于保证顶板稳定的最好状态，但煤矸互层顶板比一般顶板更易发生破坏，支架更易失稳，因此，在煤矸互层顶板工作面开采过程中，保证支架与顶板的正接触，是维护煤矸互层顶板稳定的最好措施。

2. 破断煤矸互层顶板对支架掩护梁的作用

煤矸互层顶板对支架作用的第二种典型受载状态，为煤矸互层顶板破断且以破断处为铰接点发生回转，使破断夹矸后方作用于支架掩护梁处，如图2-69a所示。夹矸破断作用在掩护梁的不同区域，可以影响多个支架，从而造成支架发生偏载或摆尾，影响支架稳定性。对于两层夹矸，夹矸厚度越大，破断夹矸产生的回转作用力则越大，造成支架失稳的可能性越大。由于煤矸互层顶板破断易形成小块矸石，所以，破碎煤矸互层顶板垮落作用于掩护梁中上部，而一般顶板破断易形成铰接结构则作用于掩护梁下部区域。

(a) 顶板与支架掩护梁接触

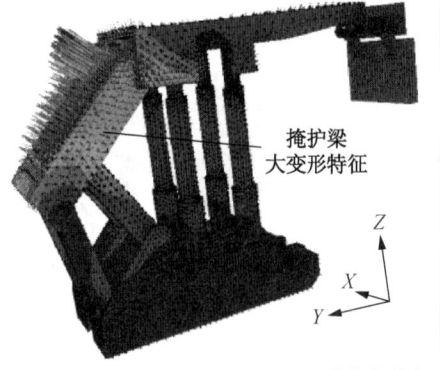

(b) 支架位移与速度特征

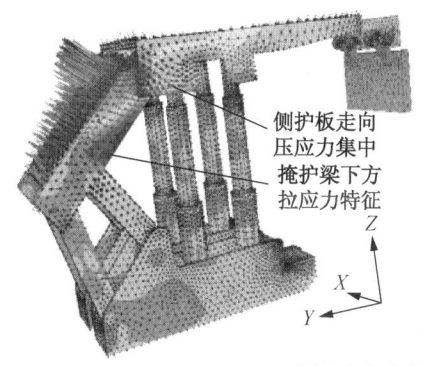

第二章　急倾斜煤层长壁采场围岩与装备相互作用及控制机理

(c) 支架 y 方向应力与速度特征

图 2-69　破断煤矸互层顶板对支架掩护梁的作用

通过对支架掩护梁受载动力学分析，如图 2-69b 所示，非对称受载不仅导致掩护梁局部发生变形，同时也造成顶梁前端上翘与四连杆的连锁运动，进而影响支架稳定性，极易造成煤矸互层顶板的局部破坏。图 2-69c 支架 y 向应力特征表明，支架掩护梁受载后，顶梁侧护板受到明显影响。由于煤矸互层顶板作用于支架位置有所不同，所以四连杆和掩护梁铰接处受载不均匀，会产生拉应力。

3. 垮落矸石-支架-煤矸互层顶板相互作用

由物理模拟实验可以看出，工作面不同区域的支架与围岩作用关系不同，不同区域的煤矸互层顶板垮落充填特征也明显不同，如图 2-70 所示，这与一般顶板条件下急倾斜煤层允填特征类似，但煤矸互层顶板工作面倾斜下部区域充填程度更高，该处更易形成较为完整的"垮落充填矸石+（支架-煤矸互层顶板）+煤壁"支撑系统，该支撑系统既分担了上方基本顶对支架的作用，也起到维护顶板的作用，保证了煤壁及其上方煤矸互层顶板的稳定性。

由于倾斜中部和上部采空区充填度较小，破碎煤矸互层顶板未对上方顶板起到有效支撑作用，从而在倾斜中部区域形成的支撑系统转换为"采空区深部垮落夹矸+（基本顶-煤矸互层顶板-支架）+煤壁"，该载荷传递系统受到了基本顶的回转作用，特别是在支架上方煤矸互层顶板区域，因此倾斜中部区域支架载

97

图 2-70　破断煤矸互层顶板的垮落、滚滑、充填特征

荷较大。此时，保证煤矸互层顶板的稳定性是保证整个系统完整性的关键。对于倾斜上部区域支架，由于垮落顶板基本都下滑至下方采空区，所以该处形成了"（基本顶 - 煤矸互层顶板 - 支架）+ 煤壁"的支撑系统，此时支架后方顶板破断，该处基本顶一般易形成短悬臂状态，并随着工作面推进发生周期性非对称破断，导致该区域支架受载多变。

4. 支架 - 支架相互作用

在整个垂向支架 - 围岩系统里，煤矸互层顶板中煤线首先发生破坏，并诱发夹矸失稳，造成了支架上方顶板元素缺失，引发支架间相互作用。通过相似模拟实验和现场观测得知，支架与围岩相互作用的第三种典型受载状态为倾斜上方支架倾倒，并挤压下部支架顶梁，且作用于下方支架侧护板区域，如图 2-71 所示，导致支架侧护板局部变形，造成支架立柱等其他部位发生沿倾斜方向的非对称受载。由于煤矸互层顶板较一般顶板更易破碎，所以煤矸互层顶板支架更易倾倒，架间相互作用频次更多。

对不同夹矸厚度下多个支架顶梁受力进行分析，如图 2-72 所示，其中，图 2-72a 和图 2-72b 为两层夹矸，每层厚 1 m；图 2-72c 和图 2-72d 为两层夹矸，每层厚 1.5 m。支架顶梁间均存在相互作用，主要为沿

(a) 架间相互作用

(b) 支架位移与速度特征

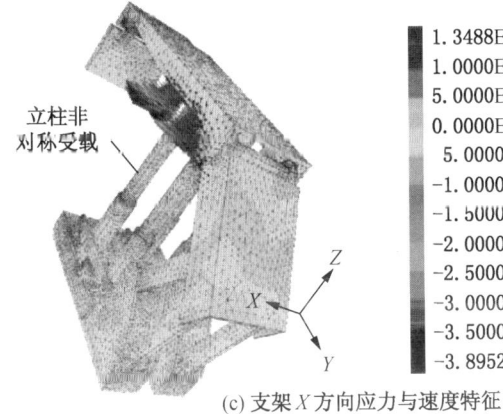

(c) 支架 X 方向应力与速度特征

图 2-71 支架间相互作用

着工作面倾斜向下的侧向作用力。沿工作面倾斜方向，不同区域支架侧向受力不同，主要呈现出倾斜中部最大，下部次之，上部最小的特征。前柱上方顶梁侧向载荷大于后柱上方顶梁，随着夹矸厚度的增加，支架顶梁承载的侧向载荷平均值呈现逐渐降低趋势。少数情况会产生反倾向的作用力，是由于支架受到顶板的非均匀作用，导致顶梁发生扭转并发生局部应力集中。

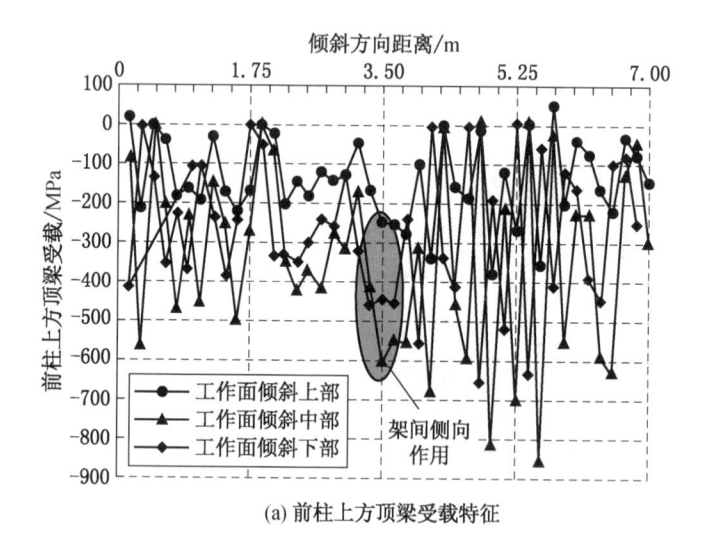

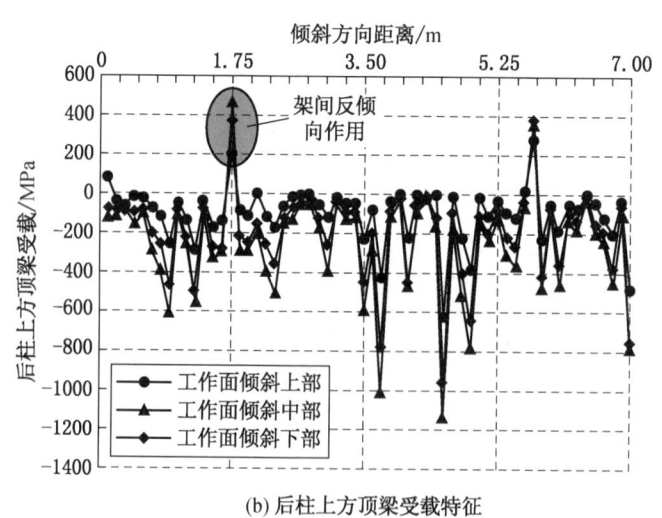

(a) 前柱上方顶梁受载特征

(b) 后柱上方顶梁受载特征

(c) 前柱上顶梁受载特征

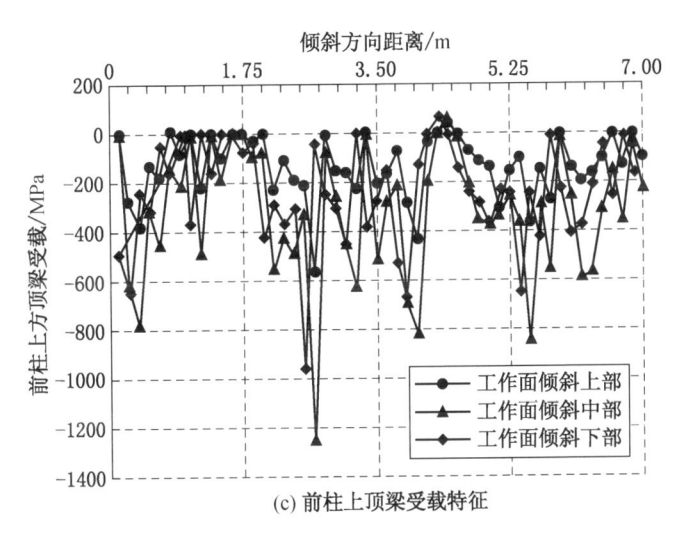

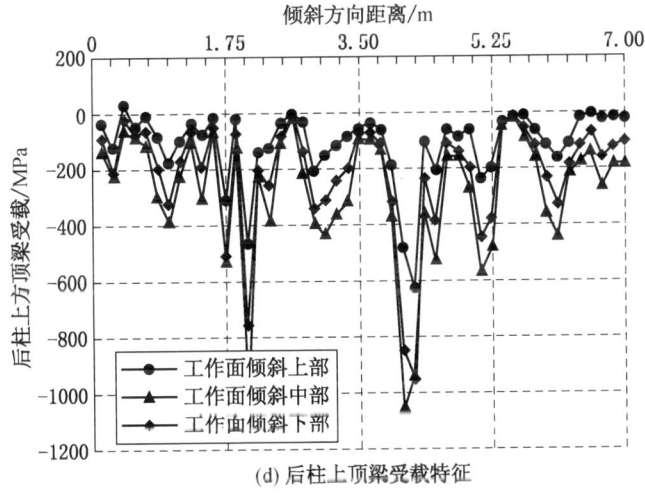

(d) 后柱上顶梁受载特征

图 2-72 架间顶梁水平应力特征曲线

四、伪俯斜采场"支架-围岩"相互作用理论研究

(一) 采场倾向剖面"顶板-支架与支架-底板"相互作用机理

通过理论分析、物理模拟实验、数值仿真和现场实测分析，在伪俯斜采场垮落矸石非均匀充填运移影响下，沿工作面倾向方向不同区域支架的受载特征存在

显著差异。为此，建立了急倾斜煤层长壁采场支架与围岩倾向剖面力学模型，分析了顶板、底板等因素对支架稳定性的影响，揭示了支架滑动、倾倒、下陷失稳机理，如图 2-73 所示。同时，工作面顶板在其自重和上覆岩层载荷作用下沿着一条渐进于重力方向的曲线运移。当顶板稳定时，支架在其自重倾向分量影响下有沿倾向下滑和转动的趋势，顶板对支架摩擦力 F_R 的方向沿着工作面倾向向上。而当顶板运动时，支架也会随着顶板的运动而运动，顶板与支架间摩擦力 F_R 的方向沿着工作面倾向向下。尤其是倾向中上部区域的基本顶沿重力方向切落时，对支架沿倾向向下的冲击作用会加剧支架的不稳定性。

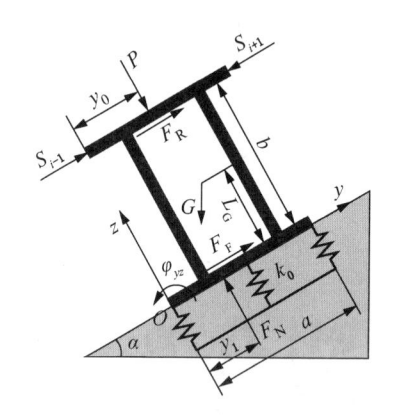

φ_{yz}—支架转角，(°)；S_{i-1} 和 S_{i+1}—相邻支架间的相互作用力，kN；P—支架工作阻力，kN；
y_0—载荷 P 作用位置，m；y_1—载荷 F_N 作用位置，m

图 2-73 支架倾向力学模型

1. 支架临界失稳状态下的受载特征

1) 顶板稳定时的支架临界失稳工作阻力

当顶底板岩层稳定时，支架在其自重倾向分量影响下有沿工作面倾向下滑和转动的运动趋势时，支架与顶板间摩擦力 F_R 的方向沿 y 轴正方向，取值范围介于 $0 \sim P\mu_1$ 之间。由图 2-73 支架倾向力学模型可得，使单个支架不下滑失稳的条件是其抗滑力大于滑动力，即

$$F_R + F_F + \Delta S_i \geqslant G\sin\alpha$$

式中，$\Delta S_i = S_{i-1} - S_{i+1}$ 为相邻支架间作用力的合力，kN。在支架临界下滑失稳状态下，支架与顶底板岩层间的摩擦力可表示为

$$F_R = P\mu_1$$

$$F_F = (P + G\cos\alpha)\mu_2$$

可得单个支架保持不下滑失稳的临界工作阻力 P_{cr1}，表示为

$$P_{cr1} = \frac{G(\sin\alpha - \cos\alpha\mu_2) - \Delta S_i}{\mu_1 + \mu_2}$$

同时，使单个支架不转动失稳的条件是其抗转动力矩大于转动力矩，即

$$Py_0 + G\cos\alpha\frac{a}{2} + (F_R + \Delta S_i)b \geqslant F_N y_1 + GL_G \sin\alpha_0$$

由图 2-73 支架倾向力学模型可以看出，在保持支架不转动失稳的临界最差情况下，支架抗转动力矩中的支架工作阻力 P 作用于顶梁倾向下侧边缘（$y_0 = 0$），底板法向载荷合力 F_N 作用于 O 点（$y_1 = 0$），则可简化为

$$(F_R + \Delta S_i)b + G\cos\alpha\frac{a}{2} \geqslant G\sin\alpha L_G$$

可得支架保持不转动失稳的临界工作阻力 P_{cr2}，表示为

$$P_{cr2} = \frac{G(2L_G\sin\alpha - a\cos\alpha) - 2\Delta S_i b}{2\mu_1 b}$$

2）支架空顶时的架间作用特征

当支架空顶时，顶板对支架的作用载荷消失，支架在其自身重力倾向分量作用下，沿工作面倾向下滑和转动，架间作用明显。该受载状态下支架与底板间摩擦力 F_F 为

$$F_F = G\cos\alpha\mu_2$$

使单个支架保持不下滑失稳的临界架间作用力 ΔS_{cr1} 可表示为

$$\Delta S_{cr1} = G(\sin\alpha - \cos\alpha\mu_2)$$

同时，使单个支架保持不转动失稳的临界架间作用力 ΔS_{cr2} 可表示为

$$\Delta S_{cr2} = \frac{2GL_G\sin\alpha - Ga\cos\alpha}{2b}$$

根据上式，并令 $\Delta S_i = 0$，可得确保单个支架不下滑和转动的临界工作阻力随煤层倾角的变化关系如图 2-74 所示。由图中可以看出，支架在自由状态（$P = 0$ kN）下的下滑临界角为 17°，转动临界角为 31°；确保支架不下滑和转动的临界工作阻力都随着煤层倾角的增大而增大，且在相同煤层倾角条件下，支架的临界下滑工作阻力大于其临界转动工作阻力；确保支架稳定的临界工作阻力不超过支架自重的 2 倍。

从上可得确保单个空顶支架不下滑和转动的临界架间作用力随煤层倾角的变化关系，如图 2-75 所示。由图 2-75 可以看出，确保支架不下滑和转动的临界架间作用力也都随着煤层倾角的增大而增大，且在相同煤层倾角条件下，支架在

临界下滑时的架间作用力大于其临界转动架间作用力；确保支架稳定的临界架间作用力不超过支架自重的 1 倍。

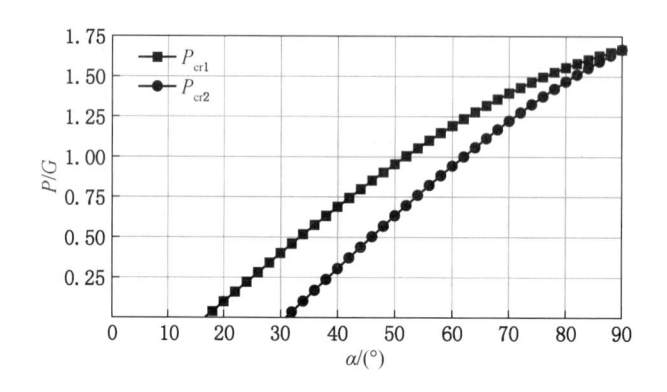

图 2-74　煤层倾角对支架临界工作阻力的影响

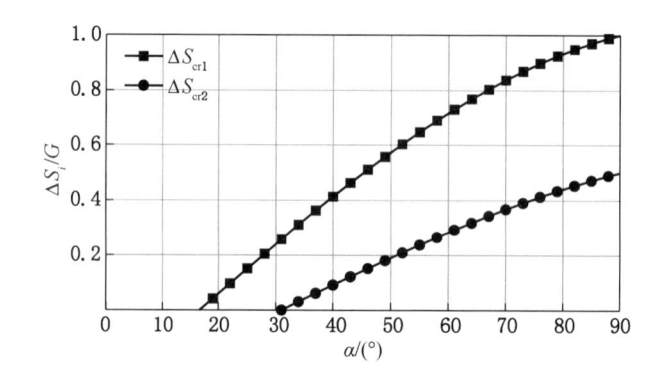

图 2-75　煤层倾角对架间作用力的影响

由图 2-74 和图 2-75 可以看出，当顶底板岩层稳定时，确保单个支架不下滑和转动的临界工作阻力远小于支架正常工作状态时的工作阻力；当支架空顶时，确保单个支架不下滑和转动的临界架间作用力也远小于支架正常工作状态时支架与顶底板间的摩擦力。由此可以看出，支架正常工作状态下的下滑和转动主要是由工作面顶板运移引起的；当顶板强度较低、工作面倾向中上部区域易出现大范围空顶时，通过对工作面倾向中上部区域局部支架上方顶板加固，可对其倾向上侧支架的下滑和倾倒起到阻隔作用，避免支架的连续、大范围倾倒。

第二章 急倾斜煤层长壁采场围岩与装备相互作用及控制机理

2. 顶板载荷作用下支架的行为响应

工作面顶板在其重和上覆岩层载荷作用下，其运动是绝对和长期的，而其稳定则是相对和暂时的。受顶板运移影响，支架也会随着顶板的运动而运动。当顶板运移状态发生改变时，其与支架的接触方式及其对支架的作用载荷也会发生变化。同时当支架位态发生变化时，底板与支架的接触方式及其对支架的作用载荷也会发生变化，如图 2-76 所示，工作面顶板、支架和底板始终处于相互作用、相互制约的动态系统中。由于工作面顶板在其自重和上覆岩层载荷作用下沿着一条渐进于重力方向的曲线运移，因此在其运动过程中对支架的倾向载荷（支架与顶板间摩擦力 F_R）沿着 y 轴负方向，其取值范围介于 $-P\mu_1 \sim 0$ 之间，支架逆向转动，支架倾向下侧立柱受力大于上侧立柱。

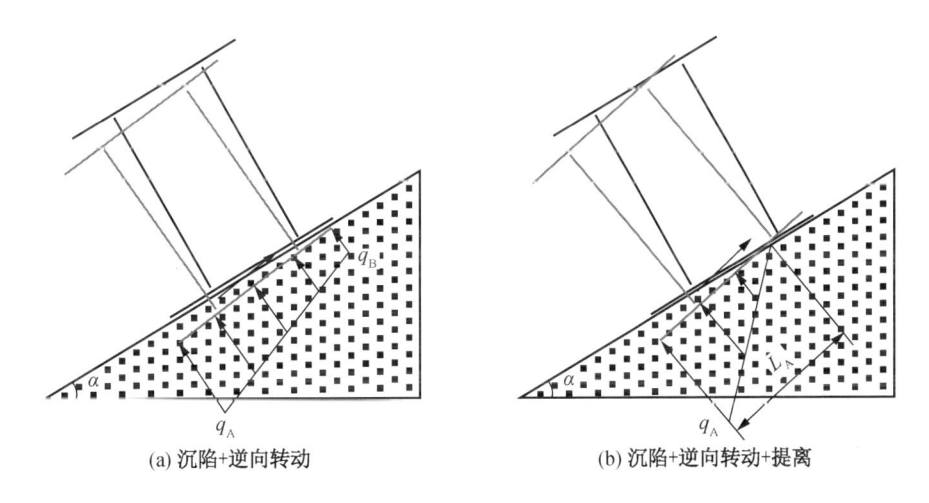

图 2-76 支架与底板间相互作用关系

(a) 沉陷+逆向转动　　(b) 沉陷+逆向转动+提离

这里假设支架随顶板运移过程中，支架底座倾向下边缘（O 点）的下沉量为 z_0，绕 O 点的转角为 φ_{yz}。则由力学模型可得，支架在任意顶板载荷作用下沿工作面倾向的平衡条件为

$$\Delta S_i + F_R + F_F - G\sin\alpha = 0$$
$$F_N - P - G\cos(\alpha - \varphi_{yz}) = 0$$
$$F_N y_1 + L_G \sin(\alpha - \varphi_{yz}) - P y_0 - (\Delta S_i + F_R) b - \frac{a}{2} G \cos(\alpha - \varphi_{yz}) = 0$$

由于支架的重力远小于支架正常工作状态下的工作阻力，为了理论求解方便，在以下分析中忽略支架转角 φ_{yz} 对支架重力投影量的影响。当支架绕 O 点逆

向转动，但其底座倾斜上边界无提离时，如图 2-76a 所示，由弹性地基理论可得支架在该位态下底板对其法向载荷的合力 F_N 及其作用位置 y_1 可表示为

$$F_N = z_0 a c k_0 - \frac{a^2 c k_0}{2}\sin\varphi_{yz}$$

$$y_1 = \frac{a(2c\sin\varphi_{yz} - 3z_0)}{3(c\sin\varphi_{yz} - 2z_0)}$$

则可得支架在该受载状态下的架间作用力 ΔS_i 及底座倾向下边缘的下沉量 z_0 和转角 φ_{yz} 可表示为

$$\Delta S_i = G\sin\alpha - F_R - F_F$$
$$z_0 = [P(4a - 6y_0) - 6(\Delta S_i + F_R) + G(6L_G\sin\alpha + a\cos\alpha)]/a^2 c k_0$$
$$\varphi_{yz} = \arcsin\{6[p(a - 2y_0) + 2L_G G\sin\alpha - 2b(\Delta S_i + F_F)]\}/a^3 c k_0$$

当支架绕 O 点转动，且其底座倾斜上方提离时，如同 2-76b 所示，由弹性地基理论可得支架在该位态下底板对其法向载荷的合力 F_N 及其作用位置 y_1 可表示为

$$F_N = \frac{k_0 c}{2}\frac{z_0^2}{\tan\varphi_{yz}}$$

$$y_1 = \frac{z_0}{3\tan\varphi_{yz}}$$

则可得支架在该受载状态下的架间作用力 ΔS_i 及底座倾向下边缘的下沉量 z_0 和转角 φ_{yz} 可表示为

$$\Delta S_i = G\sin\alpha - F_R - F_F$$
$$Z_0 = 4(P + G\cos\alpha)^2/\{3k_0 c(2Py_0 + Ga\cos\alpha + 2(\Delta S_i + F_R)b - 2GL_G\sin\alpha]\}$$
$$\varphi = \arctan\{8(P + G\cos\alpha)^3/9k_0 c[Ga\cos\alpha + 2Py_0 + 2b(\Delta S_i + F_R)^2 - 2GL_G\sin\alpha]\}$$

由于支架下沉量 z_0 和支架转角 φ_{yz} 随顶板载荷的变化规律相同，可得不同顶板载荷作用下单个支架的行为响应。

当 $y_0 = a/2$ m，$\Delta S_i = 0$ 时，顶板作用载荷对支架受载与运移失稳的影响如图 2-77 所示。由图中可以看出，使支架保持无提离转动的支架与顶板间摩擦力 F_R 的绝对值随着支架工作阻力的增大而增大，当支架工作阻力 P 分别为 4000 kN、5000 kN 和 6000 kN 时，其取值依次为 -339 kN、-440 kN 和 -541 kN。底板载荷作用位置 y_1 随着摩擦力 F_R 的增大呈线性增大，而支架转角 φ_{yz} 随着摩擦力 F_R 的增大呈非线性增大，且底板载荷作用位置 y_1 和支架转角 φ_{yz} 随摩擦力 F_R 的增长率均随着支架工作阻力 P 的增大而减小。

当 $P = 5000$ kN，$\Delta S_i = 0$ 时，顶板载荷作用位置对支架受载与运移失稳的影

第二章　急倾斜煤层长壁采场围岩与装备相互作用及控制机理

(a) 顶板载荷对底板载荷作用位置 y_1 的影响

(b) 顶板载荷对支架转角 φ_{yz} 的影响

图 2-77　顶板作用载荷对支架受载与运移失稳的影响

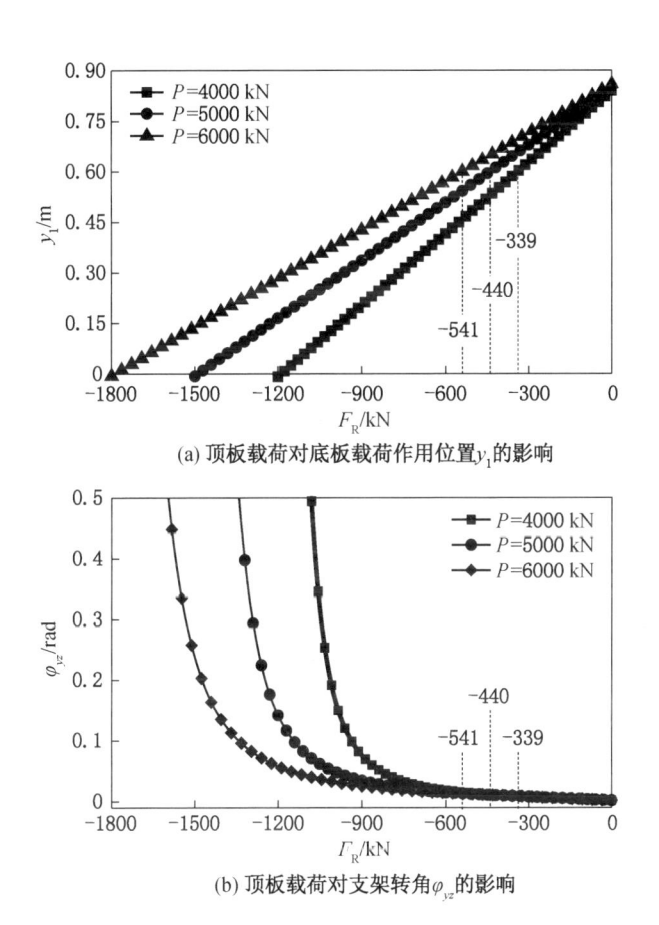

响如图 2-78 所示。由图中可以看出，当支架逆向转动时，使支架保持无提离转动的支架与顶板间摩擦力 F_R 的绝对值随着顶板载荷作用位置 y_0 的增大而增大，当顶板载荷作用位置 y_0 分别为 $a/2$ m 和 $3a/4$ m 时，其取值依次为 -440 kN、-1190 kN；而当 $y_0 = a/4$ m 时，摩擦力 F_R 为 0 时支架底座倾斜上方已发生提离转动。底板载荷作用位置 x_2 随着顶板载荷作用位置 y_0 的增大而增大；而支架转角 φ_{yz} 随着顶板载荷作用位置 y_0 的增大而减小。

由上述分析可以看出，在急倾斜煤层走向伪俯斜开采中，受顶板沿工作面倾向运移影响，工作面倾向中上部区域支架与顶板间易形成空洞，工作面"顶

(a) 顶板作用位置y_0对底板作用位置y_1的影响

(b) 顶板作用位置y_0对支架转角φ_{yz}的影响

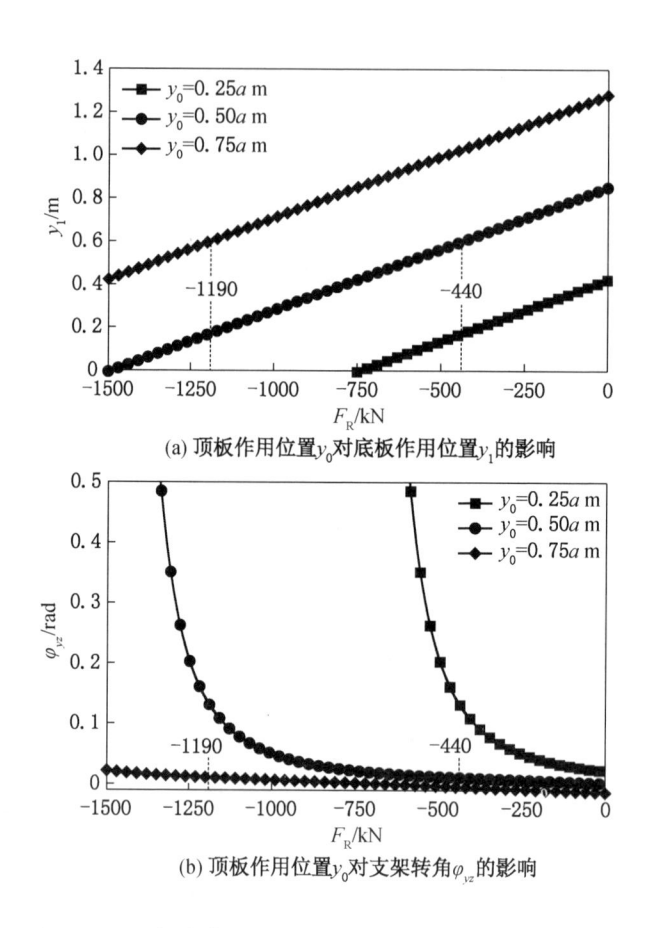

图2-78 顶板载荷作用位置对支架受载与运移失稳的影响

板-支架-底板"系统构成元素易缺失或易形成"伪系统"。当工作面顶底板岩层稳定时,使支架保持稳定的临界工作阻力远小于支架正常工作时的工作阻力。而当顶板运移时,支架也会随着顶板的运动而运动,且受工作面顶板沿重力方向运移影响,顶板对支架的切向载荷沿着倾向向下,支架逆向转动,支架倾向下侧立柱受力大于上侧立柱。支架运移的幅度和失稳概率随着支架工作阻力的减小、支架与顶板间摩擦力绝对值的增大、支架偏载程度的增大而增大。

(二) 采场走向剖面"煤壁-顶板与支架-矸石"相互作用机理

通过物理模拟实验、数值仿真和现场实测分析总结,受垮落矸石的非均匀充填影响,工作面倾向不同区域覆岩沿走向的运移规律和支架沿走向的受载与运移

第二章 急倾斜煤层长壁采场围岩与装备相互作用及控制机理

特征存在显著差异。就工作面倾斜下部区域、中部区域和上部区域的支架与围岩接触特征，建立了3个不同围岩环境下的力学模型，并分析了支架的受载机理。

1. 工作面倾斜下部支架受载机理

在工作面倾向下部区域，工作面后方采空区处于填满状态，且充填密实程度较大，基本顶破断后的下沉量和回转角较小，能形成稳定的铰接岩梁结构，"支架-围岩"系统较稳定，如图2-79所示。

由于工作面后方采空区处于填实状态，因此顶板对支架的法向载荷可简化为均布载荷。

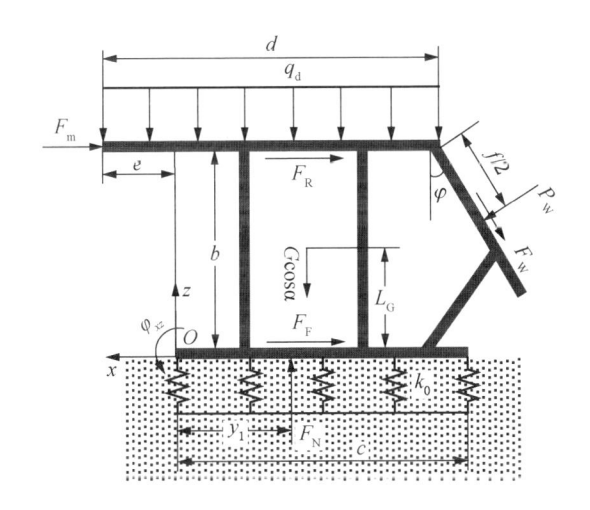

α—煤层倾角，(°)；φ—支架尾梁与垂直煤层方向夹角，(°)；φ_{xz}—支架转角，(°)；b、f—支架几何参数，m；L_G—支架重心高度，m；k_0—底板地基系数，kN/m³；q_d—作用于支架顶梁法向均布载荷，kN/m²；G—支架重量，kN；F_m—煤壁对支架作用载荷，kN；F_N—底板法向载荷合力，kN；y_1—F_N作用位置，m；F_R、F_F—支架与顶底板间摩擦力，kN；P_w、F_w—作用于支架尾梁的法向和切向载荷，kN

图2-79 工作面倾向下部区域支架走向力学模型

根据图2-79所示力学模型，支架顶梁所受法向载荷的合力P_1，即支架工作阻力，可表示为

$$P_1 = q_d a d$$

式中 a——支架宽度，m；
d——支架顶梁长度，m。

在实际工程中，支架沿走向（x 方向）运移的可能性较小，为此以下主要分析支架的下沉和转动。设在顶板载荷作用下支架底座走向左边缘（O 点）沿 z 方向的下沉量为 z_0，绕 O 点的转角为 φ_{zx}。则根据弹性地基理论可得底板法向载荷合力 F_N 及其作用位置 x_1 可表示为

$$F_N = z_0 a c k_0 - \frac{ac^2 k_0}{2}\sin\varphi_{zx}$$

$$x_1 = \frac{c(2c\sin\varphi_{zx} - 3z_0)}{3(c\sin\varphi_{zx} - 2z_0)}$$

式中　c——支架底座长度，m。

可得工作面倾向下部区域支架在该受载状态下的平衡条件为

$$F_N - P_1 - P_w\sin\varphi - G\cos\alpha - F_w\cos\varphi = 0$$

$$F_N x_2 + (F_R + F_m)b - P_1\left(\frac{d}{2} - e\right) - G\cos\alpha\frac{c}{2} - (P_w\sin\varphi + F_w\cos\varphi)\left(d - e + \frac{f\sin\varphi}{2}\right) +$$

$$(P_w\cos\varphi + F_w\sin\varphi)\left(b - \frac{f\sin\varphi}{2}\right) = 0$$

式中　b——支架高度，m。

可得支架在该受载状态下的下沉量 z_0 和转角 φ_{zx} 为

$$z_0 = [P_1(4c - 3d + 6e)] - 6(F_R + F_m)b - 3G\cos\alpha -$$
$$(P_w\sin\varphi + F_w\cos\varphi)(6d - 6e - 4c + 3f\sin\varphi) +$$
$$(P_w\cos\varphi - F_w\sin\varphi)(6b - 3f\sin\varphi)]/ac^2 k_0$$

$$\varphi_{zx} = \arcsin\{[P_1(6c - 6d + 12e) - 12(F_R + F_m)b -$$
$$6G\cos\alpha - 6(P_w\sin\varphi + F_w\cos\varphi)(2d - c - 2e +$$
$$f\sin\varphi) + 6(2b - f\sin\varphi)(P_w\cos\varphi - F_w\sin\varphi)]/ac^3 k_0\}$$

2. 工作面倾斜中部支架受载机理

在工作面倾向中部区域，工作面后方采空区处于半充填状态，充填密实程度较下部区域弱，基本顶破断垮落后能形成铰接岩梁结构，但其稳定性也较下部区域弱。同时，受顶板运移空间增大影响，基本顶破断后会出现较大幅度的切落和回转，支架易受冲击载荷作用，如图 2-80 所示。

由于该区域支架后方无矸石约束，支架上方顶板向支架后方采空区滚（滑）动，造成支架顶梁偏载。顶板对支架的法向载荷可简化为均布载荷和三角形载荷，同时受顶板破断岩块的推挤作用，顶板对支架的切向载荷（与支架间摩擦力 F_R）沿走向方向。

图 2-80 中，L_s 为三角形载荷有效作用长度，由几何关系可得

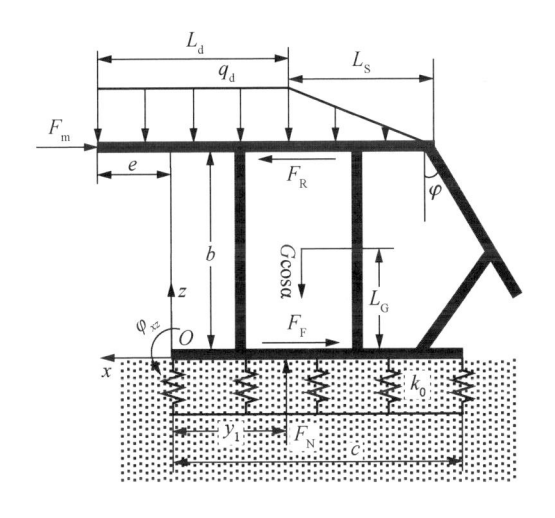

第二章 急倾斜煤层长壁采场围岩与装备相互作用及控制机理

图 2—80 工作面倾向中部区域支架走向力学模型

$$L_s = \frac{h}{(1+\lambda)\tan\beta}$$

式中 h——煤层厚度，m；
λ——采放比。

则均布载荷有效作用长度 L_d 可表示为

$$L_d = d - \frac{h}{(1+\lambda)\tan\beta}$$

则支架顶梁所受法向载荷的合力 P_2 可表示为

$$P_2 = q_d a \left[d - \frac{h}{2(1+\lambda)\tan\beta} \right]$$

式中 a——支架宽度，m；
d——支架顶梁长度，m。

从上可以看出，随着放煤高度的增大，顶板对支架的三角形载荷有效作用长度 L_s 将逐渐增大，而均布载荷有效作用长度 L_d 将逐渐减小，导致支架沿走向受载的偏载程度增大，支架前柱的受力将大于后柱。

故工作面倾向中部区域支架在该受载状态下的平衡条件为

$$F_N - P_2 - G\cos\alpha = 0$$

$$F_N x_2 + (F_m - F_R)b - q_d a L_d \left(\frac{L_d}{2} - e\right) - \frac{q_d a L_s}{2}\left(L_p - e + \frac{L_s}{3}\right) - G\cos\alpha \frac{c}{2} = 0$$

可得支架在该受载状态下的下沉量 z_0 和转角 φ_{zx} 为

$$Z_0 = [cG\cos\alpha - 6(F_m - F_R)b + 4cP_2 - 3q_d aL_d(L_d - 2e) - q_d aL_s(3L_d - 3e + L_s)]/ac^2 k_0$$

$$\varphi_{zx} = \arcsin\{[6cP_2 - 12(F_m - F_R)b - 2q_d aL_3(3L_d - 3e + L_s) - 6q_d aL_d(L_d - 2e)]/ac^3 k_0\}$$

3. 工作面倾斜上部支架受载机理

在工作面倾向上部区域，工作面后方采空区矸石充填量少且充填矸石离工作面相对较远，基本顶破断垮落后向工作面倾向中、下部区域滚（滑）动，不能形成铰接岩梁结构，如图 2-81 所示。同时，由于该区域支架后方也无矸石约束，支架上方顶板或顶煤除了会向支架后方采空区滚（滑）动，在煤层倾角影响下也会向工作面倾向下方采空区滚（滑）动，造成支架顶梁后方空载（严重时整个支架空载），支架偏载程度较中部区域大。顶板对支架的法向载荷也可简化为均布载荷和三角形载荷。

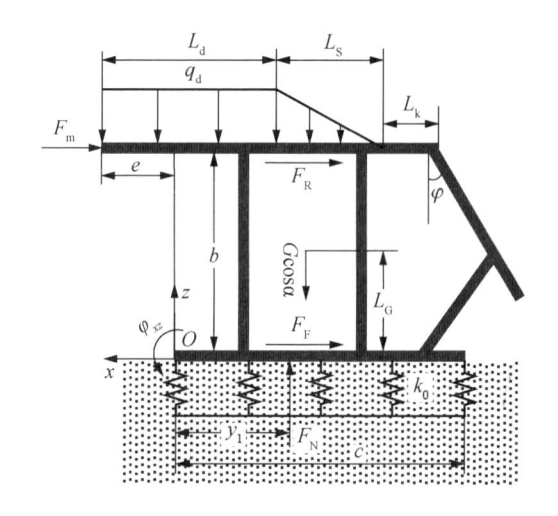

图 2-81 工作面倾向上部区域支架走向力学模型

图 2-81 中，则均布载荷有效作用长度 L_d 为

$$L_d = d - \frac{h}{(1+\lambda)\tan\beta} - L_k$$

式中　L_k——支架顶梁空顶长度，m。

可以看出，随着煤层倾角的增大或顶板物理力学属性的减弱，顶板的破碎程度向工作面倾向下方采空区的滚（滑）移动特征将会更加明显，支架顶梁空顶

长度 L_k 将逐渐增大,支架顶梁的偏载程度将更加显著。支架顶梁所受法向载荷的合力 P_3,可表示为

$$P_3 = q_d a \left[d - \frac{h}{2(1+\lambda)\tan\beta} - L_k \right]$$

故工作面倾向上部区域支架在该受载状态下的平衡条件为

$$F_N - P_3 - G\cos\alpha = 0$$

$$F_N x_2 + (F_R - F_m)b - \frac{q_d L_s}{2}\left(L_P - e + \frac{L_s}{3}\right) - q_d a L_d \left(\frac{L_d}{2} - e\right) - G\frac{c}{2}\cos\alpha = 0$$

可得支架在该受载状态下的下沉量 z_0 和转角 φ_{zx} 为

$$Z_O = [4cP_3 - q_d a L_s (3L_d - 3e + L_s) + cG\cos\alpha - 6(F_R + F_m)b - q_d a L_d (3L_d - 6e)]/ac^2 k_0$$

$$\varphi_{zx} = \arcsin\{[-12(F_R + F_m)b - 6q_d a L_d (L_d - 2e)6cP_3 - q_d a L_s (6L_d - 6e + 2L_s)]/ac^3 k_0\}$$

由图 2-79 至图 2-81 及上述计算结果可以看出,在急倾斜煤层走向长壁伪俯斜开采中,受垮落矸石非均匀充填沿工作面倾向运移影响,沿工作面倾向自下而上,支架的偏载程度和空载概率逐渐增大,顶板传递载荷能力逐渐减弱,支架工作阻力逐渐减小,沿走向"支架-围岩"系统的稳定性逐渐减弱;且受采出空间增大影响,工作面倾向中上部区域顶板运移空间增大,顶板运移的幅度和剧烈程度增大,支架易受冲击载荷作用;上述特征还会随着煤层倾角的增大、顶板强度的减弱和采高的增大而更加明显。

第三章 急倾斜长壁采场围岩与装备协同控制方法与技术

第一节 基于数字孪生的装备与围岩系统动静物理模拟技术

基于数字孪生的急倾斜煤层长壁采场"支架-围岩"系统物理模拟平台，开展以支架为核心的装备与围岩系统动态稳定性模拟研究。开展融合数字孪生技术的大比例可变角动-静加载三维物理模拟实验平台的建设，该实验平台可实现大比例支架模型（1∶5）的支架与围岩空间相互作用动态模拟，该实验平台由外框架（长×宽×高＝8.5 m×11 m×8 m）与内框架（长×宽×高＝4.28 m×2 m×1.35 m）组成，如图3-1所示，内框架倾角为0°～67°，无极可调，有级锁定，布置了4组可实现上述倾角范围内的铅垂方向同步或异步加载液压系统。该实验平台具有可实现对物理模型内框架空间煤岩体或支架的动-静可控加载，以及对物理模型内框架、支架空间位态和受载状态的三维实时可视化。为本项目延伸研究复杂采场围岩环境下支架位态变化，以及多维载荷作用下支架稳定性自动化控制提供可靠保障。

将大比例实验台角度调升至45°～65°，对顶板和液压支架施加静载荷，得到不同倾角下的实体模型和孪生模型，如图3-2所示。

在45°倾角下，未对液压支架施加载荷时，支架顶梁上传感器平均受载1.65 kN（0.84 MPa），总受载14.85 kN（7.58 MPa）。在受载过程中支架传感器平均所受载荷逐渐增大至4.30 kN（2.19 MPa），总受载最大达38.70 kN（19.74 MPa），随后顶梁总载荷降至35.10 kN（17.90 MPa），孪生系统显示，液压支架立柱高度屈服3.7 cm。继续加压，总受载达到38.00 kN（19.39 MPa）时，顶板发生断裂，高清监控显示顶板滑移至倾斜下方支架区域，孪生系统显示支架向倾斜方向发生4.2°倾倒，随后又迅速恢复正常，传感器平均载荷增加至1.70 kN（0.87 MPa）。

在55°倾角下，未施加载荷时，支架顶梁上传感器平均受载1.39 kN（0.71 MPa），总受载12.51 kN（6.38 MPa）。在受载过程中支架传感器平均载荷逐渐增大至4.40 kN（2.24 MPa），总受载最大达39.60 kN（20.20 MPa），随后顶梁总载荷降至36.40 kN（18.57 MPa），孪生系统显示，液压支架立柱高度屈服6.7 cm，继续加压，总受载达到36.00 kN（18.36 MPa）时，顶板断裂后滑移

(a) 大比例（1:5）可变角动-静加载三维物理模拟实验台整体结构说明图

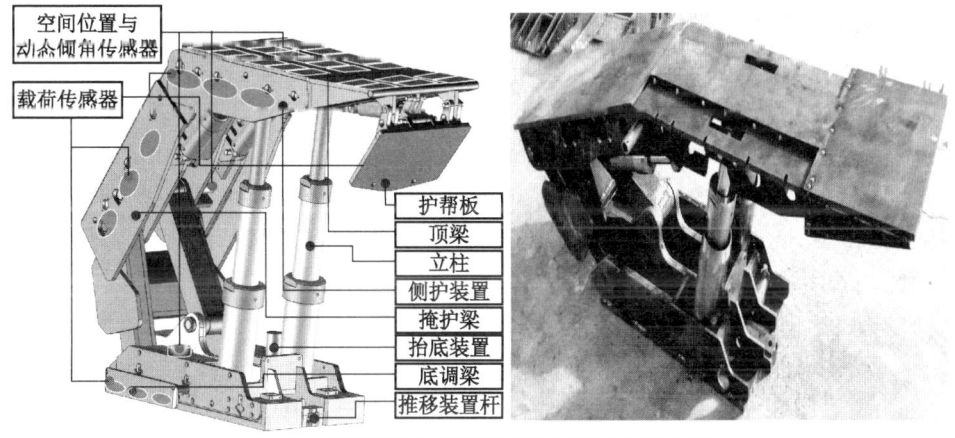

(b) 集成位态监测与三维实时可视化的液压支架模型

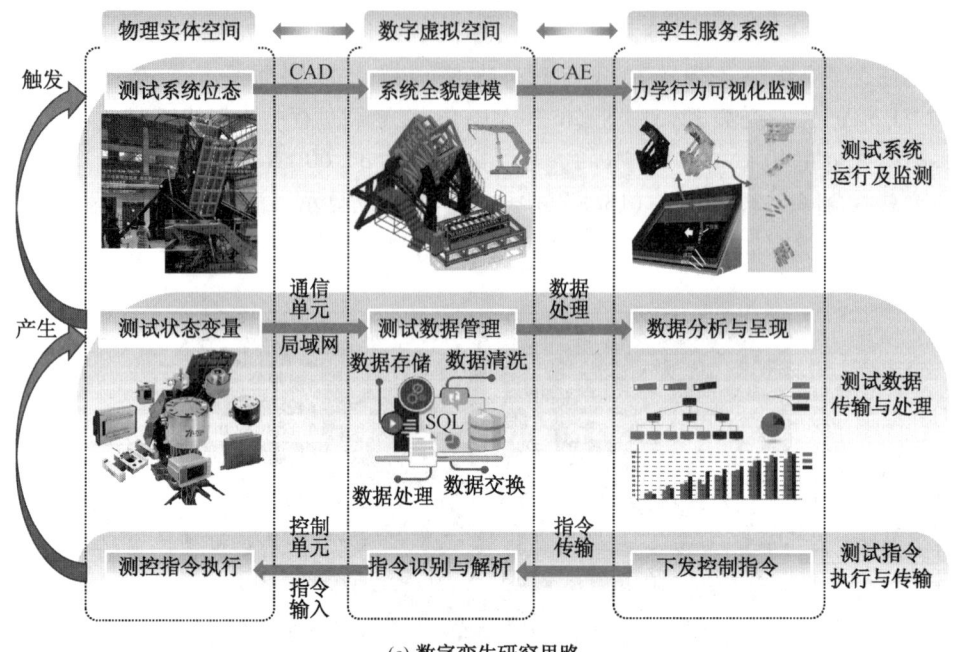

(c) 数字孪生研究思路

图 3-1　基于数字孪生的可变角动静加载三维物理模拟实验平台

至倾斜下方支架区域，支架倾倒角度为 4.2°，恢复初撑力之后传感器平均载荷增加至 1.64 kN（0.84 MPa），此时支架底座略微偏转，有较大可能发生倾倒失稳。

在 65°倾角下，未施加载荷时，支架顶梁上传感器平均受载 1.21 kN（0.62 MPa），总受载 10.89 kN（5.56 MPa）。在受载过程中支架传感器平均所受载荷逐渐增大至 4.30 kN（2.19 MPa），总受载最大达 38.70 kN（19.74 MPa），随后顶梁总载荷降至 36.40 kN（18.57 MPa），孪生系统显示，液压支架立柱高度屈服 13.6 cm，继续加压，总受载达到 38.70 kN（19.74 MPa）时，顶板断裂。高清监控显示顶板滑移至倾斜下方支架区域，孪生系统显示支架向倾斜方向发生 7.1°倾倒，支架并未恢复初撑力。

在孪生系统提取实验过程中液压支架沿倾斜方向的倾角，在 45°工作面倾角条件下，支架在顶板破碎后发生失稳，因为支架采用了恒压支撑模式，随即支架有升架操作，支架恢复至原来倾角；在 55°和 65°工作面倾角状态下，支架发生

第三章　急倾斜长壁采场围岩与装备协同控制方法与技术

(a) 倾角45°时的实体模型

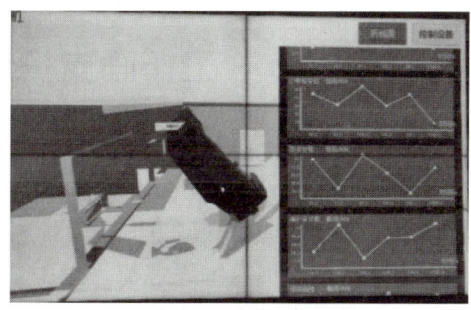

(b) 倾角45°时的孪生模型

(c) 倾角55°时的实体模型

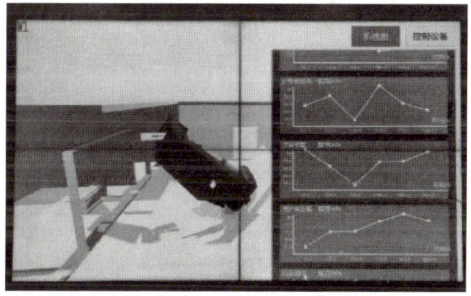

(d) 倾角55°时的孪生模型

(e) 倾角65°时的实体模型

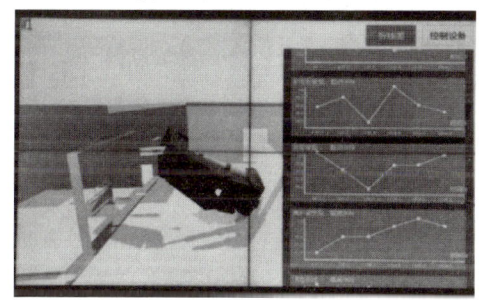

(f) 倾角65°时的孪生模型

图 3-2　基于数字孪生的支架-围岩物理模拟实验分析

失稳后，升架操作已经不能使支架恢复到原有工作状态。随着工作面倾角增大，支架失稳出现时间越来越早。支架从开始失稳（角度开始下降）到自动调整平衡（角度开始增加）时间越来越长，在45°时约为0.6 s，在65°时约为0.8 s。支架角度变化量也随倾角增大而增大，在45°~65°变化时，倾角变化量分别为 4.2°、4.2°和7.1°，随着倾角增大，支架在失稳后也越来越难以恢复至原有倾角。

117

第二节 工作面支护系统载荷分区控制技术

急倾斜煤层走向长壁工作面开采由于采空区垮落矸石的非均匀充填造成覆岩"关键域"转换导致其岩体结构在空间上出现"变异",使工作面围岩应力分布状态和工作面支架沿倾斜方向受力状态存在差异,在沿工作面倾斜方向上不同区域内支护系统承担的围岩载荷(以矢量形式出现)不同,对"支架-围岩"系统稳定性影响也不同。通常,工作面围岩的应力集中程度为下部(靠近工作面下端头附近)较大、中部次之、上部较小,工作面支架和顶底板间的接触及工作状态表现为下部较好、中部次之、上部较差,作用于工作面支架之上的岩层荷载和对应的支架平均工作阻力则为下部较大、中部次之、上部较小。工作面沿倾斜方向围岩应力集中程度、顶板-支架-底板接触状态和支架工作阻力的差异,要求在工作面生产过程中对支架工作阻力进行适当的调整与控制。因此,在工作面支架研制时要求其工作阻力应具有独立与联合相结合的控制系统与功能。在工作面上部区域,"围岩"以"应变型"顶板垮落和底板滑移为特征,工作面装备研制重点是提高自身静态稳定性和"支架-输送机-采煤机"相互之间的联系与调整能力,控制"顶板-支架-底板"系统完整性及其动态稳定性,降低对相邻下部区域支护系统稳定的依赖程度;在工作面下部区域,"围岩"以"应力型"顶板沉降和底板鼓出为特征,工作面装备研制的重点是提高支护系统对顶底板的支撑能力和支架对上方支架的调整能力,形成工作面"顶板-支架-底板"和"支架-输送机-采煤机"两个系统动态稳定性控制的基本依托点。在工作面推进过程中,以工作面倾斜方向长度将工作面从下至上(从工作面运输平巷至回风平巷)分为下部区域(从工作面运输平巷向上约占工作面倾斜总长 L 的 1/4)、中部区域(约占工作面总长 L 的 1/2)和上部区域(约占工作面总长 L 的 1/4),要求工作面支护系统工作阻力由下至上逐步增大,一般条件下,下部区域内支架的工作阻力低于中部区域 20%~30%,而上部区域则高出中部区域 20%~30%。在实际操作中,可以用调整支护系统输入动力(液压泵站输出压力)和支架本身的安全控制系统(安全阀阈值)来实现。

第三节 松(散)软煤层与软弱底板加固技术

急倾斜煤层走向长壁工作面开采过程中煤壁片帮概率除随采高增加而上升外,还与煤层或工作面倾角正相关,即随着煤层或工作面倾角的增加,煤壁片帮

第三章　急倾斜长壁采场围岩与装备协同控制方法与技术

的可能性也会加大。在急倾斜煤层工作面，煤壁片帮除引起架前漏冒，使"R-S-F"系统构成元素缺失或成为"伪系统"外，还会在工作面形成"飞矸"，造成人员伤亡、设备损坏等安全生产事故。

与此同时，由于煤层或工作面倾角大，松软的工作面底板岩层自身具有向卸荷空间运动的特性，即底板鼓起和滑移。松软底板出现破坏滑移，一方面是底板岩层本身性质所致，另一方面则是由于工作面支架下陷造成的，当其完整性受到损伤和破坏时，底板破坏滑移的概率会急剧增大。底板破坏、滑移与煤壁片帮一样可能引发"R-S-F"系统构成元素缺失或成为"伪系统"，同时其与工作面支护系统相互作用会导致恶性循环，使可能出现的小隐患逐渐演化为大事故。

防止工作面底板破坏、滑移的关键有3点：①在工作面支架和输送机设计时增大与底板接触面积，以减小局部区域（如支架前端和输送机加强筋处）对底板的比压，降低对底板造成损伤的概率；防止工作面支架下陷，通常可以从减小支架对底板比压（特别是底座前端的比压）入手来设计支架底座和调整底座的受力状态，将底座设计为整体式并将其在工作状态时的着力点适当后移；②在工作面推进过程中，严格工序过程，既要使支架带压前移，还要使支架底座与工作面底板保持平行，防止支架倾倒导致的S与F出现非均匀接触状态，避免支架因侧倾而损伤底板，在特别松软的底板条件下，则要考虑支架"抬底"前移；③对特别松软的底板，在工作面沿倾向的重点区域（一般为工作面上排头支架支护区域、中部区域）用大柔性锚杆（便于支架前移与推移刮板输送机）进行局部加固。

防止煤壁片帮的关键点与防止底板破坏、滑移基本相同，一是在支架研制时改造护帮板和伸缩顶梁，增加对煤帮的支护，如可伸缩顶梁、高强度（增大护帮板伸缩油缸缸径）大面积护帮板等，此外，还需调整伸缩梁结构，使其在伸出后能够尽快与顶板接触并承载；二是适当提高支架的工作阻力，减小无支护煤壁上方顶板载荷，在顶板坚硬而煤层松散时，提高工作面支架工作阻力对于控制煤壁片帮效果尤其明显；三是在割煤、推移刮板输送机、移架的工序配合中将支架前移工序和打开护帮板放在优先位置，保证对新裸露顶板与煤壁的及时支护；四是对于容易片冒且导致事故多发的工作面上端头区域或工作面由小构造区域，采取物理化学方法进行临时加固，一般情况下，可采取向煤壁内注入马利散等材料，也可以从工作面回风巷向煤壁内打入PVC管，注入水泥浆液，形成超前管棚对极易出现片帮的上端头区域进行加固（图3-3）；五是在可能的条件下（保证工作面采出率和满足放顶煤允许采放比的条件下）尽量降低煤壁高度，减少煤壁自身失稳的概率。

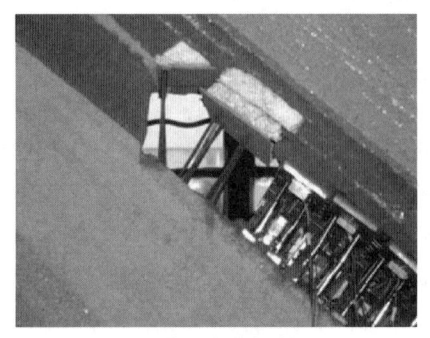

(a) 工作面上端头片冒区

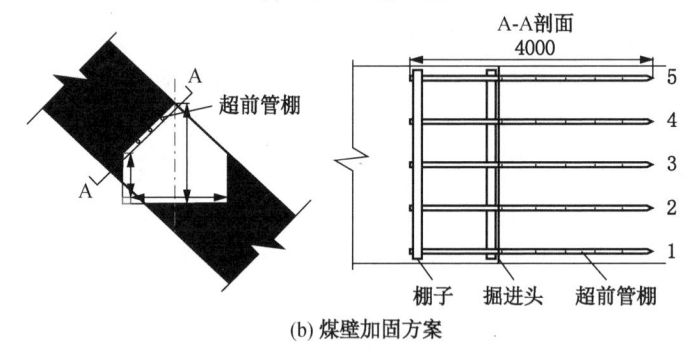

(b) 煤壁加固方案

图3-3 超前管棚加固松散煤壁

除此之外，防止煤壁片帮，还需要在回采工艺方面注意以下几点。

(1) 支架增设护帮板，追机作业及时支护煤帮和顶板。急倾斜工作面为防止设备下滑，采用伪斜开采，必然会人为地形成工作面的片帮，针对急倾斜煤层开采的这一特征，支架前段增设前探梁和护帮板，通过防护伸缩千斤顶进行自动控制，割煤时，将前探伸缩梁收回，护帮板收起，采煤机割煤后，采用半卸载式带压擦顶移架，临架操作，顶煤割过后，及时伸出前探梁、护帮板，支护新暴露的顶板和煤壁；以避免工作面顶板暴露时间过长，压力增大，形成片帮。

(2) 严格煤帮管理，严格控制采高。严格执行敲、问煤帮制度，禁止空顶作业，人员进入工作面先处理片帮、伞檐及矸石；割煤时支架前立柱及煤壁侧不得有行人或作业，作业人员处于前后立柱之间，要做好自身防护工作；并在工作面煤壁侧每隔8~10 m设高度不低于0.8 m的护身挡板，以防止煤矸滚落伤人。

采高控制在规定范围内,不得超高,保证支架正常接顶。在顶煤破碎,支架梁端顶煤(顶板)发生漏、冒时,及时用坑木、背板等刹顶,使支架前梁与前探梁能有效地支撑顶板,做绞顶处理,然后再移架。

(3)防止挑顶卧底。提高工人技术水平,采煤机司机要掌握好挑顶卧底量,割煤后煤壁直、底板平、不留伞檐;支架工移架要做到快、够、正、匀、直、紧、净、严。

(4)采取合理的伪斜度,适当加快工作面推进度。调整工作面伪斜来调整支架推进方向与工作面回采方向保持相对一致。一般情况工作面伪斜角度 $\beta \approx (0.2 \sim 0.25)\alpha$。防止由于伪斜角度 β 值过大形成工作面较大面积的片帮。同时适当加快工作面推进度,减少煤帮暴露时间。

第四节 工作面支护系统与装备防倒、防滑技术

工作面支护系统与装备的倾倒、下滑直接影响着"R-S-F"系统的完整性。除导致工作面支护系统与装备倾倒、下滑的围岩(顶底板)作用因素外,防止急倾斜煤层走向长壁工作面开采支护系统与装备倾倒、下滑主要从以下几个方面考虑。

(1)将工作面"三机(支架、采煤机、输送机)"纳入一个统一的系统中来考虑,设计与制造及使用过程中既要考虑各自的防倒、防滑能力,又要考虑相互之间的作用,并以工作面支架为核心进行"三机"的稳定性校核,提高"三机"小系统的整体防倒、防滑能力。一般条件下,要求工作面支架具有完整的防倒和抗滑装置,如相互独立的顶梁和底座调架与侧推(双向动作)装置、加强型侧护板、抬底座装置等;要求工作面输送机本身具有抗下滑能力,同时加强与工作面支架之间的紧密联系(以提高输送机与支架底座之间的推移装置强度为基点),在不影响推移刮板输送机工序的前提下,使输送机与支架的连接尽可能呈准刚性化;采煤机则要求具有较大的牵引功率、制动能力和对煤壁片帮、机架前漏冒的防护能力,以及与工作面输送机之间的合理配合方式,尽量减小其成为"三机"系统整体倾倒和下滑诱因的概率。

(2)在工作面端头、排头和中部区域,设置数架支架联合为一体的防倒、防滑基点区,以这些基点区为依托,对已经出现的"三机"倾倒和下滑状态随时进行调整,将可能导致"三机"倾倒和下滑的因素消除在初始状态。在基点区的设置中,以工作面下出口处的端头支架与排头支架组成的基点区最为重要,工作面上出口处的排头支架基点区次之。

（3）采用工作面支架提腿、擦顶带压前移和全工作面与局部区域相结合的自下而上移架顺序，同时优化"三机"的时空关系并采取工作面调伪斜方法（调整工作面伪斜来调整支架推进方向与工作面回采方向保持相对一致，降低工作面在正常推进过程中出现"三机"倾倒和下滑的概率。

（4）采取机尾割三角煤斜切进刀的割煤工艺，移架操作顺序为工作面采煤机由上向下割煤→伸前探梁→打开护帮板→采煤上行扫底煤→收护帮板→收前探梁→降架带压移架→打开护帮板。

（5）严格控制工作面采高，适当加快工作面推进速度。控制采高也就是控制支架高度，超高开采不仅降低支架的横向稳定性，同时也造成移架和推移刮板输送机困难。因此，在回采过程中，必须严格按照设计要求，保证合理的采高，防止架间的挤、咬现象，提高支架的稳定性。

第五节　工作面支架二次稳定技术

确定了急倾斜煤层应在动态中多轮从机尾向下调架的方法处理倒架。通过开帮逐步使支架进入实体煤，确保支架站得准、站得住、站得稳。确定"扶－走－固－扶"的动态扶架方法。具体过程如下。

（1）首先清理干净架前、架间、架后煤矸，保证调架、移架顺畅。同时降低采高，采煤机割帮至要扶正的支架处，底板要保证割平。

（2）在工作面回风巷中安装绞车并固定好，用钢丝绳的一端固定在倾倒的支架顶梁的可连接点上，在工作面上出口处固定定滑轮，同时用液压单体支柱顶住倾倒的支架，单体支柱下端放置在下邻架底座的柱窝里，上端顶在顶梁上，然后用绞车通过钢丝绳分次将倾倒支架拉到正常倾角，在此同时用单体液压支柱从下方将拉正的支架顶住，以保证支架的倾角不会缓慢变大。

（3）支架扶至正常角度后，及时将扶正的支架向前推移贴紧煤壁，并升架达到初撑力，使顶梁接实顶板。然后将后部输送机拉移到位，再次注液确保支架达到初撑力。

（4）支架推移到位后，用钢丝绳或圆环链与上部正常的支架连接固定，组成一个整体，并立即安装防倒防滑装置固定支架，增加支架的自稳能力，以免支架二次倾倒。

（5）继续以上步骤依次向下扶倾倒支架，直至将所有倾倒支架扶正。

第六节 工作面快速安装与回撤技术

急倾斜煤层走向长壁工作面快速安装与回撤技术关键在于以下几点：①支架运输以整体为主，通过工作面回风巷将支架整体运至工作面上端头，利用安装在此的机械手（特殊起吊装置）调整支架方向并将其置于下放装置之上，下放至工作面开切眼相应位置，如果支架为纵向（与工作面煤壁平行）下放，则需要在相应位置设置机械手对其进行方向调整。对一些底板坚硬、光滑且坡度均匀的工作面，也可取消专用下放装置，而直接从上端头将支架沿底板下放至相应位置；②支架安装由下端头支架开始，先安装工作面下端头支架，然后安装排头支架，由下向上依次进行，最后安装上端头支架或形成柔性过渡段（非等长工作面）；③仍然要以支架安装为核心，在支架下放与调整到工作面起始位置并与顶底板形成完整的"支架－围岩"系统后，再从下端头开始依次安装输送机机头、中部槽、机尾，并与支架连接成为"三机"小系统；④对于巷道断面较小的技术改造型矿井，支架解体运输进入工作面回风巷一定区域时，需要专门设置一个组装点，提前将支架组装为整体后才能进入下放与安装程序。

工作面快速回撤顺序与安装相同，从下端头处开始，向上依次进行，并在下出口处设置机械手对回撤支架进行方向和位置调整。需要注意的是工作面支架应在采煤机和输送机回撤完成之后开始，并在对支架撤离后的悬露空间进行有效支护后进行。

第七节 多区段无煤柱护巷技术

一、中厚及厚煤层柔性掩护架挡矸护巷技术

针对急倾斜中厚及厚煤层回采巷道，研发了柔性掩护架挡矸护巷技术，在石洞沟煤矿 31112 机巷和 31111 机巷中应用，如图 3－4 所示，主要要点如下。

（1）护巷支架形状为弓形，由矿工钢加工焊接而成，型号不应低于 11 号工字钢，支架上应设计加工 5 排眼孔用于固定钢绳。护巷支架由 5 组 $\phi 26$ mm 钢丝绳、$\phi 28$ mm 绳卡、木垫板、螺栓夹板将支架和木垫板连成一个柔性整体，并支设好控架设施保证护巷支架架姿规范。钢绳穿弓形护巷支架应成组安装隔离采空区；锚索＋钢梁、立柱对顶梁进行上下拉、撑支加固；顶板下侧区域补网片并用锚杆锚索钢梁锁固。采用钢绳连接 12 号弓形护巷支架成组安装进行超前护巷，

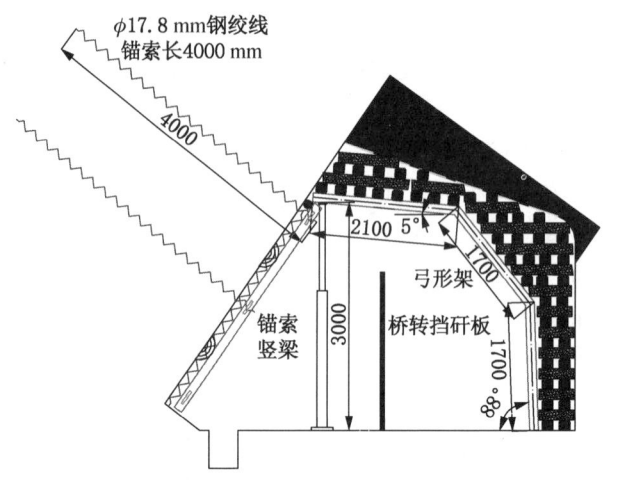

(a) 沿空护巷断面支护图

(b) 支护效果

图3-4 中厚及厚煤层沿空护巷支护断面图

支架超前安装距离不低于15 m。护巷支架安装长度超过900 mm，及时在前梁下方支设一根单体液压支柱，支柱间距为900 mm。

（2）护巷支架安装时，先确定支架架腿、梁头支点位置，前梁正压在提前预设的锚索横梁上，将支架立正，然后至少用1人扶架避免支架偏倒，再从下向上依次嵌入木垫板，然后及时上好钢绳固定绳卡，再继续安装下一步支架。架与架之间，腿梁和掩梁段安1.6 m长的木隔板，前梁段用2块1 m长的木垫板进行安装。每连续安装2 m护巷支架（12根弓形架、11组木隔板）留设1个0.8 m宽的漏煤眼口。通道内支架两端用工字钢撑梁固定牢固,背好880 mm长的隔板。

(3) 位于眼口上方的支架前梁上横放2根2 m矿工钢分担眼口压力。支架前梁下方用1根2.4 m长的锚索横梁抬着,横梁两端用长4 m的ϕ17.8 mm锚索锁紧,安装时支架前梁搭接在抬梁上,前梁整体应保持约5°的仰角,梁头必须贴拢顶板。锚索梁要超前于护巷支架,安装前打好,严格按照设计在巷道适当高度位置施工锚索梁。

(4) 每次安装到漏煤眼位置时,须将长880 mm木隔板、矿工钢撑梁(4根)及时镶嵌在支架凹槽内并支撑牢固,再紧固钢绳将支架固定。安架时先将前梁上的2组、腿部的1组固定好钢绳,弯臂梁上剩余的2排眼只是穿好螺杆等到采过桥转机尾下出口之后才将钢绳补安装牢固。钢绳安装期间,每排必须固定2根钢绳,共10根,ϕ26 mm钢丝绳配夹板、螺栓进行连接,且螺母必须拧紧,防止散架。钢丝绳接头部位2根钢丝绳不得小于2 m,配件必须整齐牢固、架距均匀。第一组钢丝绳长度应不等长,长度错距不得小于2 m,从第二组开始钢丝绳长度一致,防止同一位置接头。

(5) 护巷支架安设后梁头距底板高度应符合要求,弓形支架背部和顶部使用排柴进行背帮绞顶严实,并用铁丝扎牢,只留溜煤眼口弯臂梁后部对应区域留设口不绞。每次桥转前移后,及时在前梁末端按900 mm间距支护1排单体液压支柱进行支护加固。桥转前移后及时将护巷支架弯臂梁区域之前未安装的2组钢绳及时上齐、上紧。

(6) 支架安装前,必须先确认安架区域的空间尺寸是否足够,若存在高度、宽度不够时必须采取风镐挑顶、挖柱窝等方式保证支架正常安装,严禁出现安架空间不够而盲目强行安架,造成支架安装后趴架、倒架等现象。随工作面向前推进,在护巷支架行人道进入采空区前将眼口用钢梁封闭,并用木料、煤矸袋码好垫层,初采期间垫层为2 m,正常回采期间垫层为1 m,后做好眼口下方支护以确保采后眼口不被压坏。

二、薄、中厚及厚煤层可伸缩U形支架挡矸护巷技术

针对倾斜、急倾斜薄、中厚及厚煤层回采巷道,研发了可伸缩U形支架挡矸护巷技术,在太平矿煤矿31182综采机巷、31111机巷等推广应用,为急倾斜煤层智能化开采提供了重要的技术支撑,如图3-5所示,其主要技术要点如下。

(1) 采用可伸缩U形支架,通过联合结构提供的上拉下拖的联合协同支挡作用,并且具有适度的柔性和可缩性,为急倾斜厚煤层挡矸提供强力支护。采用可伸缩U形钢支架护巷时,上下两节中间用U形卡缆扣件连接为一个整体,设

计要满足一定的可缩量要求。

(a) 设计方案

(b) 支护效果

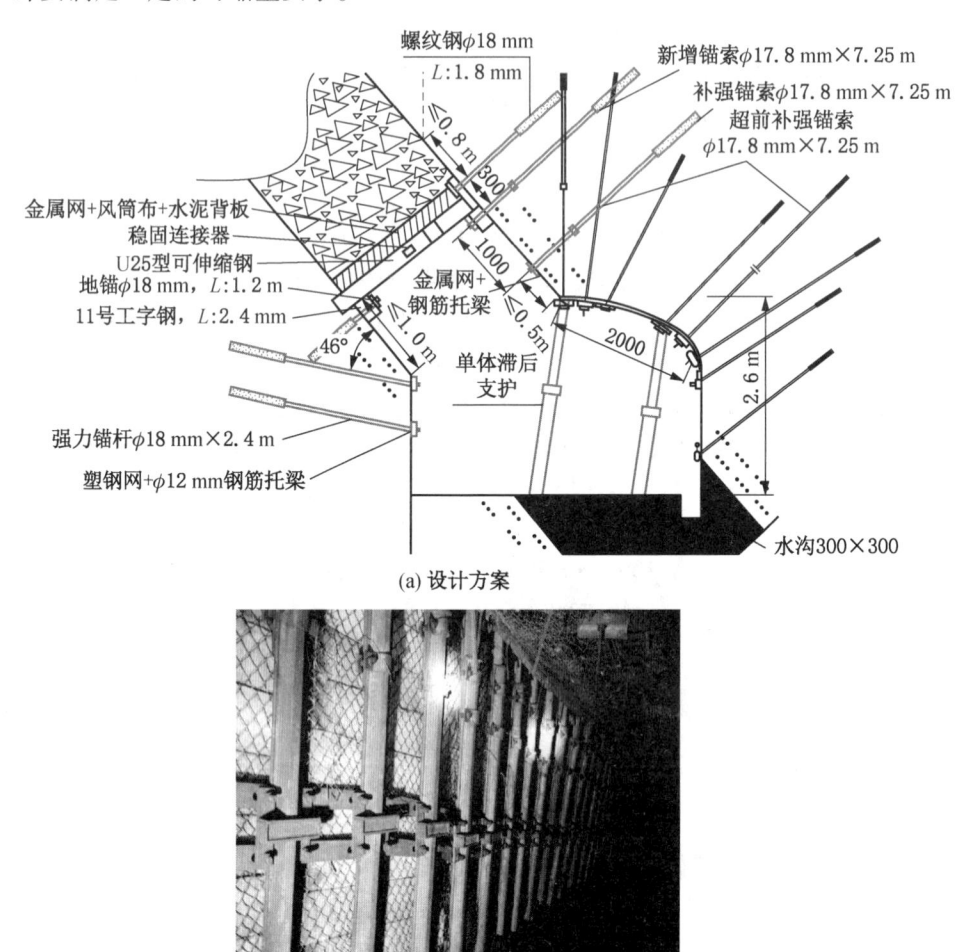

图3-5 薄、中厚及厚煤层沿空护巷支护断面图

（2）护巷前在1号支架下方使用工字钢或单体液压支柱沿走向打设防飞挡矸设施，支柱间距范围0.3~0.8 m，并使用防倒绳进行稳固，单体液压支柱上方使用半圆木+金属网进行全断面封闭。

（3）在1号支架往下不大于1.0 m处布置可伸缩U形钢，U形钢间距为0.4~0.8 m，可伸缩U形钢长度随煤层厚度调整（可缩段叠加长度约为0.5 m）。将安设的U形钢上端头紧贴顶板并用普通锚杆进行锚固，下端头挖不小于0.2 m柱窝，上端头超前下端头不小于 100 mm，U 形钢上方及其背后用金属网 + 风筒布 + 背板进行封闭挡矸，背板应采用稳固措施。

（4）紧靠挡矸可伸缩 U 形支架外侧沿走向设置一组 11 号工字钢（顶、底板各 1 根），顶板上工字钢采用锚索进行锚固，锚索直径不小于 17.8 mm；底板上工字钢采用强力锚杆进行锚固，锚杆直径不小于 18 mm。相邻 U 形支架采用连接装置连接固定，使挡矸支架形成一个整体，应定期对支架连接螺母进行二次紧固。

（5）运输巷上帮三角底采用金属网 + 钢筋托梁 + 锚杆（索）支护锁底，锚杆（索）必须锚入到稳定岩层，严禁出现空帮现象。挡矸设施、单体液压支柱滞后支护超前 1 号支架主梁不小于 1.0 m，经安全确认无误后方可移架、顶板爆破等作业。高瓦斯矿井护巷形成 Y 形通风的墙体，必须对墙体封堵严实，防止瓦斯逸出，相关要求必须在作业规程中明确。

第八节　工作面飞矸智能防控技术

结合理论与实验分析，提出了飞矸灾害控制的原则和控制方法。提出了以上部飞矸着重轨迹阻拦、中部飞矸强调源头治理、下部飞矸预防二次衍生为目标的分区控制原则；以运动阶段多次碰撞梯阶耗能、碰撞前阶段飞矸与设备柔性隔断阻滞、碰撞时高强材料抑损抗变为手段的分阶段控制对策；以诱导运动模式，限制回弹高度，调控耗能比例为核心的全过程控制技术，如图 3 - 6 至图 3 - 8 所示。

（1）基于分阶段控制对策提出一种飞矸灾害控制方法，开展随机分离块体现场实测，收集块体形状、大小以及位置等信息；开展实验室小尺度块体冲击实验，研究飞矸的运动轨迹和动能演化特征，选取准确表征块体损伤风险大小的指标，例如飞矸碰撞前的动能 $\bar{E}$ 和飞矸设备之间碰撞的动能恢复系数 $\bar{E}_{\text{COR,BE}}$；建立飞矸损害风险评价模型，根据 $\bar{E}$ 和 $\bar{E}_{\text{COR,BE}}$ 的分布将模型划分区域；将特定地质与生产技术条件的工作面飞矸灾害损坏情况与飞矸损害风险评价模型相结合，验证风险评价模型合理性。结合实验定量确定 $\bar{E}$ 和 $\bar{E}_{\text{COR,BE}}$；根据 $\bar{E}$ 和 $\bar{E}_{\text{COR,BE}}$ 分布情况，以 ΔE 为控制目标，从而评估飞矸的损伤风险，如图 3 - 9 和图 3 - 10 所示。

（2）结合现场实测、模拟研究与理论分析，提出了飞矸与防护元件相互作用机制和飞矸灾害控制措施。随着飞矸动能的增加，挡矸网位移、等效应力增加，表现出应变强化特征，极限应力首先出现在飞矸与挡矸网的接触区附近，且以 X 形方式向挡矸网边缘传播，在飞矸与网格直接接触区域以及网格边界处容易发生应力集中；飞矸与挡矸网之间碰撞角度增大，挡矸网最大位移增加，进入塑性状态网格单元数量显著增加。动能比的极小值依次降低，内能比的极大值依

(a) *n*=100

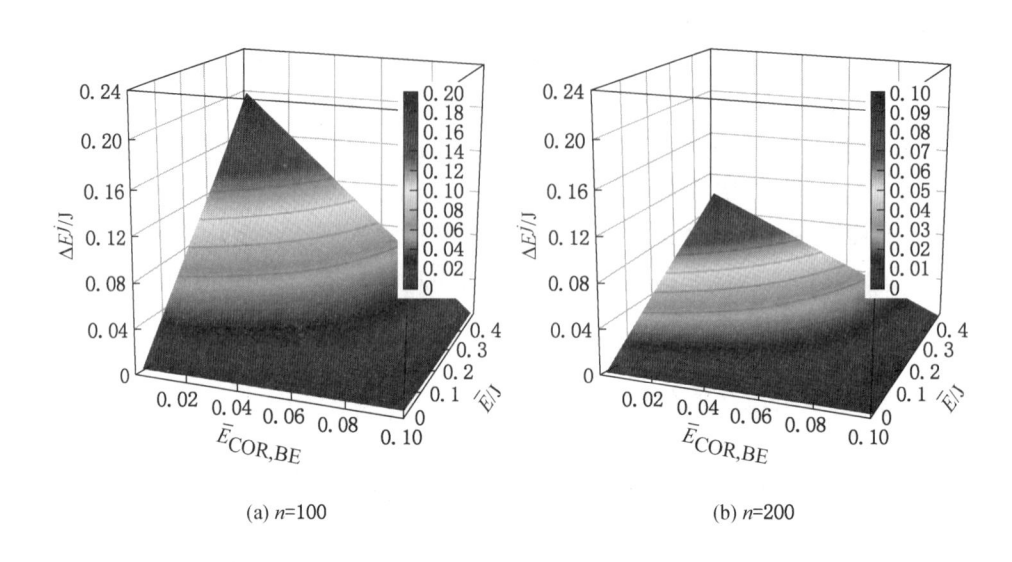

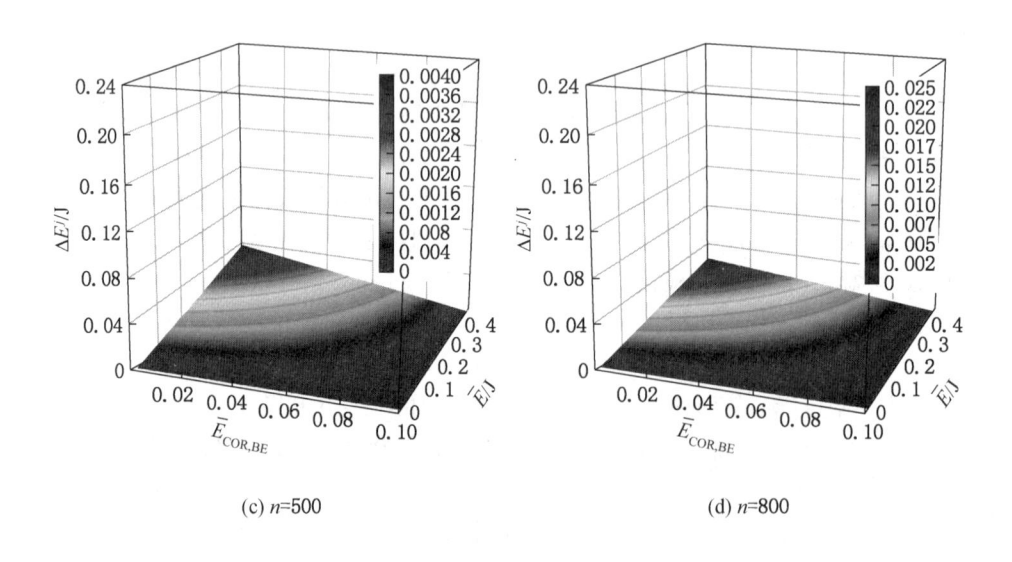

(b) *n*=200

(c) *n*=500

(d) *n*=800

图 3-6 损伤风险与碰撞次数 *n* 的关系

(a) $\bar{E}$=0.1 J

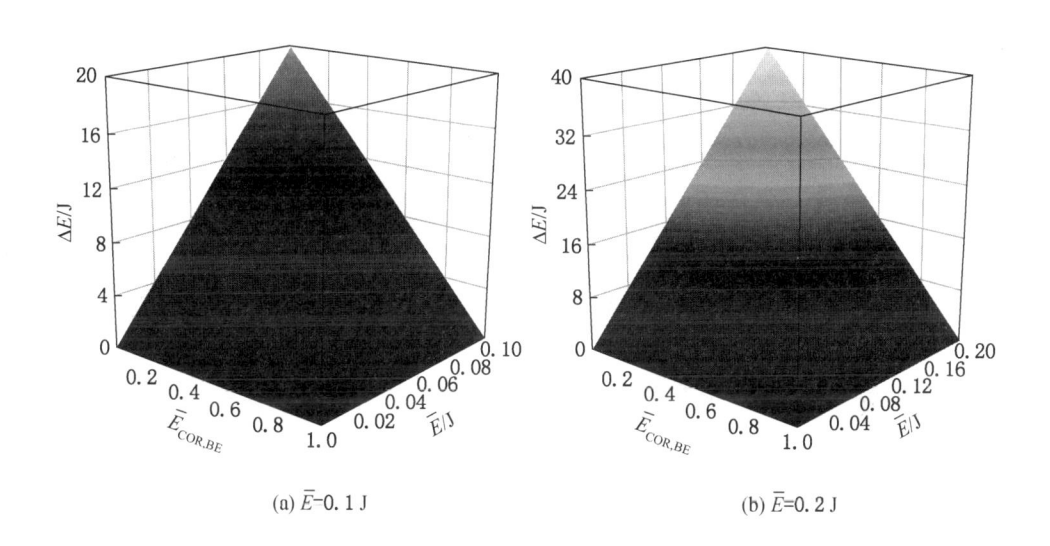

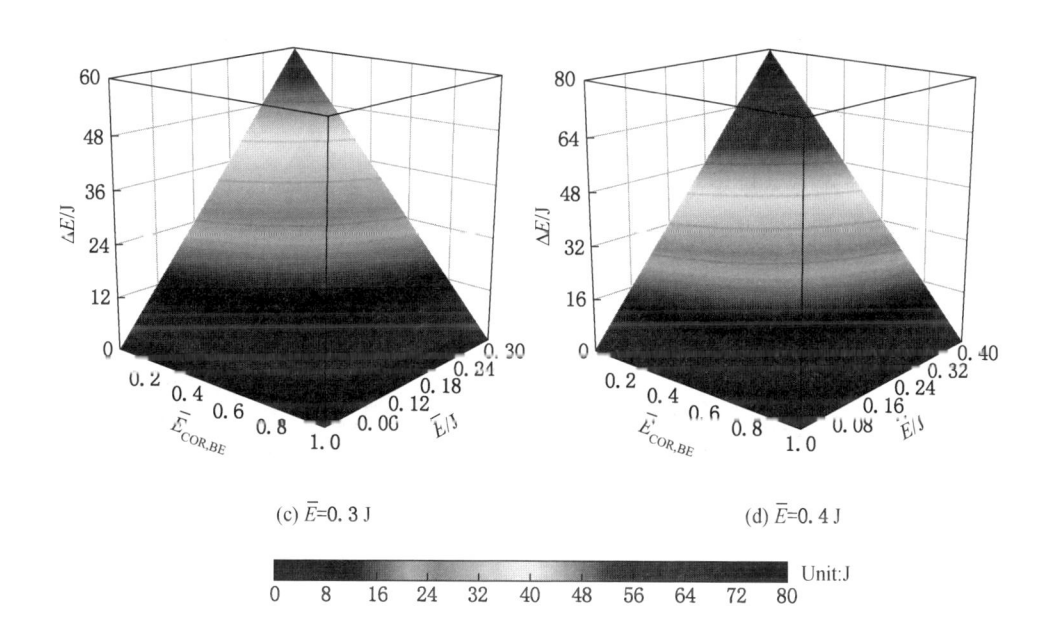

(b) $\bar{E}$=0.2 J

(c) $\bar{E}$=0.3 J

(d) $\bar{E}$=0.4 J

图 3-7 损伤风险与碰撞前平均动能 $\bar{E}$ 的关系

(a) $\bar{E}_{\text{COR,BE}}=0.2$

(b) $\bar{E}_{\text{COR,BE}}=0.5$

(c) $\bar{E}_{\text{COR,BE}}=0.6$

(d) $\bar{E}_{\text{COR,BE}}=0.8$

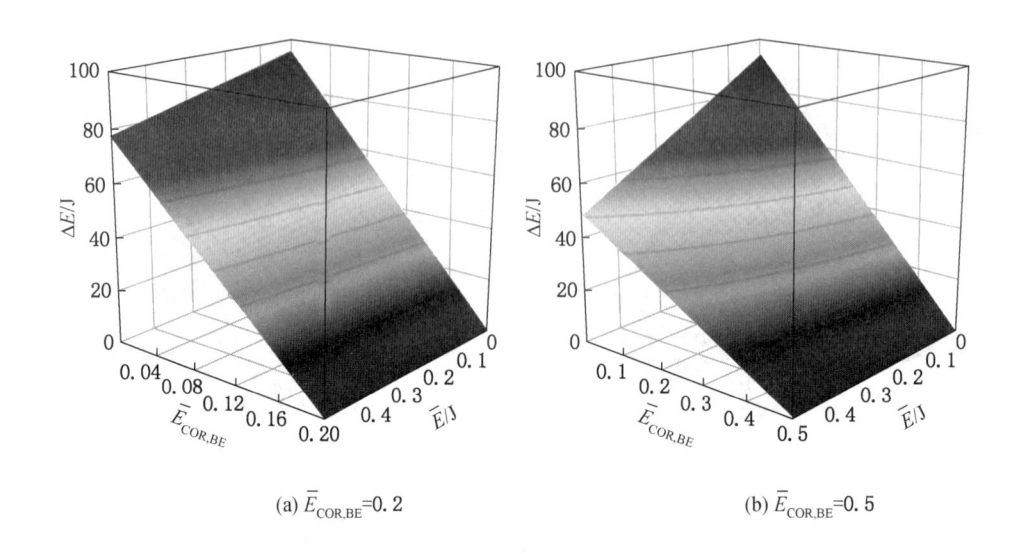

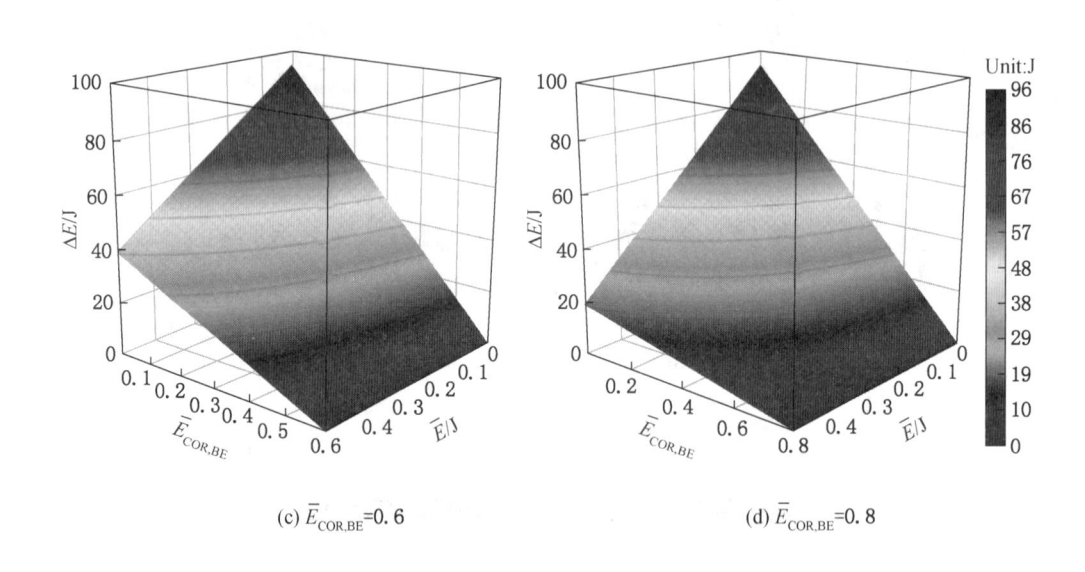

图 3-8 损伤风险与平均动能恢复系数 $\bar{E}_{\text{COR,BE}}$ 的关系

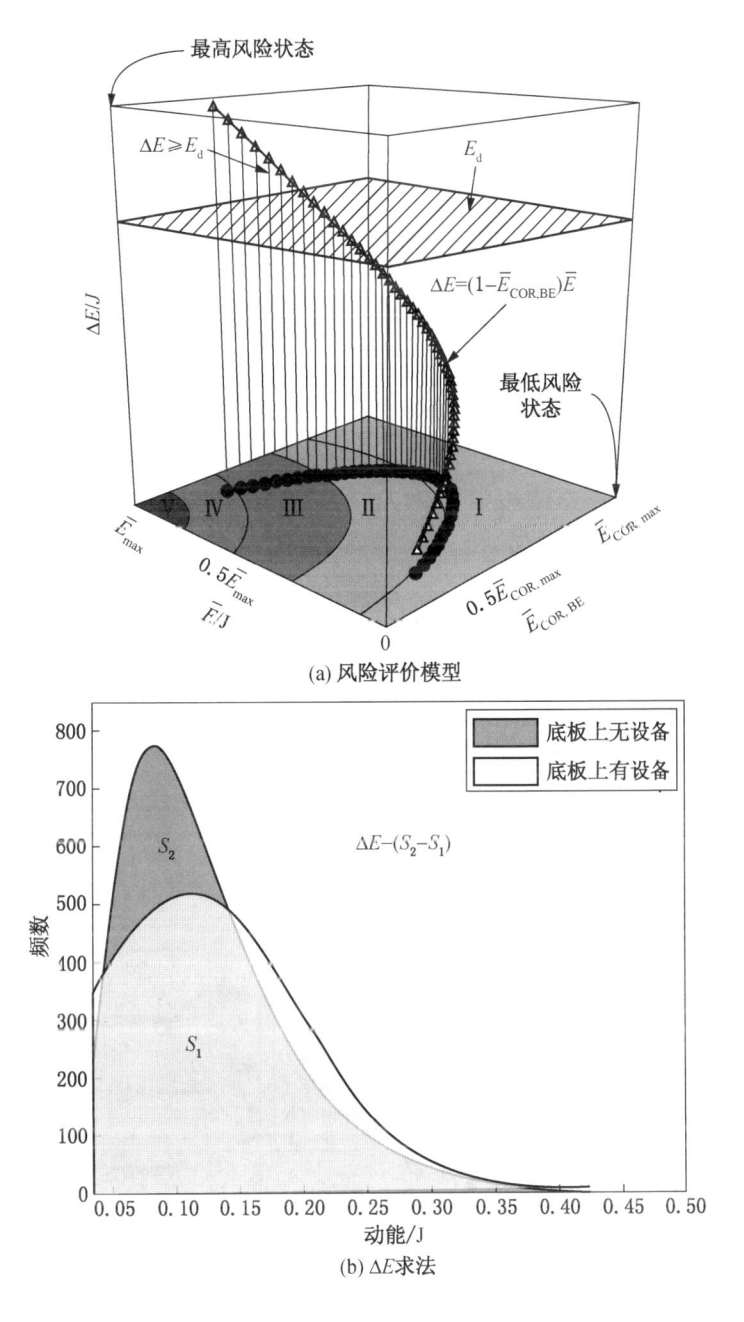

第三章　急倾斜长壁采场围岩与装备协同控制方法与技术

(a) 风险评价模型

(b) ΔE 求法

图 3-9　飞矸损害风险评价模型

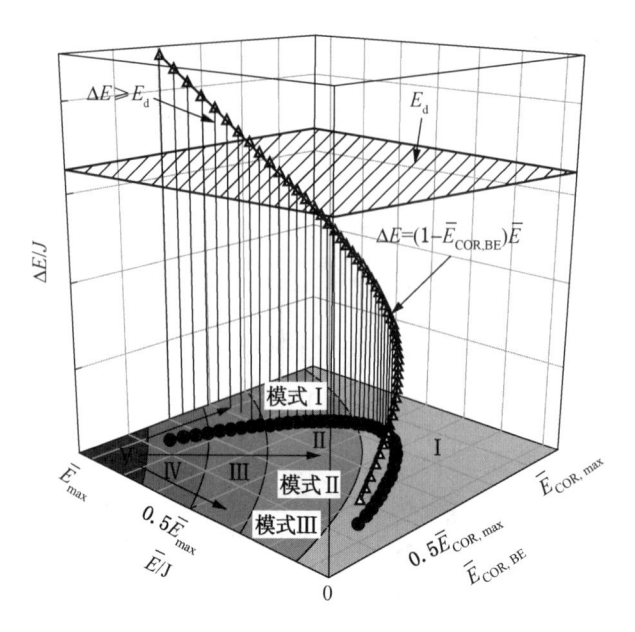

图 3-10 飞矸危害风险控制模式

次升高，表明碰撞角度越大，动能转化为挡矸网内能的比例越高；从能量转化的快慢来说，碰撞角度较小时能量转化更加急剧，如图 3-11 至图 3-15 所示。

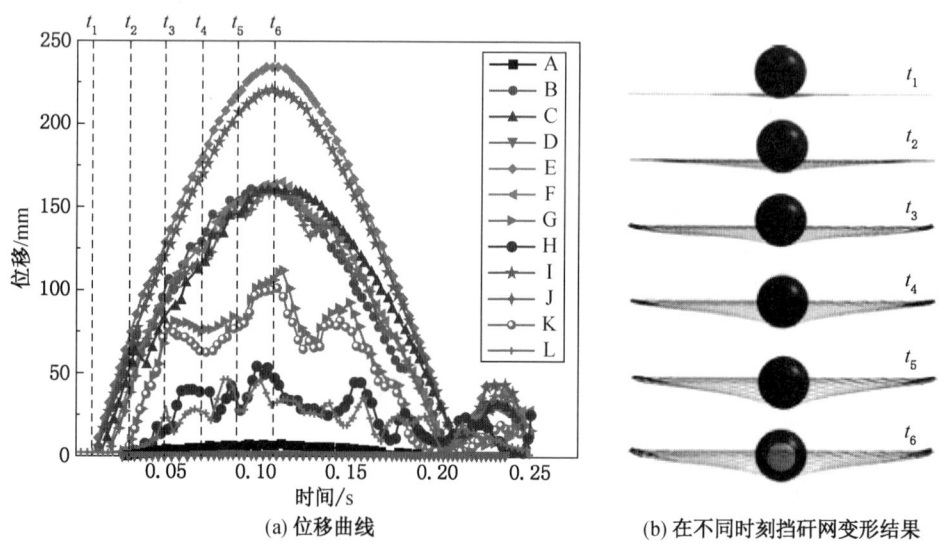

(a) 位移曲线　　(b) 在不同时刻挡矸网变形结果

图 3-11　防护网的位移特性

(a) 位移测点布置

(b) 10°

(c) 30°

(d) 90°

(e) 综合比较

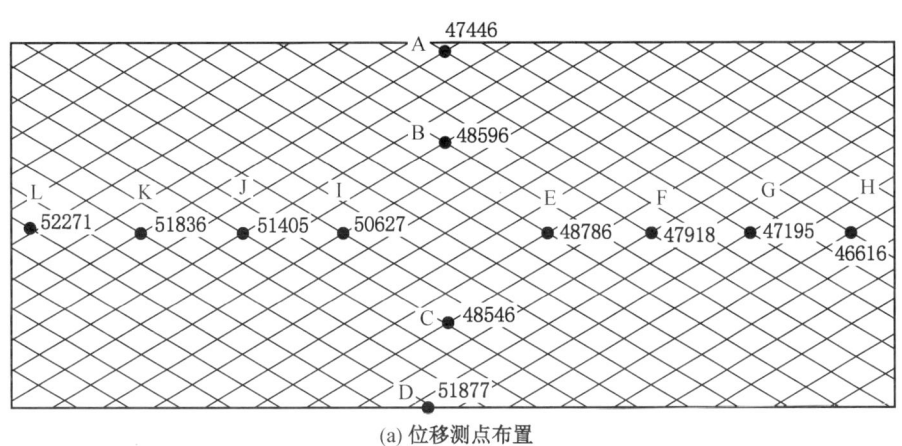

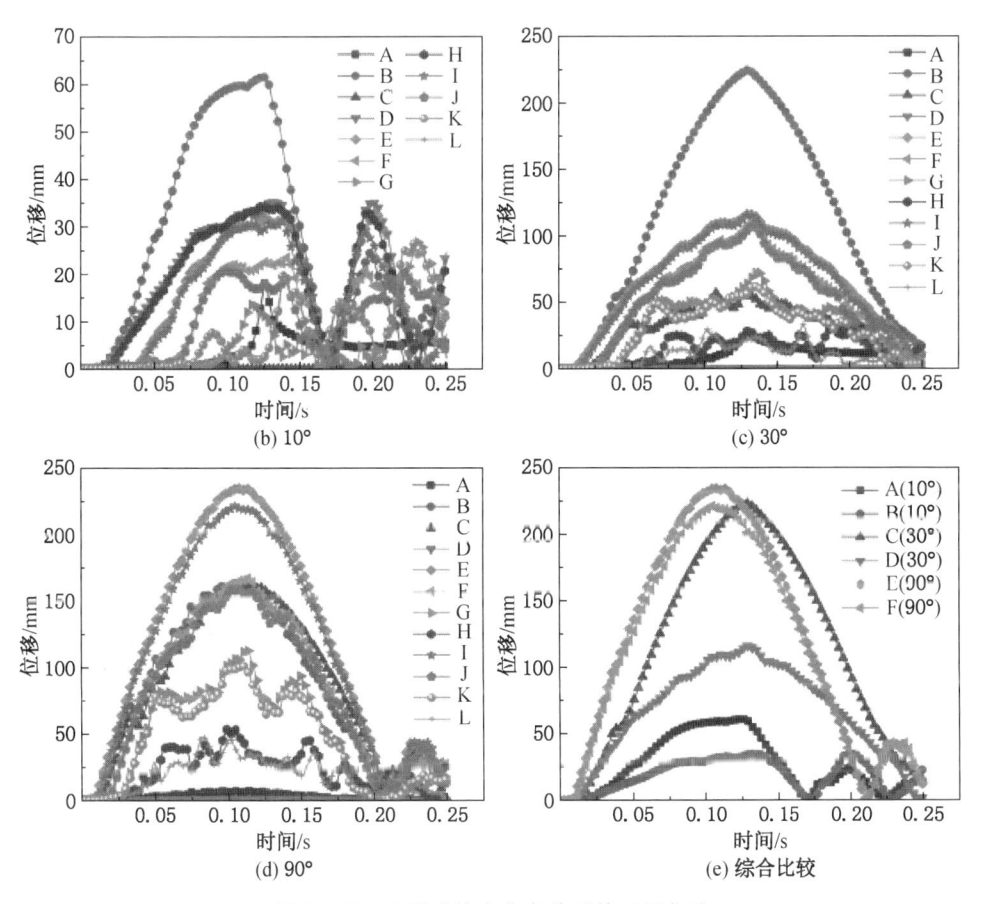

图 3-12 不同碰撞方位条件下挡矸网位移

(a) 应力测点布置

(b) 10°

(c) 30°

(d) 90°

(e) 综合比较

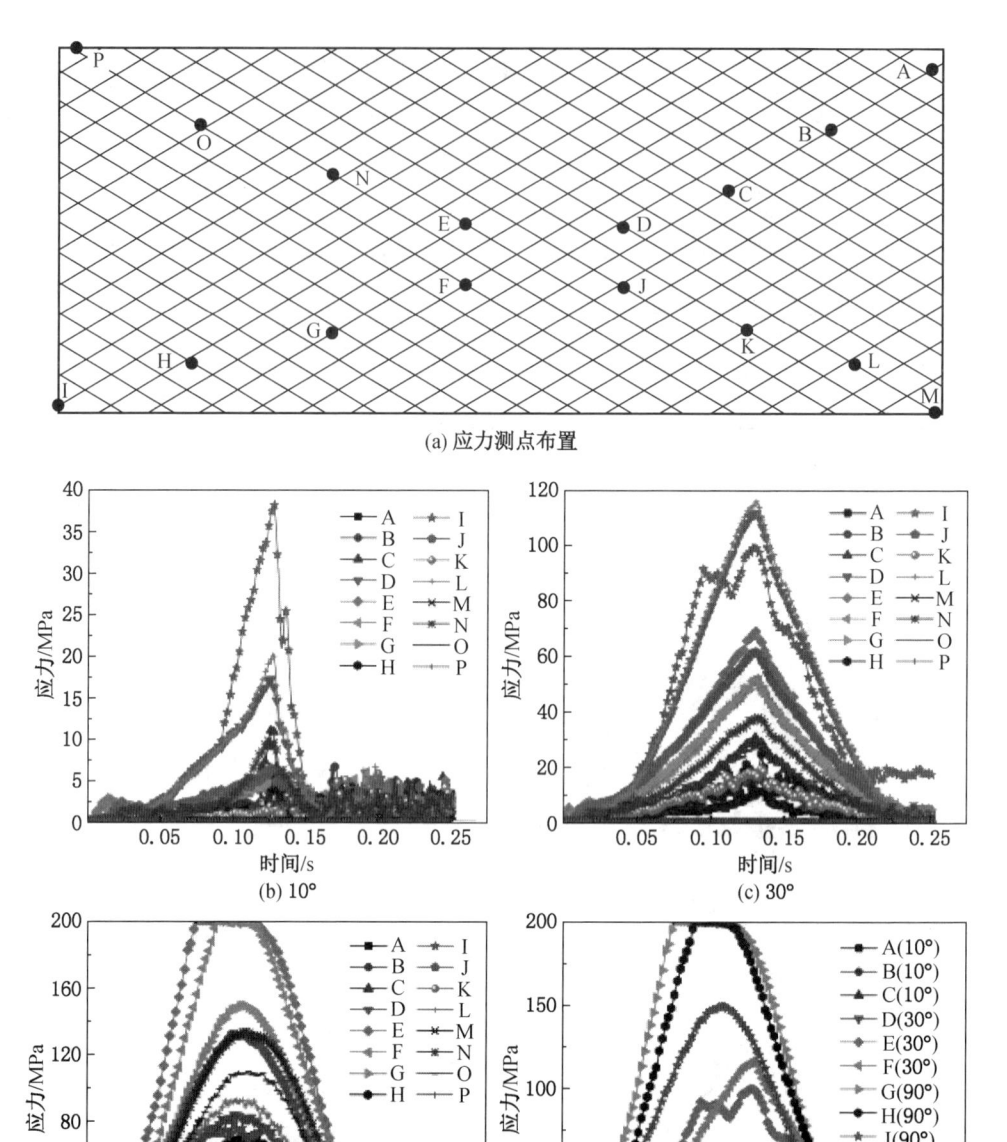

图 3-13 不同碰撞方位条件下等效应力

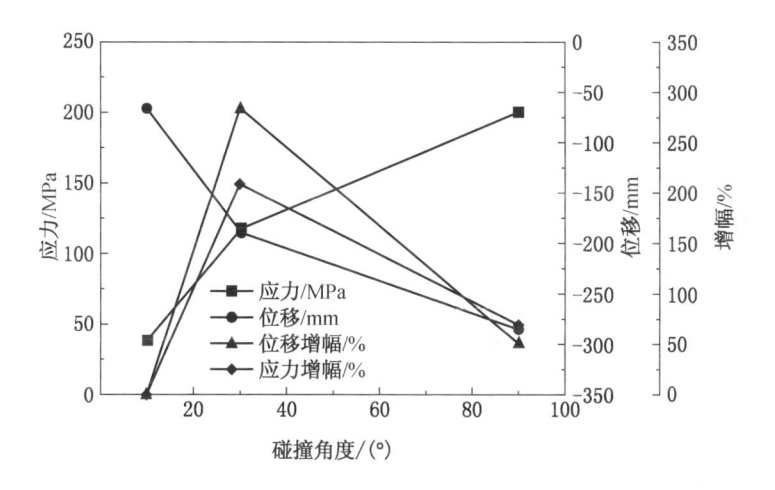

图3-14 不同碰撞方位挡矸网应力和位移特性

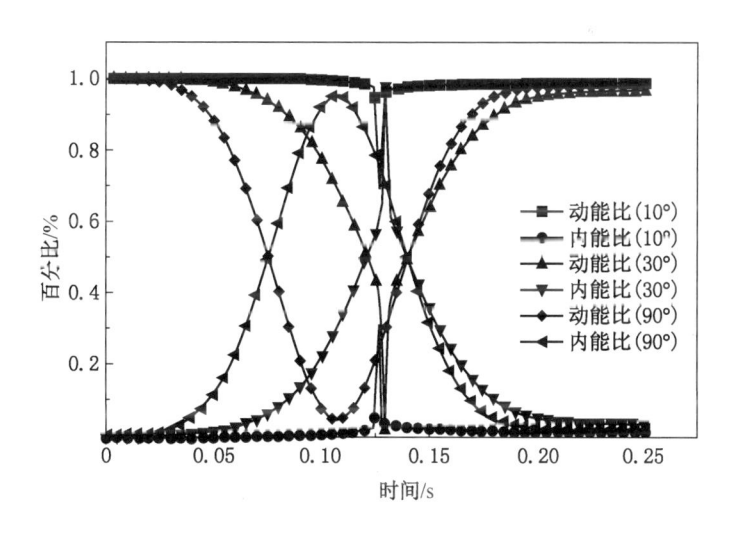

图3-15 不同碰撞方位系统各部分能量占比

（3）提出分阶段、分区域、全过程飞矸防控措施，有效解决飞矸伤人、损物难题。分阶段（减源、降冲、止损）控制原则，即在初始破坏阶段从飞矸物源着手，减少煤壁片帮范围与程度，从源头减少飞矸块体数量；进入破坏阶段，在飞矸运动过程中降低其动能，在运动轨迹涉及范围内铺设防护装置，阻绝飞矸与工作面设备和人员的直接接触，最大程度降低飞矸灾害危害程度及风险。针对飞矸危害与物源形成位置存在关联性特点，确定大倾角大采高工作面飞矸分区域控制防护原则及措施为上部飞矸着重轨迹阻拦、中部飞矸强调源头治理、下部飞矸防止二次衍生。采取诱导运动模式，限制回弹高度，调控耗能比例为核心的全过程控制技术，将后两种危害较大运动模式的飞矸转化为第一种运动模式。生产实践中，在大倾角长壁开采工作面铺设高强度网限制块体的法向回弹，网面与工作面底板平行，强制降低块体的回弹高度，增加块体与坡面的碰撞次数，将块体动能更多地耗散于与坡面的碰撞或与坡面的切向摩擦，迫使飞矸块体动能相应地降低，从而降低飞矸的损伤风险。在煤炭开采过程中，由于影响工作面正常生产秩序，以飞矸防护为目的铺设平行于底板的高强度网可行性较低。但是，可以根据生产工艺和实际情况，在检修班期间采取这一措施，从而加强工作面飞矸防护强度，因此，研发了一种智能化飞矸防系统，如图3－16所示。

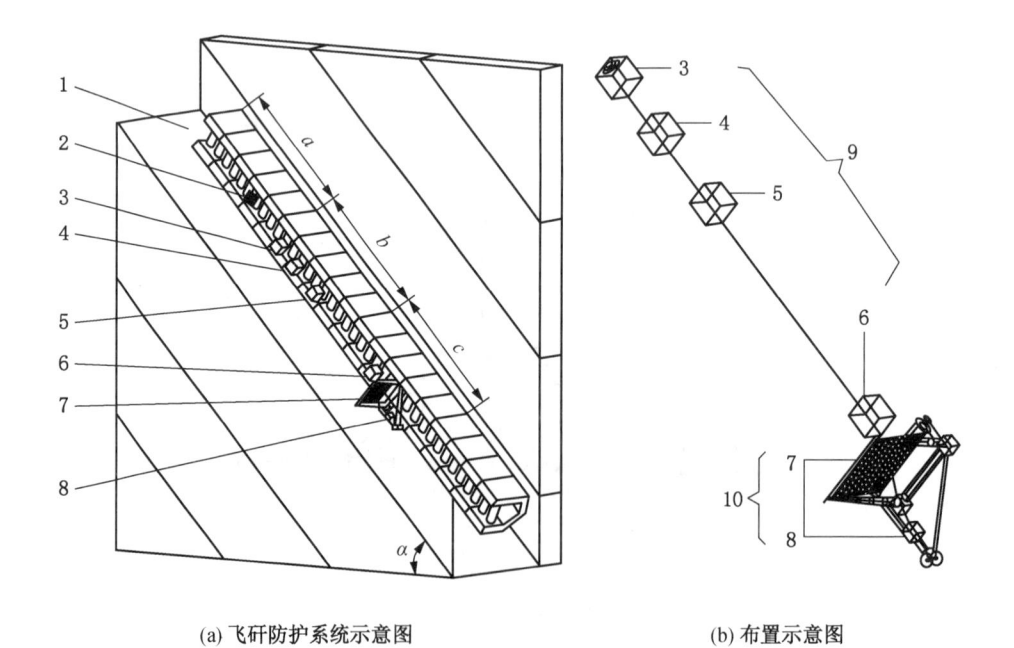

(a) 飞矸防护系统示意图　　(b) 布置示意图

第三章 急倾斜长壁采场围岩与装备协同控制方法与技术

```
        ┌─────────────┐
        │ X射线发生器  │
        └──────┬──────┘
               ↓
            ◇ 飞矸 ◇ ──否──┐
               │是         │
        ┌──────┴──────┐    │
        │  信号收集器  │    │
        └──────┬──────┘    │
               ↓           │
        ┌─────────────┐    │
        │  信号调理器  │    │
        └──────┬──────┘    │
               ↓           │
            ◇ 危险 ◇ ──否──┤
               │是         │
        ┌──────┴──────┐    │
        │ 微处理控制器 │    │
        └──────┬──────┘    │
            反馈信号       │
        ┌──────┴──────┐    │
        │   拦截装置   │    │
        └──────┬──────┘    │
               ↓           │
            ┌─────┐        │
            │ 结束│←───────┘
            └─────┘
```

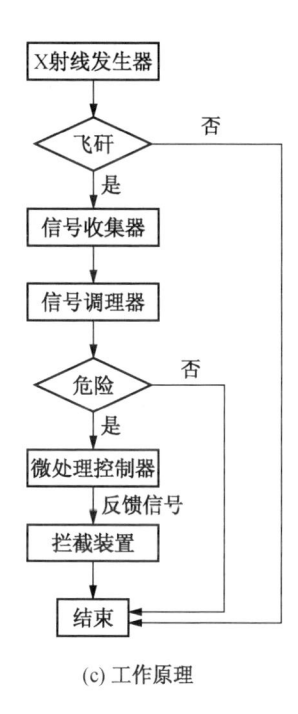

(c) 工作原理

1—大倾角长壁开采工作面；2—智能化飞矸防护系统；3—X射线发生器；
4—信号收集器；5—信号调理器；6—微处理控制器；7—机械臂；
8—拦截网；9—飞矸识别装置；10—飞矸拦截装置

图3-16 智能化飞矸防护系统

137

第四章 急倾斜长壁智能化开采控制体系及成套装备

第一节 急倾斜煤层智能开采配套设备可靠性分析

一、急倾斜液压支架分析研究

急倾斜煤层智能开采工作面液压支架由工作面所有的支架组成，并由排头支架、基本支架（中架支架）、排尾支架三部分串联组成，每个独立的支架作为系统的一个元件。支护系统具备两大主要功能：一是使成套开采设备不断向前推进，二是对围岩进行支护，防止冒顶事故的发生。第一种功能要求支架组成串联系统依次推进，无论系统中哪一架发生故障，都会影响整个工作面支架系统的正常推移。第二种功能的实现依赖于工作面支架系统中每个支架的正常工作。在这样一个系统中，当所有支架都正常工作时，系统处于正常工作状态。任一支架发生故障，系统就处于故障状态；故障排除，系统又进入正常工作状态，所以，只有保证工作面支护系统的可靠性，才能保证安全生产。急倾斜煤层走向长壁工作面开采的一个基本特征：在上覆岩层和自身重力分量的作用下，支护系统下滑、倾倒的可能性加剧。急倾斜煤层工作面，自由状态下的支架肯定会出现下滑和倾倒现象，支架间的挤咬架现象不可避免，需要借助支架的初撑力和工作阻力使顶梁与顶板、底座与底板间出现摩擦力，但是当支架出现倾倒趋势时，过大的初撑力和工作阻力可能会造成支架底座对底板的破坏，从而引发底板滑移产生推底现象，造成支架整体失稳。提高支护系统的稳定性和可靠性，对于整个工作面系统意义重大，十分关键。

1. 支架下滑

在有倾角的工作面，支架在非支撑状态下，由于自身及背矸重力的作用，支架有下滑的可能性。由图 4-1 可知支架开始出现下滑时的平衡方程为

$$G\sin\alpha - fG\cos\alpha \geqslant 0$$

因而支架的临界下滑角为 $\alpha = \mathrm{actan}f$，其中 f 为支架底座与底板间的摩擦系数，一般取 0.2~0.3，那么，支架的临界下滑角 $\alpha = 11° \sim 17°$。本项目涉及的石洞沟及太平煤矿厚煤层倾角均在 45°以上，支架在非支撑状态下，必然下滑，因此初撑力对防止支架下滑有重要意义。液压支架下滑力学分析如图 4-2 所示。

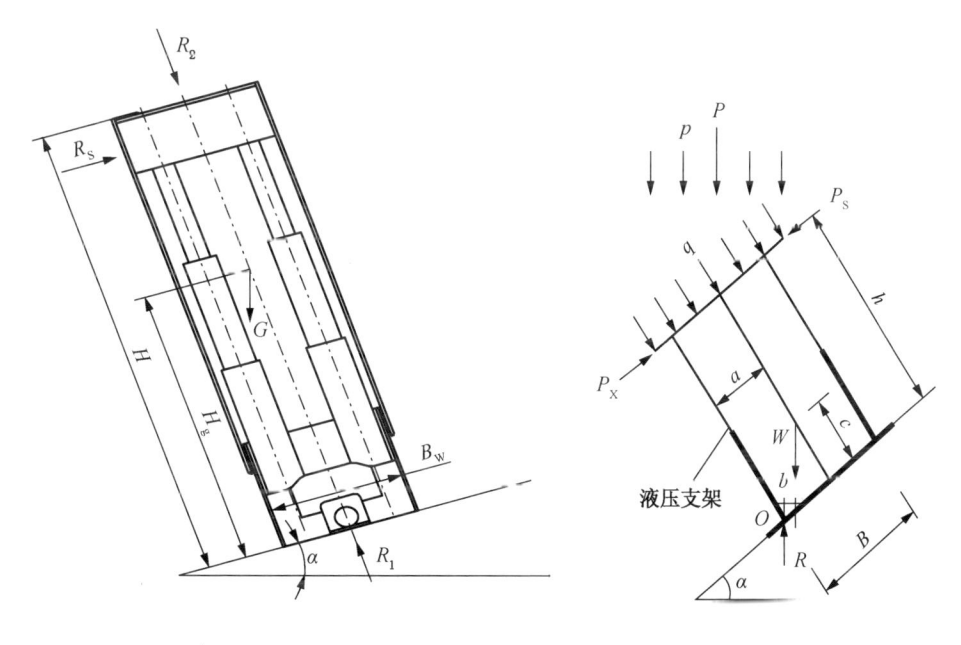

图 4-1 支架倾倒模型   图 4-2 支架抗滑示意图

支架在顶板的压力 P，支架自重 W，上下邻架挤靠力 P_s、P_x，初撑力 Q，底板反力 R 作用下处于平衡状态。支架在重力 W 和顶板压力 P 作用下，有沿底板坡度下滑的趋势，保证它不下滑的条件是抗滑力大于等于滑动力，即

$$F_{kh} \geqslant F_h$$
$$F_{kh} = [(W+P)\cos\alpha + Q]f$$
$$F_h = (W+P)\sin\alpha + (P_s - P_x)$$

急倾斜条件下当顶板来压时，液压支架下滑力将显著增大，因此为了提高抗

滑力,必须提高支架初撑力,降低工作面来压强度。由急倾斜工作面矿压显现特点可知,由于工作面倾角超过煤岩滚动安息角(35°),上部垮落矸石滚落至下部,形成矸石垫层,使下部顶板来压强度显著降低,有利于提高下部支架的稳定性,由此也为上部支架的下滑倾倒提供了可靠的支撑。

2. 初撑力和带压移架的影响

在急倾斜工作面,支架只有撑得紧,才会站得稳。支架初撑力是支架移架后对顶板最初的主动作用力,所以它对提高移架后支架的稳定性具有重要作用。支架初撑力大,则其主动作用于顶板上的力就大,顶板对支架的约束就强,支架的稳定性相应得到提高。

支架的初撑力对顶板稳定性影响较大,如果初撑力不足,工作面直接顶易发生离层,进而造成顶板的早期破坏,导致大采高支架失稳。一般支架的初撑力应为工作阻力的78%~85%。

为研究移架过程中支架残余支撑力,建立图4-3所示支架受力模型。当支架相对于其底座下侧边缘 O_3 处于向下翻倒状态时,假设 W_2 位于纵向中心平面内,则有如下方程:

$$W_2 \frac{B}{2} + \mu_2 W_2 H + G\cos\alpha \frac{B}{2} - G\sin\alpha H_g = 0$$

$$W_2 = \frac{G(2\sin\alpha H_g - B\cos\alpha)}{B + 2\mu_2 H}$$

假设 W_2 是支架移架最小合力,由上述计算可知,其必须满足上述条件才能使支架不会倾倒。上述结果表明,在实际生产中,防止支架倾倒的有效方法之一就是带压移架,因为带压移架不仅能支撑已经离层和破碎的下位直接顶,更能增大顶底板摩擦阻力和顶板的反倾倒力矩,因而非常有利于防止支架下滑和倾倒。因此要求急倾斜工作面液压支架必须采取带压移架。智能化开采移架采用电液控制,带压移架在程序控制上较人工更易实现。

工作面支架间的相互侧向约束,对于保证支架的横向稳定性具有重要作用。对于急倾斜的工作面,端头、排头支护状态对工作面支架的稳定性有着至关重要的影响,特别是靠近下端头部位支架的控制,是中部支架相互约束始端的起点和基础。因此急倾斜大采高工作面,下端头支架组的防倒、防滑是保证工作面支架稳定性的重要措施。

3. 架间作用载荷确定

急倾斜大采高工作面支架防倒的关键是排头支架的防倒,为了预防支架倾倒现象的发生,支架设计增设有防倒防滑装置,并加大侧推千斤顶的推力。

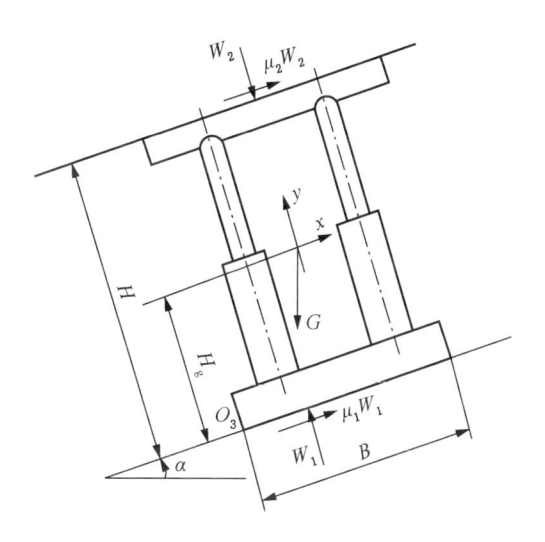

第四章 急倾斜长壁智能化开采控制体系及成套装备

W_2—顶板对顶梁的正压力；μ_2—顶梁与顶板间的摩擦系数；G—支架重量；
W_1—底板对支架底座的正压力；α—煤层倾角；μ_1—支架底座与底板间的摩擦系数；
H—支架实际高度；H_g—支架重心高度；B—支架底座宽度

图 4-3 支架纵向剖面

根据支架的下滑和倾倒两种情况计算架间作用力，对应力学模型如图 4-4 所示，具体计算过程如下：

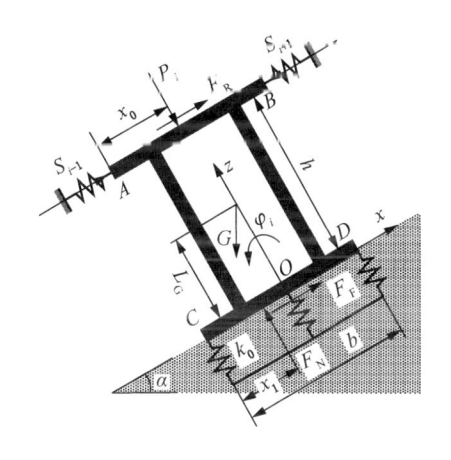

图 4-4 支架倾向力学模型

(1) 支架下滑力学分析。支架滑移过程中，沿滑移方向的合力逐渐趋向于0，直至达到新的平衡状态。支架沿 x 方向的平衡方程为

$$F_R + \Delta S - G\sin(\alpha - \varphi_i) + F_{F\max} = 0$$

(2) 支架转动力学分析。当支架所受合力偶较大且沿逆时针方向时，支架绕其底座倾向下边界（C点）转动，支架底座倾向上边界（D点）提离。支架在该受载与约束状态下达到新平衡状态时，支架沿 z 方向合力与合力偶为0，即

$$F_N x_1 - \Delta S_i b + G\sin\alpha L_G - G\cos\alpha \frac{b}{2} - F_R h - P x_0 = 0$$

二、急倾斜端头支架分析研究

1. 急倾斜煤层开采工作面端头支护特殊性

急倾斜煤层走向长壁开采工作面沿倾斜方向布置，工作面出现上下端头顶底板三角区域。特别是上端头顶煤三角区域因空顶易垮落并向上方扩展，随着工作面推进，空顶区范围变化，采用上端头液压支架对其进行支护（沿倾斜方向），配套上出口锚钢复合支架对顶板进行支护。下端头液压支架横向布置（沿走向），容易受排头支架的挤压造成底板失稳或支架下陷，随着工作面推进，造成机头底板滑落发生推底，造成支架失稳，给整个工作面支护系统稳定性和安全性控制带来困难，导致工作面无法正常生产。

2. 急倾斜煤层开采工作面上下端头支护不可靠因素

上端头支护不可靠性主要表现：支护不稳定可靠容易造成局部推垮冒顶，煤块垮落会沿工作面滚滑，造成人员伤亡和设备损伤等安全隐患；上端头支护不好还会使支护复杂，导致上出口空间狭小，不利于设备材料运输和通风行人；因顶板垮落形成空洞或高冒区，容易造成瓦斯积聚和发火，给工作面安全生产带来极大隐患；刮板输送机下滑直接导致上端头液压支架向下滑动，失去对上端头顶板支护能力，急倾斜煤层工作面上端头支护如图4-5所示。

工作面下端头不可靠因素主要表现：下端头底板由于有难以支护的三角区域，底板向已成自由空间移动加剧，变形破坏的可能性增大，一旦底板出现破坏，就会发生推底向下滑移，造成大范围失稳，引起工作面支架下滑和倾倒；工作面下端头受浮煤、浮矸、积水影响，造成支架推移困难；端头顶板受支架重复挤压容易形成破碎顶板，造成支架接顶不严，甚至严重情况下无法接顶。急倾斜煤层工作面下端头支护如图4-6所示。

3. 提高工作面上下端头支护可靠性措施

端头支护是急倾斜煤层工作面系统稳定的基础，加强其稳定性，有利于工

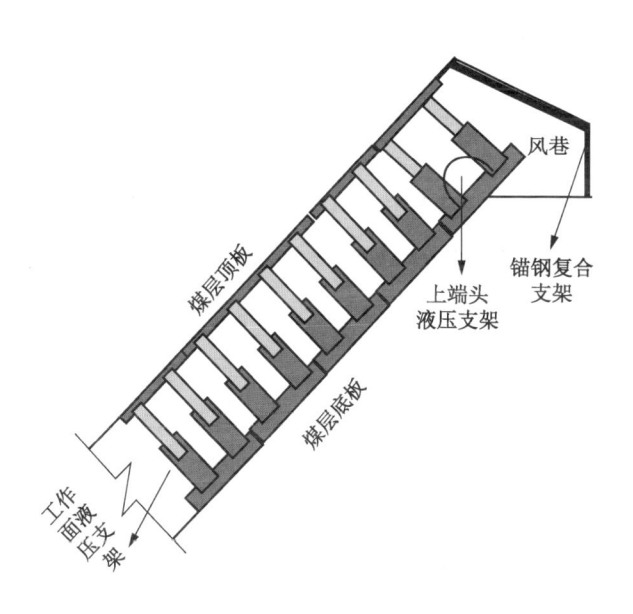

第四章 急倾斜长壁智能化开采控制体系及成套装备

图 4-5 急倾斜煤层工作面上端头支护示意图

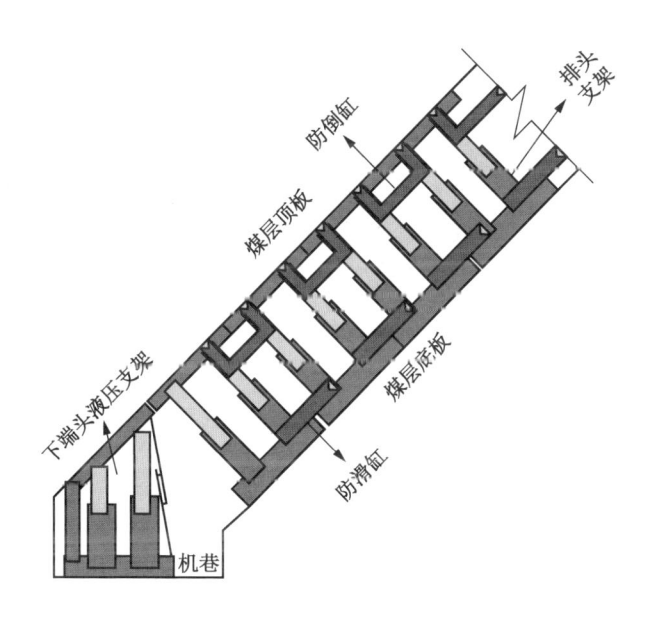

图 4-6 急倾斜煤层工作面下端头支护示意图

143

面支护系统的可靠性和安全性，有利于增强安全出口的畅通性。横向布置3架下端头液压支架，适应煤层倾角变化，支架顶梁可随煤层倾角变化支撑顶板，当支架无法接顶时，采取垫高或在顶梁上塞方木；配套使用伸缩梁和加长梁，以加强对下端头支架与工作面1号支架间空顶支护；加强可伸缩挡矸板维护，以增强端头支架防护能力；上端头液压支架或最末支架上侧加装固定挡矸板，防止窜矸。

三、采煤机可靠性分析研究

1. 采煤机不可靠因素

采煤机是急倾斜煤层工作面的关键设备，在急倾斜煤层条件下，受采煤机功率限制，在沿倾斜方向的重力分力以及截割阻力下，造成采煤机牵引力受影响；对于急倾斜煤层采煤机下行割煤，上行清理浮煤，由于重力的下滑分力容易引起自动下滑而造成飞车；采煤机停车时，制动器的制动力矩不能满足采煤机在急倾斜条件下的制动要求时，将会导致严重事故；采煤机滚筒截割旋出的煤，在其重力影响下向下偏移，无法正常落在刮板输送机上；由于底板未割平整带来刮板输送机弯曲起拱、销轨错位，导致采煤机无法啮合造成跑车；由于煤层倾角增大，采煤机的内部构件无法得到充分润滑，极易磨损。

2. 提高急倾斜煤层工作面采煤机可靠性措施

采煤机适应急倾斜煤层条件，解决上述不可靠因素，提高可靠性的主要措施：①加大采煤机的牵引功率或辅以牵引绞车（同步绞车）；②提高采煤机制动、防滑能力，设置防滑杆、制动器，防止采煤机下滑，加强采煤机牵引部、制动器、销轨、滑靴等的日常检查、维修、更换；③确保螺旋滚筒截齿齐全、齿座完好，使滚筒受力平稳，降低截煤能耗，提高装煤效率，降低甩煤高度，防止滚筒甩煤伤人；④对采煤机采用飞溅润滑方式，减少设备磨损，延长设备使用寿命。

四、刮板输送机可靠性分析研究

1. 刮板输送机不可靠因素

急倾斜煤层的煤层角度大于45°，大于煤的自然安息角，采落的煤块落到中部槽后，在煤块重力的作用下会发生加速向下滚滑，工作面倾角越大，滚滑的煤块获得的加速度就越大，速度越快，滚滑的煤块产生的冲量就越大，滚滑的煤块给工作面人员安全构成了严重威胁，易发生飞矸伤人。在急倾斜煤层开采中，工作面刮板输送机受自重和所载煤块重量的合力向下的下滑分力的影响，刮板输送机会向下滑动。当工作面倾角越大，刮板输送机所产生的下滑力就越大，底板与刮板输送机的摩擦阻力就越小。

2. 提高刮板输送机可靠性措施

改变刮板输送机的链条布置方式，可减轻链条和中部槽磨损，减少刮板输送机驱动功率，延长其使用寿命，提高刮板输送机运煤效果，减少滚滑煤矸对工作人员的安全威胁。提高工作面刮板输送机的可靠性，可阻止刮板输送机下滑，增大刮板输送机与工作面底板之间的摩擦阻力或调整工作面的角度，改变刮板输送机中部槽结构，增大正压力和摩擦力。急倾斜煤层工作面刮板输送机的防滑主要依靠工作面液压支架，合理调整和使用好推移装置框（缸），使工作面支架给刮板输送机向上的支持力，可有效防止后部刮板输送机下滑。

第二节 急倾斜工作面"三机"配套设备及智能化监测系统研究

在分析和研究国内外现有急倾斜成套设备存在的优缺点的基础上，结合石洞沟煤31111工作面与太平煤矿31111工作面地质情况与巷道断面尺寸，通过技术方案的审定和参数计算，最终确定成套设备规格型号见表4-1、表4-2，工作面设备平面布置如图4-7、图4-8所示。

表4-1 石洞沟煤矿31111工作面成套设备规格型号

序号	配套设备	型号
1	液压支架	ZY5200/18/48JD
2	采煤机	MG400/990-WD
3	刮板输送机	SGZ800/400
4	端头支架	ZTHJ2800/16/28D
5	转载机	SZZ800/400

表4-2 太平煤矿31111工作面成套设备规格型号

序号	配套设备	型号
1	液压支架	ZY4000/12.5/27JD
2	采煤机	MG400/890-WD
3	刮板输送机	SGZ7300/200
4	端头支架	ZTHJ1600/15/29D

急倾斜煤层长壁综采理论与技术

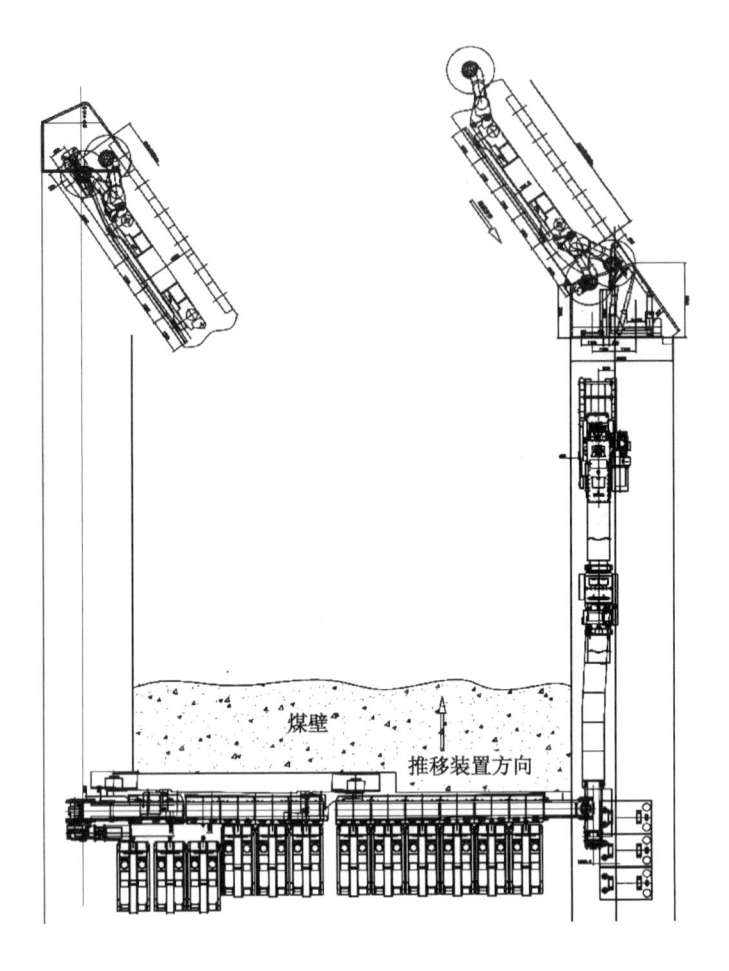

图4-7 石洞沟煤矿31111工作面设备平面布置图

一、液压支架研究

(一) 石洞沟煤矿急倾斜液压支架

1. 工作阻力计算

1) 基于"R-S-F"系统动力学控制理论的支架工作阻力确定

支架平均宽度 b 为 1.75 m，支架支护的顶板平均长度（顶板破断岩块走向长度）l：

$$l = \frac{1}{2}(4.8 + 5.65) = 5.23 \text{ m} \quad \text{（最小和最大支护长度的平均值）}$$

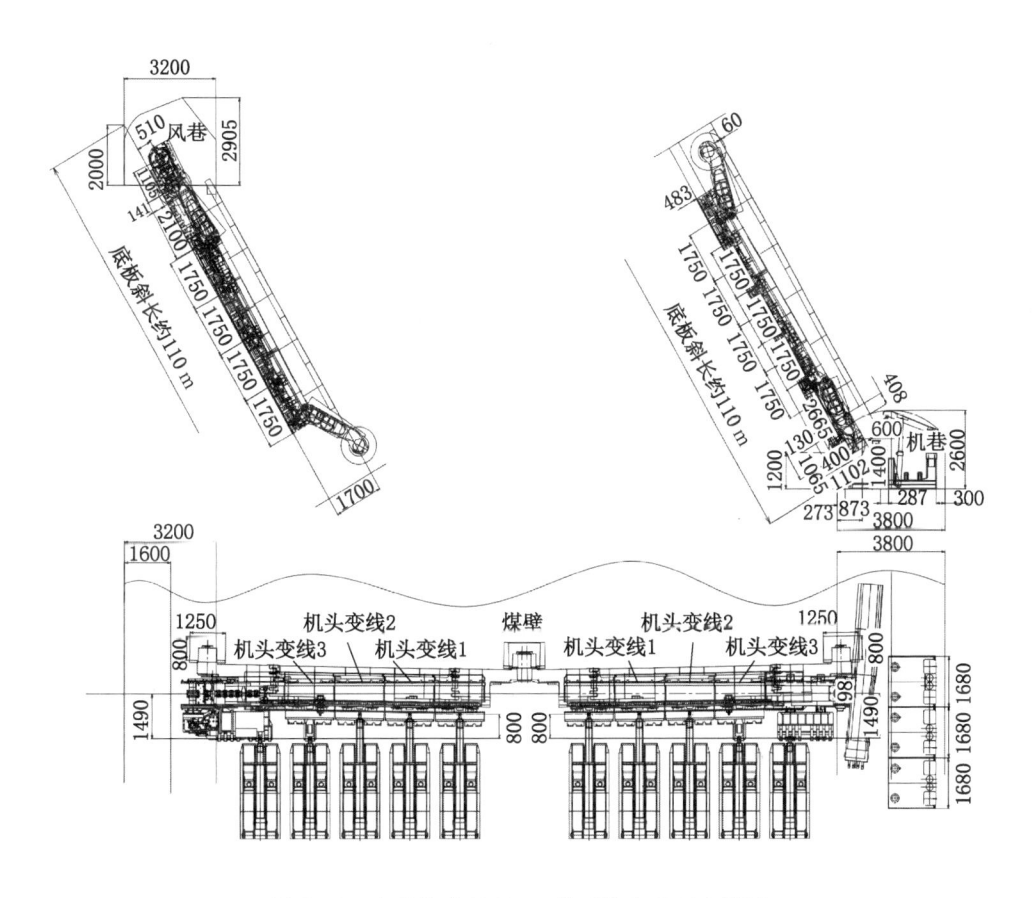

图4-8 太平煤矿31111工作面设备平面布置图

支架支护的顶板最小宽度 B_{min}（顶板破断岩块倾向尺度，按2架支架宽度计算）：

$$B_{min} = 2b = 3.5 \text{ m}$$

工作面直接顶厚度 $\sum H_d$：

$$\sum H_d = 0.75 \text{ m}$$

工作面基本顶厚度 $\sum H_b$：

$$\sum H_b = 7.5 \text{ m}$$

支架和顶、底板之间的动摩擦系数 μ：

$$\mu = 0.35 - 0.42 = -0.07$$

上覆岩层平均容重 ν：
$$\nu = 25 \text{ kN/m}^3$$

鉴于石洞沟 31111 工作面的煤层介于 $45° \sim 65°$，按照极小值所得的支架工作阻力大，为此，取煤层倾角 α 为 $45°$。

支架平均支护面积 A_a：
$$A_a = lb = 5.23 \times 1.75 = 9.15 \text{ m}^2$$

工作面动载系数 K：
$$K = 1 + \chi = \frac{\sum H_d + \sum H_b}{\sum H_b} = \frac{0.75 + 7.5}{7.5} = 1.1$$

顶板破断岩块重量 Q_r（选取直接顶和基本顶的总厚度为 8.25 m）：
$$Q_r = \nu lb \left(\sum H_d + \sum H_b \right) = 25 \times 9.15 \times 8.25 = 1887.19 \text{ kN}$$

支架质量拟按照 25000 kg 计，则其重量 Q_s：
$$Q_s = 25000 \times 9.8 = 245 \text{ kN}$$

相关设备的预计分摊重量（按采煤机通过时计算）Q^*：
$$Q^* = \frac{35000 + 1000 \times 9.8}{4} = 88.2 \text{ kN}$$

直接顶实际垮落厚度与标定厚度系数 η：
$$\eta = \frac{0.7}{0.7} = 1.0$$

顶板实际垮落岩块与支架质量比 ζ：
$$\zeta = \frac{\eta Q_r}{Q_s + Q^*} = \frac{1.0 \times 1887.19}{245 + 88.2} = 5.66$$

根据前述分析，石洞沟煤矿煤层顶板为Ⅲ级 3 类，底板为Ⅱ类，一般情况下工作面易出现底板破坏滑移。支架和相关设备下滑、倾倒现象会经常出现（错动失稳），故可认为"支架-围岩"系统具有错动和顺向综合失稳特征。

据此，"支架-围岩"系统动态失稳的临界倾角为
$$[\alpha_1] = \text{tg}^{-1}(1 + 3\zeta)\mu = \text{tg}^{-1}[(1 + 3 \times 5.66) \times (0.35 \sim 0.42)]$$
$$= 80.97° \sim 82.46° \quad [\alpha_2] = \text{tg}^{-1}(\zeta - 1)\mu$$
$$= \text{tg}^{-1}[(5.66 - 1) \times (0.35 \sim 0.42)] = 58.49° \sim 62.94°$$

由于 $\alpha \leq \min\{[\alpha_1], [\alpha_2]\}$，所以根据"支架-围岩"动态稳定性理论，支架工作阻力为

$$P = \frac{\eta+1}{\eta}P^* - P° = \frac{\eta+1}{\eta}Q_r\cos\alpha - \frac{1}{\mu}Q_s(\sin\alpha + \mu\cos\alpha)$$

支架带压移架工作阻力为

$$P° = P_2^* = \frac{1}{\mu}Q_s(\sin\alpha + \mu\cos\alpha)$$

将上述各参数代入，可得

$$P° = 554.17 \sim 700 \text{ kN}$$
$$P = 1967.07 \sim 2112.87 \text{ kN}$$

考虑来压期间的动载效应与底板滑移影响，取影响因子 1.7，则有

$$[P] = 1.7 \times KP = 1.7 \times 1.1 \times (1967.07 \sim 2112.87) = 3678.42 \sim 3951.07 \text{ kN}$$

由此可得支架处于正常状态时的支护强度为 0.22~0.23 MPa，工作阻力为 1967.07~2112.87 kN；来压期间的支护强度为 0.40~0.43 MPa，工作阻力为 3678.42~3951.07 kN。

2）基于物理相似材料模拟实验的支架工作阻力确定

结合急倾斜物理相似材料模拟实验结果如图 4-9 所示，其正常状态时支架平均工作阻力为 3500~3806 kN，来压期间支架最大工作阻力为 4600 kN，初撑支护强度为实际支护强度的 75%~85%。

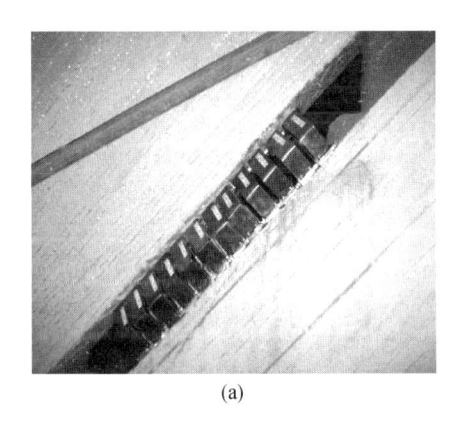

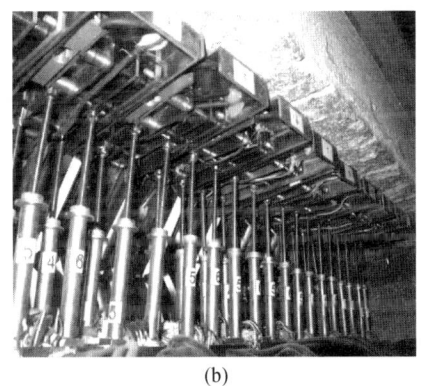

图 4-9 急倾斜煤层走向长壁开采支架围岩相互作用关系

3）基于实测法计算的支架工作阻力

根据我国 120 多个综采工作面所测得的数据统计，Ⅲ级 3 类顶板使用掩护式支架时，所需支架工作阻力为 2306.85~2813.85 kN，换算为支护面积为 7.39 m² 的掩护支架工作面，支架支护强度为 0.31~0.39 MPa，来压期间 4567.56~

5581.32 kN，支架初撑支护强度为实际工作阻力的 75%~85%。

4）石洞沟煤矿支架设计工作阻力及支护强度确定

综合上述计算结果可以看出，基于"R-S-F"系统动力学控制理论得出的支架工作阻力为 3678.42~3951.07 kN、基于传统理论得出的支架工作阻力为 7332.71 kN、基于已有相关物理相似材料模拟实验得出的支架工作阻力为 4600 kN、基于实测法计算的支架工作阻力为 4567.56~5581.32 kN。

基于石洞沟煤矿特殊的地质条件，综合上述计算结果，结合多年来对大倾角、急倾斜工作面液压支架参数确定经验，在确保工作面液压支架的支护效率和支架的可靠性、稳定性的基础上。最终经华荣能源公司专家组研判确定，石洞沟煤矿支架工作阻力为 5200 kN。

2. 液压支架参数及功能

通过三机配套，在确定了采煤机和刮板机后，明确了设备相关参数要求，对支架结构进行了设计，其主要技术指标见表 4-3。

表 4-3 ZY5200/18/48JD 型液压支架主要技术指标

高度/m	1.8~4.8
采高/m	2.6~4.5
宽度/m	1.61~1.84
长度/m	5.57~7.08
中心距/m	1.75
初撑力/kN	4453（$P=31.5$ MPa）
工作阻力/kN	5200（$P=36.78$ MPa）
支护强度/MPa	0.68~0.73（$H=2.6~4.5$ m）
前端比压/MPa	1.35~2.75（$H=2.6~4.5$ m）
操纵方式	电液控自动控制
泵站工作压力/MPa	31.5

3. 伪俯斜开采支架适应性设计

2014 年开始至今，原川煤集团广能公司会同嘉华公司在李子垭南井煤矿和太平煤矿，开展急倾斜伪俯斜智能化开采技术及成套装备研究和 70°自动化开采技术及成套装备研究；太平煤矿开展了双伪俯斜开采技术研究，实现了急倾斜工作面开采的成功；原川煤集团达竹公司开展了急倾斜伪俯斜电液控支架技术研究，上述科研项目均取得了一定成果。这为急倾斜伪俯斜工作面开采工艺，解决工作面飞煤飞矸等问题，提供了理论和实践基础。支架需要适应8°以内伪俯斜布置及开采，对开采设备适应性要求进一步加大。

（1）支架宽度按伪俯斜开采设计，如图4-10所示。适应伪俯斜布置后支架中心距变小，支架宽度为1610~1840 mm，防止支架挤架。伪俯斜布置中心距变动情况见表4-4。

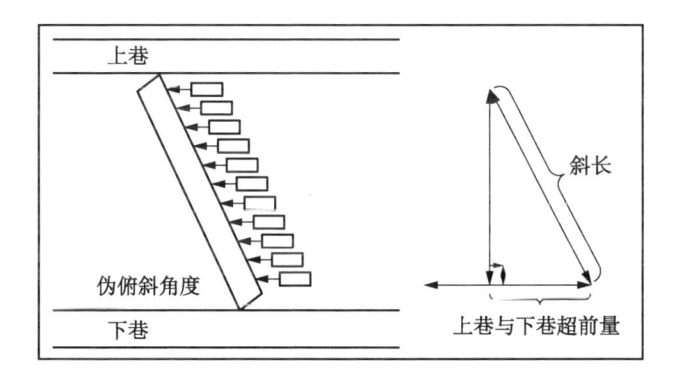

图4-10 伪俯斜开采示意图

表4-4 伪俯斜布置中心距变动情况

伪俯斜角度/(°)	0	3	5	7	8
中心距变化/mm	1750	1748	1743	1737	1733

（2）顶梁前端适应伪俯斜变化范围。解决了伪俯斜布置后采煤机割顶梁尖角，又能适应左右工作面互换，且空顶面积只增加0.14 m²，如图4-11所示。

（3）伪俯斜开采防窜矸、漏矸设计。侧护板均加宽设计，满足支架4.5 m采高时伪俯斜7°拉架（支架前后错距1.0 m）时掩护要求，实现伪俯斜开采防窜矸需求。顶掩铰接处辅助增加顶掩防漏矸挡板，有效的防止矸石从此处漏入支架内，如图4-12所示。

（4）调架防倒行程适应性设计。优化调架防倒千斤顶布置，可实现800 mm截深伪俯斜布置后天缸地缸可一次拉架到位，不需要二次拉架（满足伪斜布置

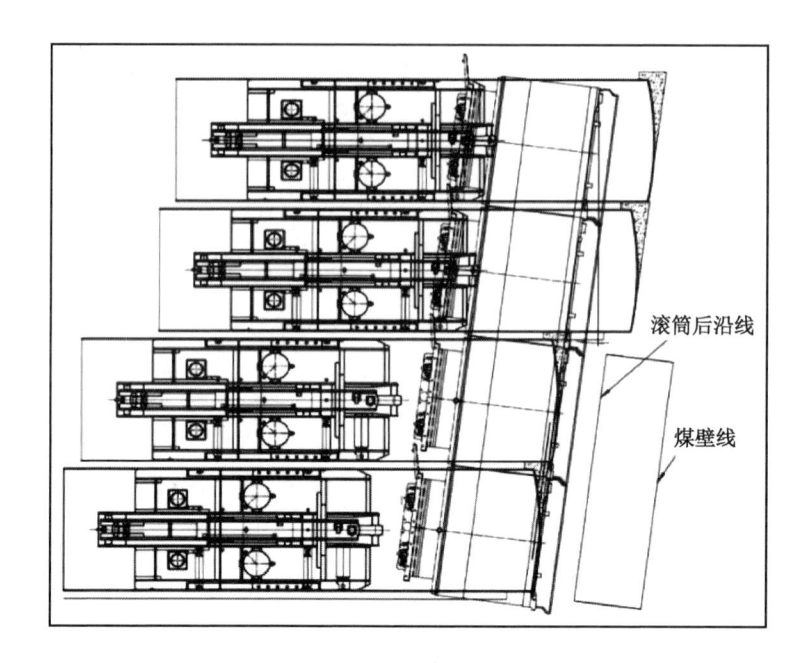

图4-11 伪俯斜布置空顶情况

7°，前后错距约1 m调架需求)。

4. 液压支架有限元分析研究

当前各国普遍采用的液压支架的设计方法较传统的设计方法而言，通过应用计算机辅助制造（CAM），使用有限元方法对建立的三维实体模型进行有限元分析，不但让得到的数据更加科学合理，而且在节约人力、物力的同时也缩减了液压支架设计的周期。

液压支架是复杂的大型机械结构，选用大规模且较为成熟的有限元结构分析软件，如ANSYS、ADINA、SAPV，能够比较科学全面地得到分析及结果。基于这些考虑，选用ANSYS有限元软件对本课题的液压支架进行相关有限元分析与总结。

5. 分析方案的制定

1) 简化模型

当前业界研究液压支架的方式主要是内加载的方式，也就是将立柱产生的作用力看作是支架受到的载荷进行分析。液压支架的结构比较复杂烦琐，且每一个零件的结构也是比较复杂，所以为了让有限元分析的过程比较顺畅，需要对原有

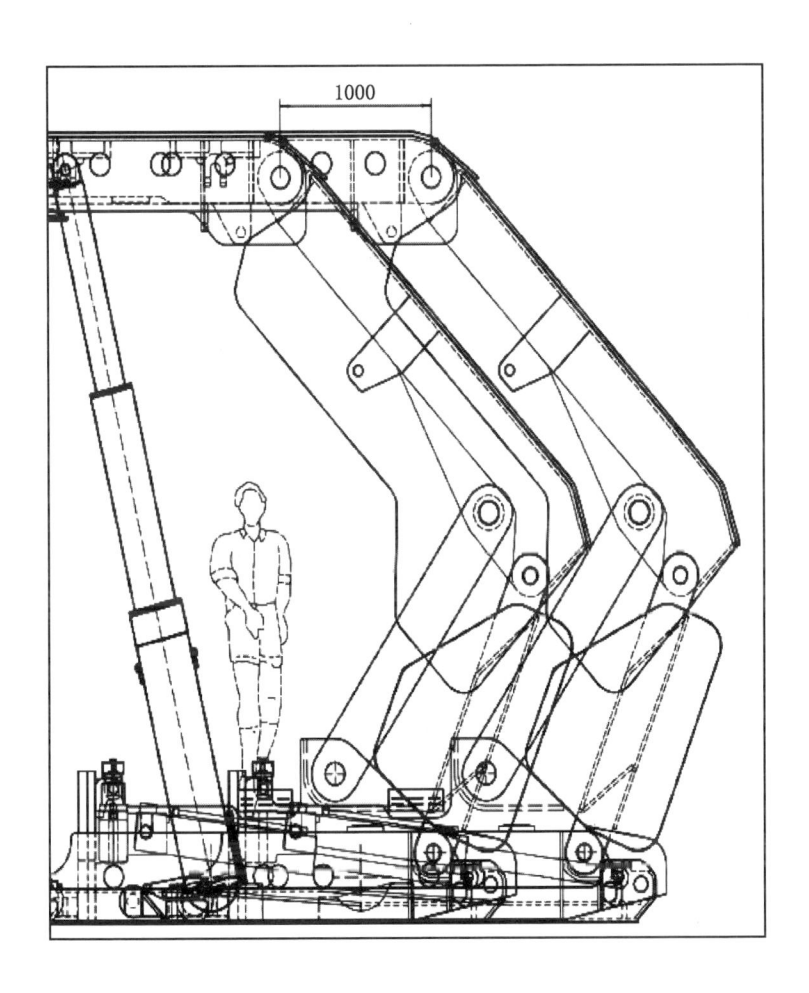

图 4-12 防窜矸示意图

的支架模型进行一定程度的简化。

总体结构来说,需要将非关键性的承载(如插板)元件去掉,立柱也去掉后将其作用力挂载在相应的位置上。零部件的结构来说,需要将一些零部件的对受力较小的部分(如千斤顶)去掉。

2)工况载荷的确定

在液压支架工作过程中,支架主要受到来自顶板的压力、底板产生的支撑力和相邻两支架之间产生的挤压力,如图 4-13 所示。对于煤矿工作面来说,因为本身地质条件相对比较恶劣,所以支架受到的力长期处于不稳定的状态、液压支架实际受到的工况载荷比较复杂。

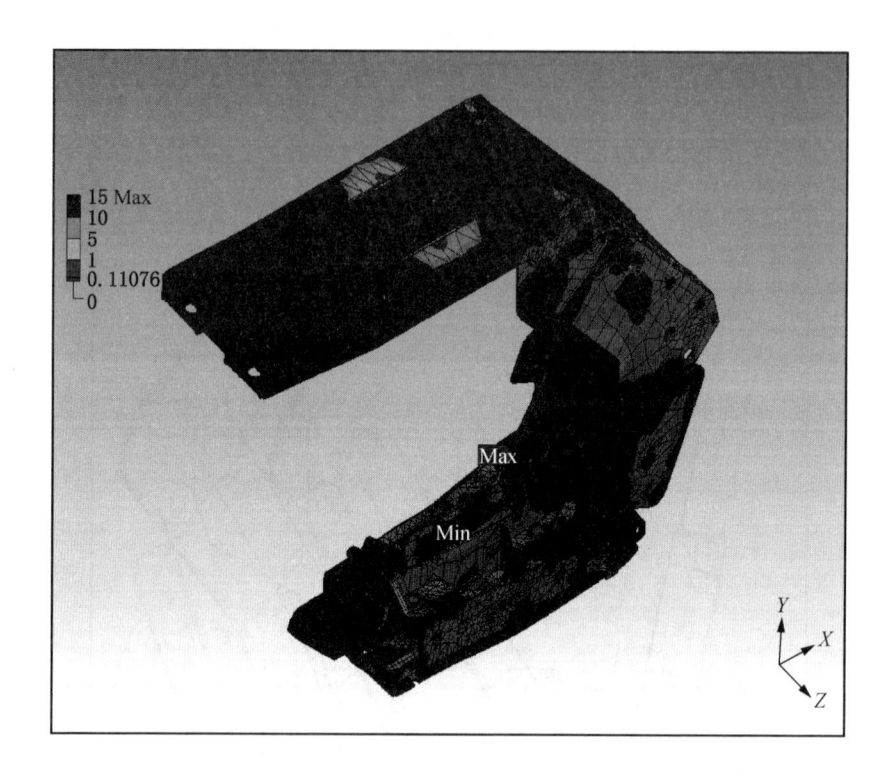

图 4-13　虚拟样机受力有限元分析

根据我国对液压支架的分析研究实验标准来看，顶梁和底座通常是主要受到载荷的零部件。通常来说，这两者受到的载荷让工作状态变得恶劣的形式基本有 4 种，分别是中间集中、两端集中载荷，单侧偏载以及扭转载荷。由于分析情况比较复杂，本文的有限元分析选择 3 种不同组合的加载方式。

6. 各工况下的有限元分析

1）顶梁两端集中载荷和底座受到偏载

顶梁两端集中载荷和底座受到偏载如图 4-14 所示，通过分析顶梁和底座的受载特征，可以得到支架的受力状态。

（1）顶梁。顶梁在工况一下分析后得到的应力云图如图 4-15 所示。从图 4-15 中可以看出，在给定的工况条件下，顶梁在约束部位受到的应力比较集中，垫块 1 受到的最大应力为 4102.9 kN，垫块 2 受到的最大应力为 1488.9 kN，前后两段受到的应力都较大但是分布对称。薄弱点在柱帽中间处盖板,应加强设计。

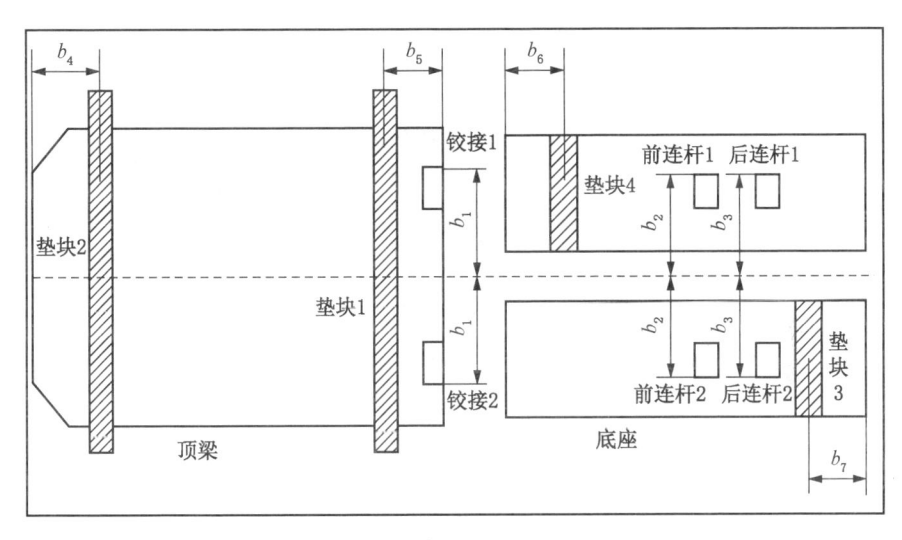

图 4-14 顶梁两端集中载荷和底座受到偏载

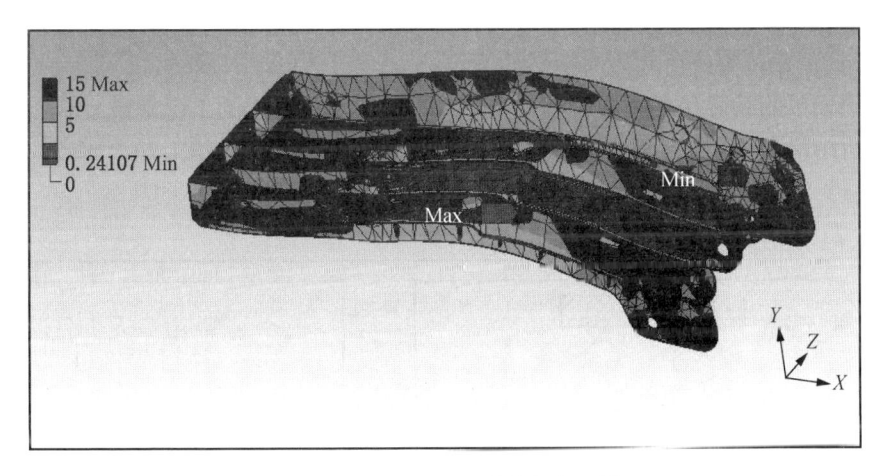

图 4-15 工况一下顶梁应力云图

（2）底座。底座在工况一下分析后得到的应力云图如图 4-16 所示。从图 4-16 中可以看出,垫块 3 受到的最大应力为 3488.1 kN,垫块 4 受到的最大应力为 2103.7 kN。

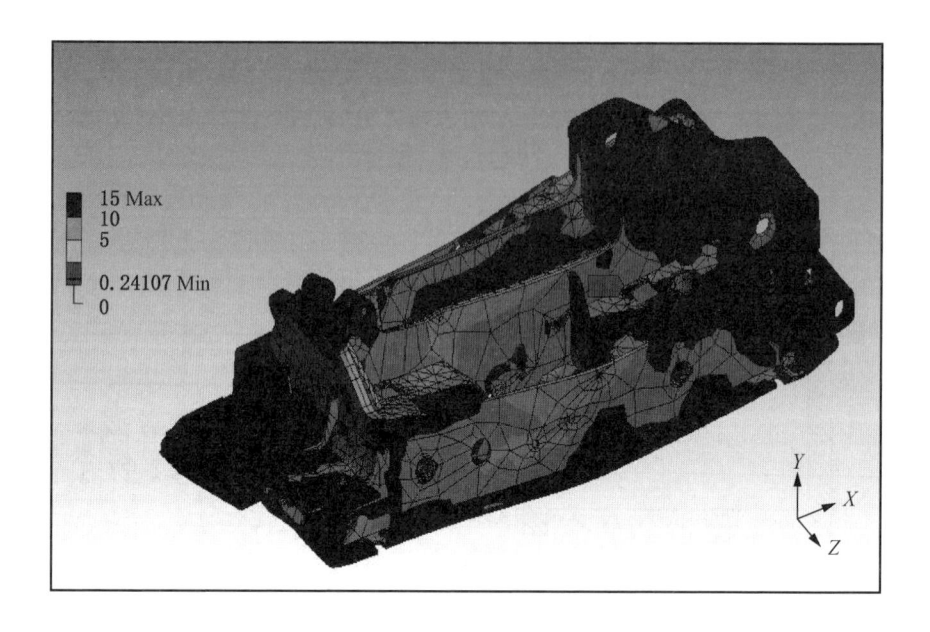

图 4-16　工况一下底座应力云图

2) 顶梁单侧载荷和底座扭转载荷

顶梁单侧载荷和底座扭转载荷如图 4-17 所示，这样的工况加载方式能够通过分析结果得到顶梁变形后的屈服形变，以及底座受到最大扭力是液压支架的强度，得到支架支护不正常时的状态。

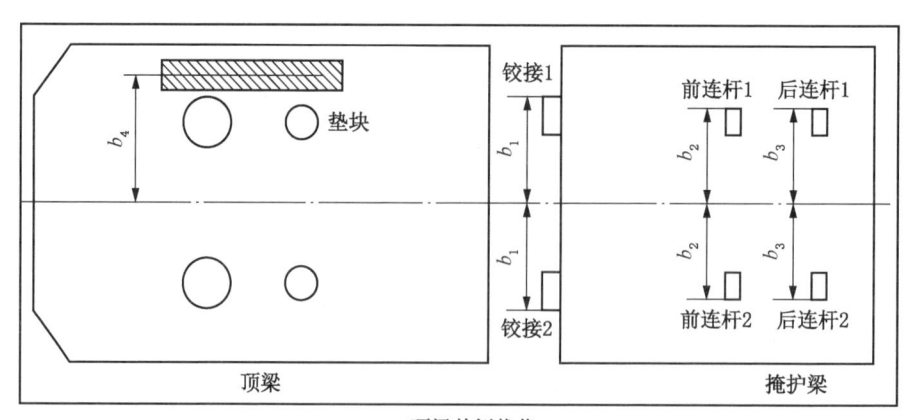

(a) 顶梁单侧载荷

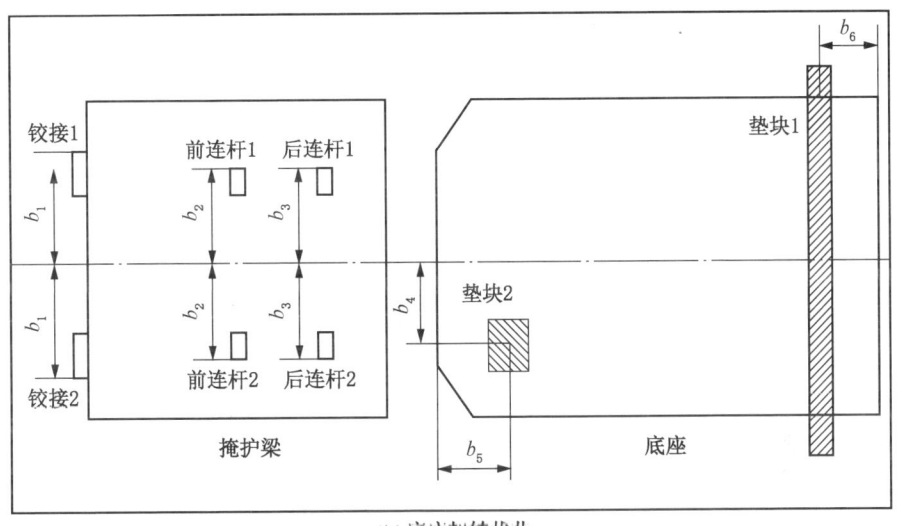

(b) 底座扭转载荷

图4-17 顶梁单侧载荷和底座扭转载荷

（1）顶梁。顶梁在工况二下分析后得到的应力云图如图4-18所示。从图4-18中可以看出，顶梁在受到加载载荷的地方表现出应力集中，支架受到最大扭转为3914.2 kN·m，最大应力为垫块处5591.8 kN，其他未受到加载载荷的区域没有明显的应力变化。

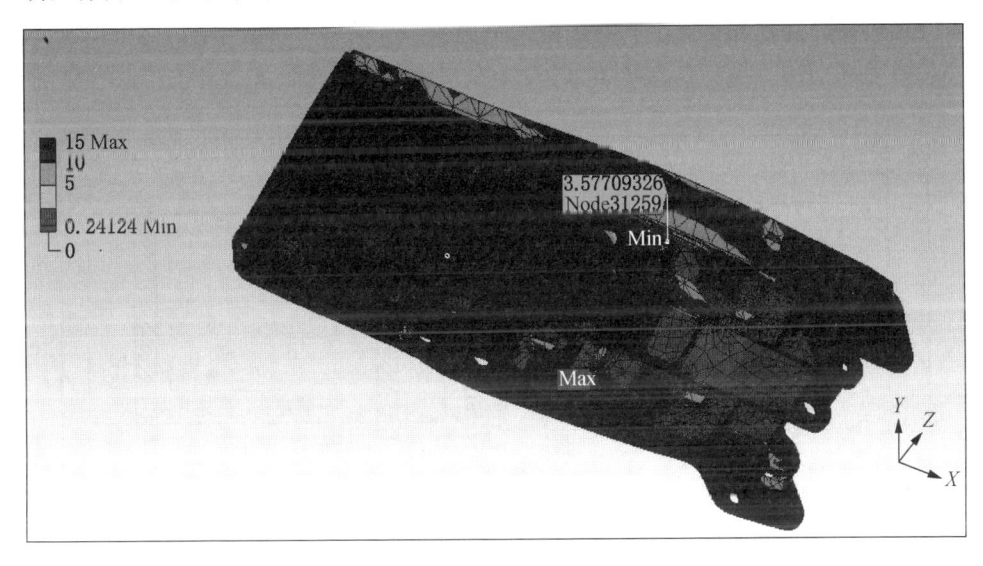

图4-18 工况二下顶梁应力云图

（2）底座。底座在工况二下分析后得到的应力云图如图 4-19 所示。从图 4-19 中可以看出，底座受偏载，底座扭矩为 969.6 kN·m；垫块 1 集中力为 3388.1 kN，其他未受到加载载荷的区域没有明显的应力变化。

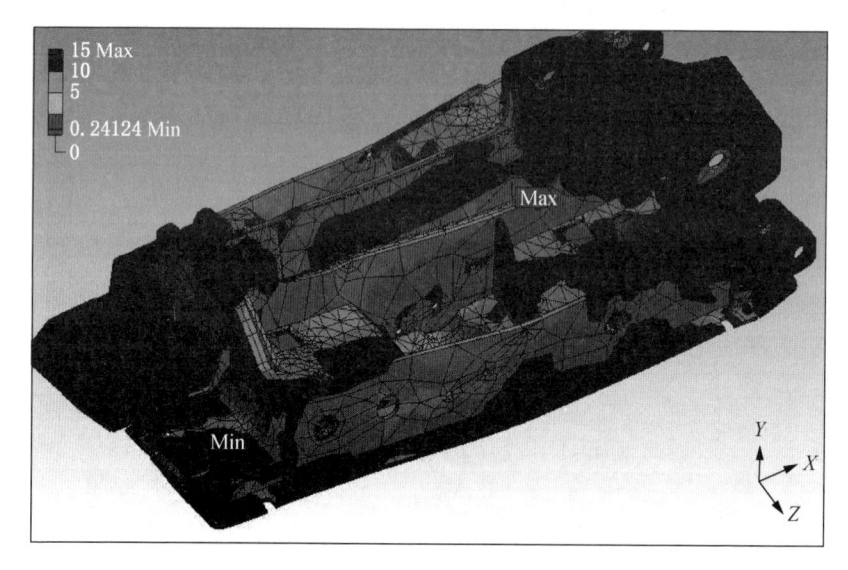

图 4-19 工况二下底座应力云图

3) 顶梁扭转载荷和底座两端集中载荷

顶梁扭转载荷和底座两端集中载荷如图 4-20 所示，这种加载方式导致顶梁受到极大的扭力，顶板载荷受力不均。

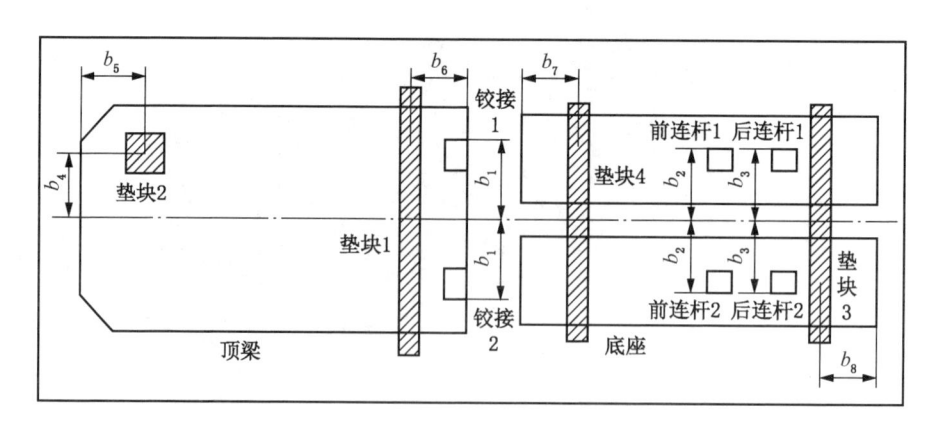

图 4-20 顶梁扭转载荷和底座两端集中载荷

（1）顶梁。顶梁在工况三下的应力云图如图 4-21 所示。从图 4-21 中可以看出，顶梁受到的应力基本集中在中间位置，支架顶梁最大扭转力为 1023.6 kN·m，垫块 1 的最大集中力为 4075.3 kN，垫块 2 的最大集中力为 1516.5 kN。薄弱点在柱帽中间处盖板，应加强设计。

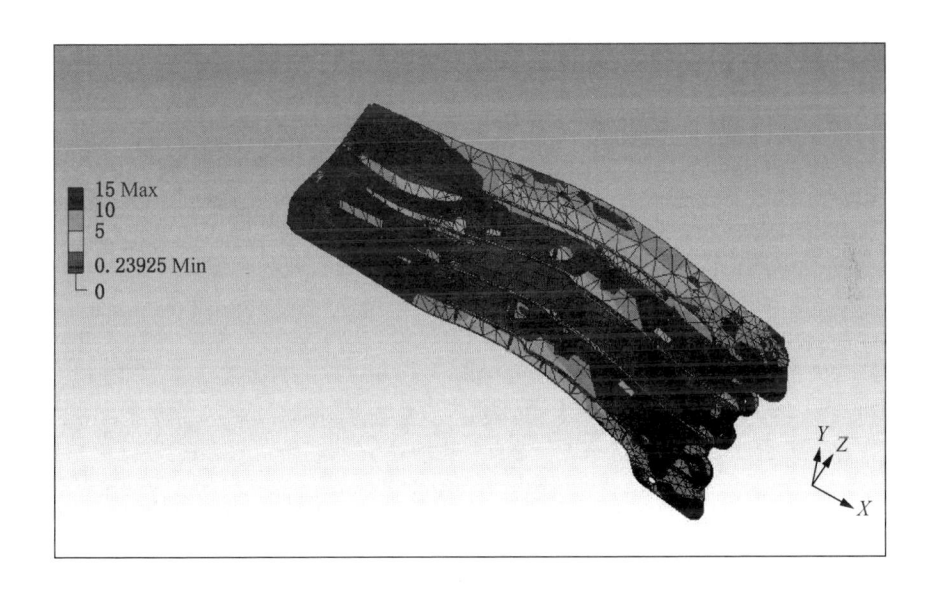

图 4-21 工况三下顶梁应力云图

（2）底座。底座在工况三下的应力云图如图 4-22 所示。从图 4-22 中可以看出，底座受到的应力分布均匀，左右对称。底座受到的最大扭转力为 913.0 kN·m，垫块 3 的最大集中力为 3449.6 kN，垫块 4 的最大集中力为 2142.2 kN。其他未受到加载载荷的区域没有明显的应力变化。

4）分析结果

本项目通过 3 种顶梁和底座受到的载荷分布情况来看，支架在受到偏载或扭转时，顶梁或底座受到的应力都相对集中在加载载荷的地方，特别是顶梁或底座在受到扭转时应力会突增，从而造成危险。

本项目选定的 3 种加载方式基本模拟了支架在底座正常支撑状态、顶梁正常受到顶板载荷状态、底座支撑不平衡或扭矩状态、顶梁受到顶板载荷不平衡或扭矩状态下受到应力的情况。从以上这些分析结果来看，支架正常支护状态时能够提供安全可靠的工作空间，当支护状态发生改变后，极易发生危险。所以在开采

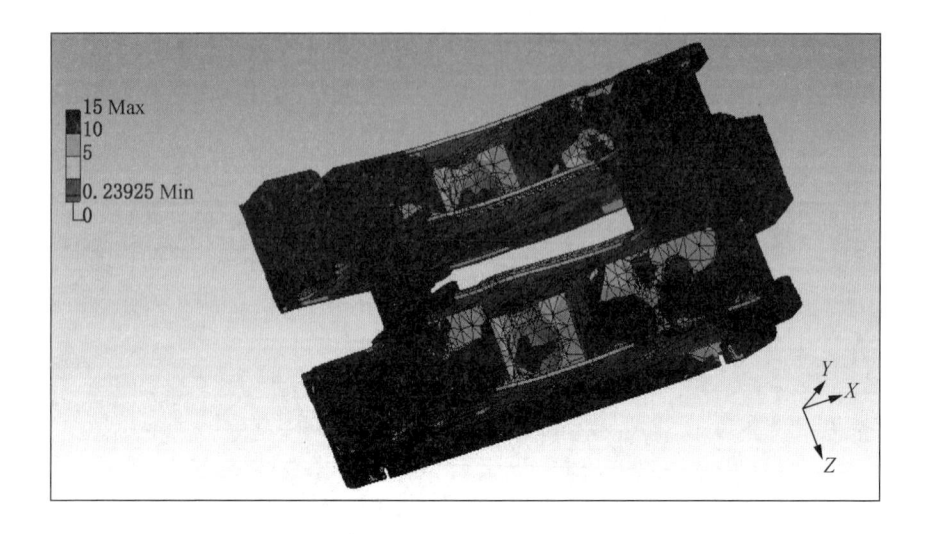

图 4-22　工况三下底座应力云图

过程中，需要时刻保持支架处于正常的支护状态，同时要保证支架的辅助装置正常工作，才能为支架的正常工作状态所服务。

（二）太平煤矿急倾斜薄煤层支架

在设计上，沿用了煤矿急倾斜支架设计理念，由于太平煤矿 31111 工作面属薄煤层，因此取消了伸缩梁、护帮结构，将顶梁设计为超薄箱体结构顶梁。根据太平矿煤层的条件，选用液压支架为急倾斜掩护式液压支架，考虑到工作面人员的通过性，最终确定高度定为 2.7～12.5 m，经计算，其工作阻力为 4000 kN，支架型号为 ZY4000/12.5/27JD 型。

传统的液压支架顶梁普遍采用箱形结构，可承受较大荷载，但截面利用率低，整体空间尺寸较大，除去采煤机和刮板输送机组合后的机面高度尺寸外，过机空间更小，不利于工作面采高的控制，还容易使采煤机因顶板过量下沉被压死而停机。

为此，针对顶梁设计了超薄箱体结构，可以在保证顶板支护可靠的条件下充分利用回采空间，增大过机高度，增大采煤机割顶量，有效地控制工作面的采高，减少采煤机停机事故的发生。同时，通过采用电液控制技术，可以去掉过架管路，减小支架控制部分的外形尺寸，增大支架下方可利用空间，增大智控元件的安装空间，其结构如图 4-23 所示。

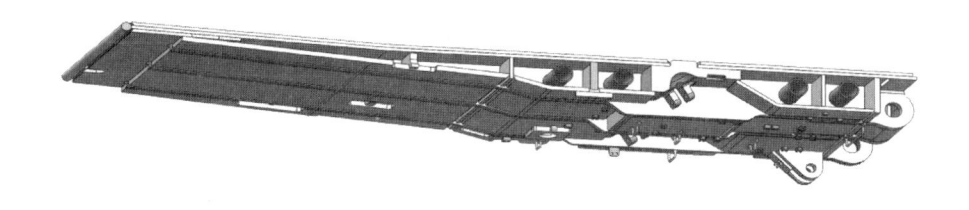

图 4-23　超薄箱体顶梁结构

同时，由于工业性实验工作面存在一定倾角，考虑到支架存在下滑，支架增设了主动防倒、防滑。支架设置调架防倒装置，任意相邻支架间均可安装调架防倒装置。

二、急倾斜端头支架研究

1. 端头支架技术方案

端头是指采煤工作面与运输巷和回风巷结合的部位，该区域顶板暴露面积大，处于采场沿走向和倾斜支承压力叠加处，支护结构复杂，作业交叉，人员往来频繁，是顶板控制的薄弱环节。

在回采过程中，端头基本顶形成两邻边固支一弧形斜边自由的弧三角形悬板结构，当悬板达到极限跨距时，在固支边与自由边交点处弯矩最大，导致破断。随着工作面推进，悬板不断发生规律性破断。悬板下的工作空间可以得到该结构的保护，维护条件比中部好。但在不易形成悬板结构的端头将得不到保护，维护较困难。

在急倾斜煤层开采过程中，下出口的支护管理是整个工作面安全、高效生产的前提，也是整个工作面生产管理的重点，在一些矿区已经成为影响开采安全、高产、高效、低耗的重要因素。

端头支架按其功能应满足以下要求：

（1）要提供较大的无立柱空间，以放置和移动输送机机头、转载机等大型设备。

（2）支架结构简单，支卸灵活，移动方便。

（3）由于足够的初撑力和支护强度，有相应的可缩量，支设可靠，能保证足够的断面和人行通道。

开采工作面的端头可利用液压支架、单体柱和锚杆支护。其中性能最完善的液压端头支架一般与工作面支架类似，并与之配套使用。

目前针对急倾斜工作面运输巷，常见巷道为异形断面巷道和拱形破顶断面巷道，如图 4-24 所示，巷道均采用锚杆、锚索及钢带支护。由于涉及沿空留巷，端头支架的支护原则上不能破坏巷道顶板。

在端头支护选择上，采用轻型结构设计，只护不支，保证通风断面和人员通行。异形断面巷道顶梁采用伸缩梁结构，以保证工作面下端空顶距离。拱形巷道断面则设计为短顶梁，顶梁前端采用弧式设计以增强端头支架对巷道断面的适应能力。两种巷道端头支架技术方案如图 4-25 所示。

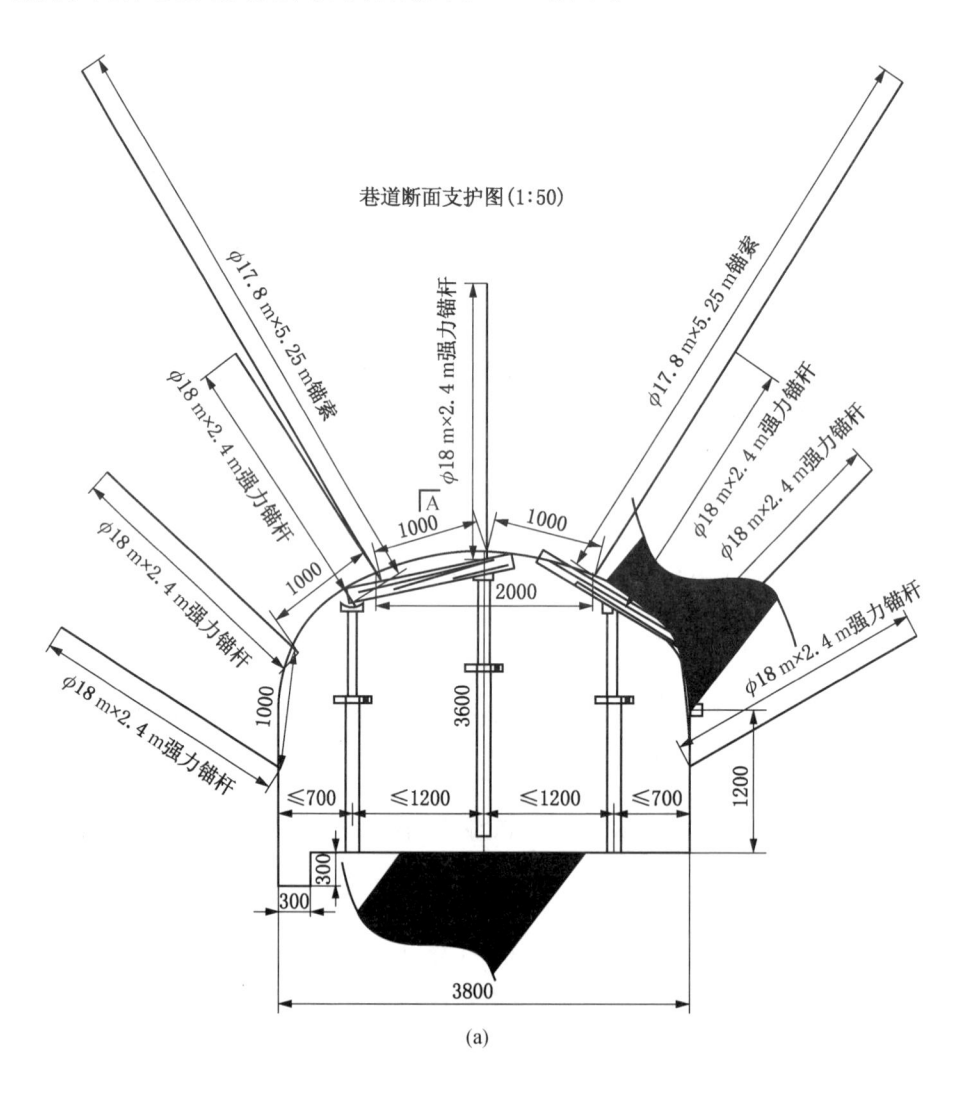

(a)

第四章 急倾斜长壁智能化开采控制体系及成套装备

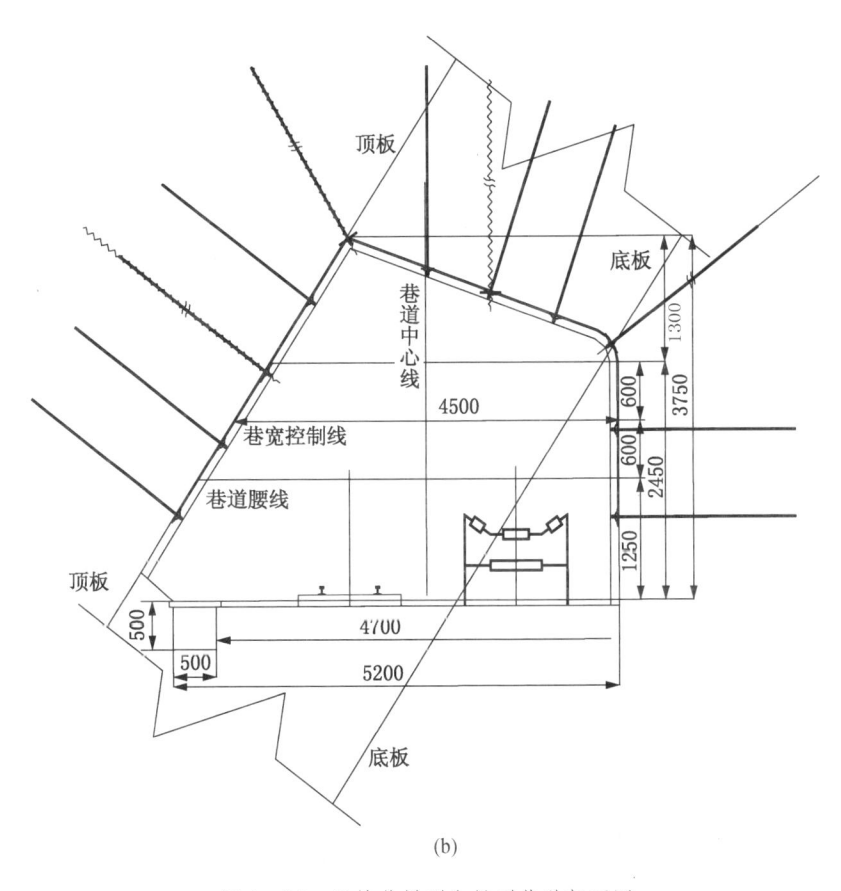

(b)

图 4-24 运输巷拱形和异形巷道断面图

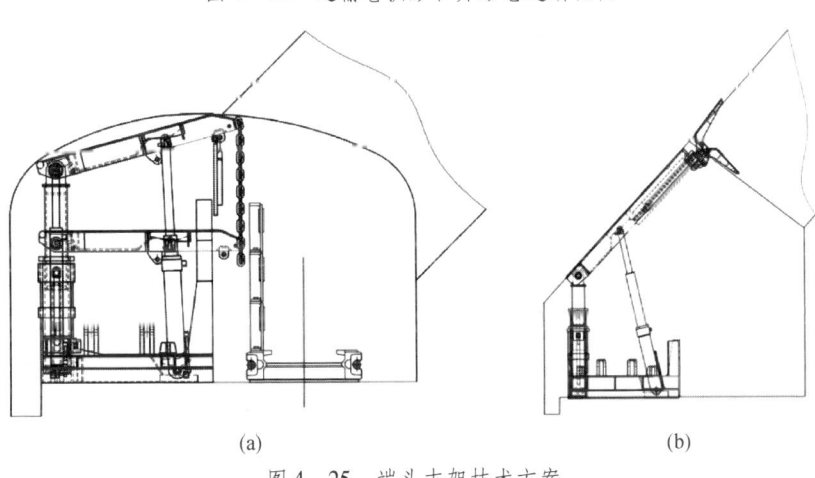

(a)　　　　　　　　　　　(b)

图 4-25 端头支架技术方案

端头支架的自移动：支架间靠推移千斤顶相互连接，互为移架支撑。每架支架移架时都由两架推、拉或一推一拉的方式提供支撑，可降低支架对巷道顶板支撑的强度要求，甚至可以不进行有效支撑，从而减少对巷道顶板及原有锚护装置的破坏。在底座前、后两侧的双推移千斤顶进行连接及移架，同时为防止端头支架陷底，架与架之间设置斜拉抬底油缸，进而保证移架的可靠性及平稳性。

2. 端头支架结构组成

拱形断面巷道端头支架，主要由短顶梁、短底座、二级柱筒式升降座、立柱、千斤顶及端头支架正面防护挡矸装置、采空区侧挡矸装置、柔性挡矸链、转载机挡矸、斜拉抬底装置、双推移千斤顶组成，如图4-26所示。

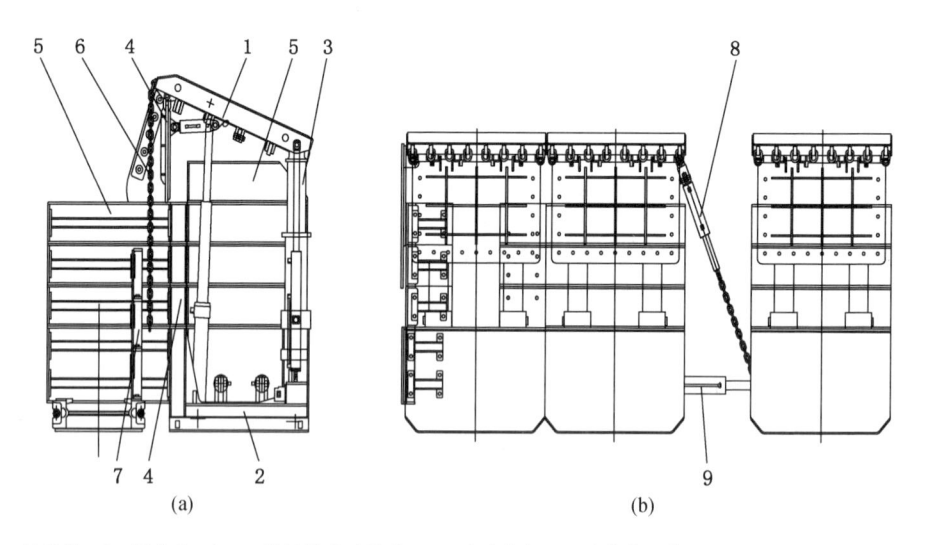

1—短顶梁；2—短底座；3—二级柱筒式升降座；4—端头支架正面防护挡矸装置；5—采空区侧挡矸装置；6—柔性挡矸链；7—转载机挡矸装置；8—斜拉抬底装置；9—双推移千斤顶

图4-26 端头支架主要组成结构示意图

3. 主要技术指标

石洞沟煤矿ZTHJ2800/16/28D型端头支架主要技术指标见表4-5。

表4-5 ZTHJ2800/16/28D型端头支架主要技术指标

高度/m	1.6~2.8
宽度/m	5.1
中心距/m	1.68

第四章　急倾斜长壁智能化开采控制体系及成套装备

表 4-5（续）

初撑力/kN	2377×3（$P=31.5$ MPa）
工作阻力/kN	2800×3（$P=39.1$ MPa）
支护强度/MPa	0.59~0.73
对底板比压/MPa	1.33~1.52
操纵方式	电液控制，遥控操作

太平煤矿 ZTHJ1600/15/29D 型端头支架主要技术指标见表 4-6。

表 4-6　ZTHJ1600/15/29D 型端头支架主要技术指标

高度/m	1.5~2.9
宽度/m	5.1
中心距/m	1.68
初撑力/kN	1465×3（$P=31.5$ MPa）
工作阻力/kN	1600×3（$P=34.4$ MPa）
支护强度/MPa	0.34
对底板比压/MPa	1.04~2.30
操纵方式	电液控制，遥控操作

三、采煤机研究

1. 牵引机构研究

（1）使用工作面倾角最大已达到 65°，采煤机的防滑能力受到严重考验，为保证使用性能，设计采用大扭矩液压制动器。

（2）牵引行星装置采用双级行星减速机构，两级均为 4 个行星轮，使整个减速机构齿轮和轴承的寿命大为提高，两级行星减速机构各有一段内齿圈，第一级行星架和太阳轮采用浮动结构，行星架两端无轴承支撑，第二级太阳轮采用浮动结构，这种浮动结构具有良好的均载特性，运动受力时可自动补偿偏载，使各齿轮受力均匀，有利于提高零部件寿命。

（3）石洞沟煤矿 31111 工作面条件极差，对牵引电机的要求较高，此次选择牵引电机为 YBQYS-75(A) 型矿用隔爆型三相交流异步电动机，电压等级 380 V，功率 75 kW，可用于环境温度小于或等于 40 ℃，有瓦斯或煤尘爆炸危险的采煤工作面。太平煤矿牵引电机为 YBQYS-40(A) 型矿用隔爆型三相交流异步电动机，电压等级 380 V，功率 40 kW。

（4）牵引减速箱传动齿轮、轴承采用飞溅式润滑。

2. 截割机构研究

（1）石洞沟煤矿截割电机选择为 YBC-400C 型矿用隔爆型三相交流异步电动机。可用于环境温度小于或等于 40 ℃，有瓦斯或煤尘爆炸危险的采煤工作面，卧式安装在摇臂减速箱上，中间空心轴，由内花键与细长扭矩轴相连，外壳水套冷却。由于太平煤矿煤层薄，考虑到薄煤层割矸石，因此也将其截割电机由 2 台 YBC-200C 型电机共同进行截割。

（2）摇臂工作时一般都不呈水平状态，采用飞溅润滑方式时，为保证行星头内具备足够润滑油，此次将摇臂传动系统设计为双行星结构集中于一个油池。

3. 采煤机主要技术指标

采煤机主要技术特征见表 4-7、表 4-8。

表 4-7 MG400/990-WD 型采煤机主要技术特征

采高范围/m	2.6~4.8
煤层倾角/(°)	≤70
煤质硬度	≤6
机面高度/mm	1578
滚筒直径/mm	2400
挖底量/mm	240
过煤高度/mm	530
装机功率/kW	990
摇臂回转中心距/mm	6826
行走轮中心距/mm	4621
截深/mm	800
牵引形式	交流变频调速、电机驱动齿轮销轨式无链牵引
牵引力/kN	1098
牵引速度/(m·min^{-1})	0~4.92

第四章 急倾斜长壁智能化开采控制体系及成套装备

表 4-7（续）

截割摇臂长度/mm	2800
摇臂摆角/(°)	上摆 32.4，下摆 10.2
滚筒转速/(r·min⁻¹)	41
操纵方式	无线遥控、远程自动化控制
冷却和喷雾	分别冷却

表 4-8 MG400/890-WD 型采煤机主要技术特征

采高范围/m	1.4~2.3
实际总装机功率/kW	890
电压等级/V	1140
截深/mm	800
滚筒直径/mm	1250
滚筒转速/(r·min⁻¹)	50
牵引方式	摆线轮-销轨无链牵引，节距 147 mm
摇臂齿轮箱	水套冷却
喷雾方式	内、外喷雾，内喷雾许用压力 4 MPa
调高系统	泵电机功率 10 kW
截割电机/kW	2×（2×200）
牵引电机/kW	2×40
机面高度/mm	820
中部最大挖底量/mm	约 200（φ1100 mm 滚筒时）
适用倾角/(°)	≤65
过煤高度/mm	约 336

4. 采煤机主要结构

MG400/990-WD 型交流电牵引采煤机，主要部件：左右牵引，左右摇臂，左右滚筒，左右行走箱，过桥（含变频器、变压器、电控箱），拖缆装置，冷却喷雾系统和各部件电动机，整体结构如图 4-27 所示。

167

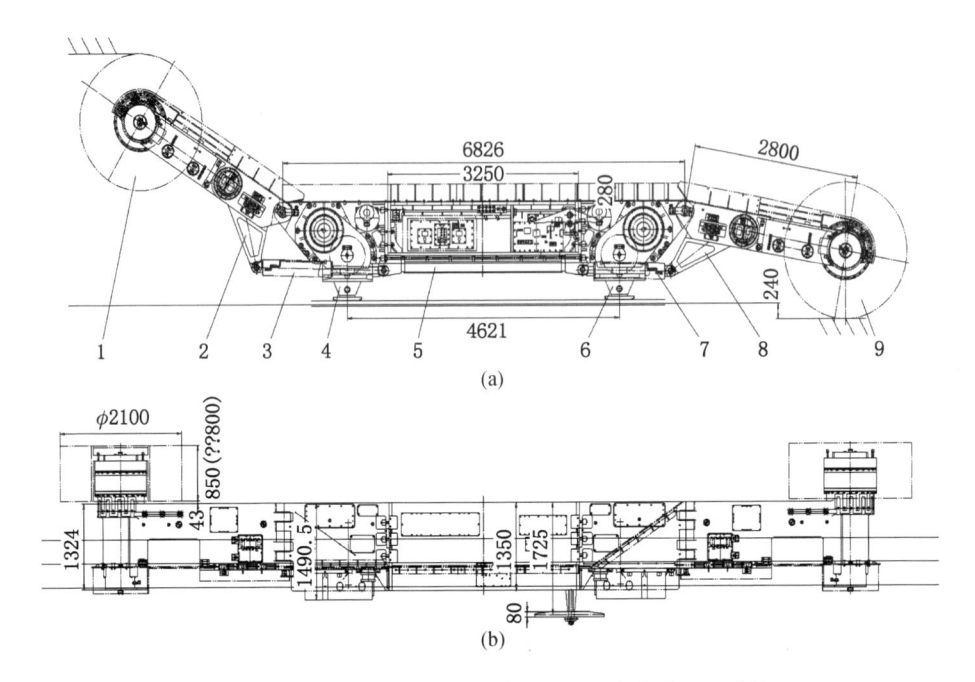

1—左滚筒；2—左摇臂；3—左调高油缸；4—左牵引；5—过桥；
6—右牵引；7—右调高油缸；8—右摇臂；9—右滚筒

图 4-27 MG400/990-WD 型交流电牵引采煤机

5. 采煤机智能化系统功能

（1）采煤机智能化控制系统能够实现采煤机工作在记忆截割学习模式、自动重复操作模式、在线学习（修改）模式，以及采煤机与运输巷集控中心数据的实时双向通信。

（2）采煤机智能化控制系统的传感器检测单元包括摇臂温度检测、牵引箱温度检测、泵箱温度检测、油箱油位检测、背压压力检测、水路压力检测、冷却水流量检测、电缆张力保护、摇臂摆角角度检测、采煤机位置检测。

（3）采煤机智能化控制系统支持功能的具体技术细节如下：

① 具有支持采煤机自动记忆截割操作的功能模块，以及配套的采煤机工作面位置检测传感系统，可实现下列功能。

a）采煤机左右滚筒采高检测，机身两维（行走与俯仰方向）倾斜检测；

b）专用控制模块具有学习模式和自动记忆截割模式，在记忆截割自动重复模式下允许随时进行人工干预；

c）记忆截割系统可以根据使用方的开采工艺实现自动斜切进刀等工艺。

② 具有支持运输巷上位机通信和控制的采煤机运输巷通信监控计算机单元，该单元包括采煤机与运输巷双向控制的专用调制通信模块、运输巷通信服务器和运输巷通信计算机，可支持下列功能。

a）专用调制通信模块可实现将采煤机的运行数据发送到运输巷通信服务器，接收并执行来自上位机操作控制指令；

b）监控计算机单元通过专用通信接口接收来自采煤机的运行工况数据。提供采煤机运行详细信息的运输巷监视，以友好的显示界面提供采煤机运行状态、各电机的电流与温度变化曲线，常见的报警信息、故障信息、诊断提示信息；

c）采煤机与运输巷通信服务器之间采用高速 FSK 调制通信技术，可实现采煤机和运输巷通信服务器之间的采煤机数据的实时双向通信；

d）采煤机支持 Modbus RTU 或者 Modbus TCP 协议的通信接口，通过该接口与第三方的集控计算机相连，允许经过第三方监控计算机监视采煤机的当前运行参数，主要包括启停状态，电压、电流、左右截割和牵引电机温度、牵引方向、速度、油箱温度、油位、左右滚筒采高和卧底量，采煤机工作位置、纵横向倾斜度、电缆张力等，采煤机冷却水流量、压力、故障显示及存储，通过自动化控制系统提供的协议命令、操作控制采煤机的行走方向和速度、截割高度并能紧急停止采煤机，以及采煤机，记忆截割功能的开启和退出。

③ 为支架电液控制系统所需的采煤机位置红外发射器提供安装位置及一路本安电源，电源容量为 12 VDC、200 mA。

四、刮板输送机研究

1. 刮板输送机主要技术方案研究

（1）配套采煤机，研究设计刮板输送机大节距销排。一方面，为采煤二级机械防滑提供支撑着力点，使采煤机二级机械防滑更加可靠。目前国内的采煤机都只在牵引箱高速轴上设液压制动器进行防滑，当牵引行走系统中的任一齿轮断裂都会导致防滑制动失效。另一方面，大节距销排设计改变了传统采煤机的行走副能力不够的问题。根据现场收集的数据，工作面倾角大于 35°时，采煤机行走轮经常出现断齿。为解决上述问题，本配套输送机将销轨节距由 125 mm 增到 177 mm，采煤机行走轮模数由 39.78 增大到 54.70，又增加了齿宽，从而使行走副能力提高一倍。

（2）机头是刮板输送机的传动机构，是刮板输送机动力来源。机头驱动装置分垂直与水平两种安装布置方式。垂直安装方式由于横向尺寸过大，普通液压支架不能支护机头上部顶板，因此，该种安装布置方式不利于顶板控制。刮板输送机机头采用了水平安装布置方式，可解决垂直安装方式横向尺寸过大给液压支架支护带来的不便，能够实现普通液压支架的正常护顶。但是，对于倾斜煤层的（特别是大倾角）开采，水平布置安装要解决减速器的润滑问题，为此采用适应60°以上倾角的专用减速器MS3H90DC，解决了急倾斜工况下减速器的润滑问题。对于水平或近水平一次采全高的长壁工作面，为了保证输送机有可靠的传输动力，常采用机头与机尾双驱传动；针对大倾角特别是急倾斜长壁煤层开采，采用风巷单驱传动、机尾落煤的安装布置方式，可适应采煤机自动开切眼。

（3）输送机机尾设计液压紧链装置，可解决急倾斜工况下紧链困难问题，实现刮板输送机灵活、便捷紧链，提高输送机的安全性。

（4）输送机设计导向复位装置，液压支架在拉架时通过导向斜面配合，促使支架与输送机呈垂直位置关系，防止输送机与支架和输送机下滑。

（5）减速器和电机配置运行状态监控装置，减速器测点包括润滑油油温、油位，高低速轴承温度；电机测点包括定子绕组和转子轴伸端轴承温度，电机冷却水的流量和压力等，以实现对减速器和电机的运行状态的实时监测，并实现数据上传。

2. 刮板输送机主要结构

可弯曲刮板输送机主要由机头、中部槽、过渡槽、开天窗槽、机尾传动部、电缆槽、刮板链、销排等组成，如图4-28所示。

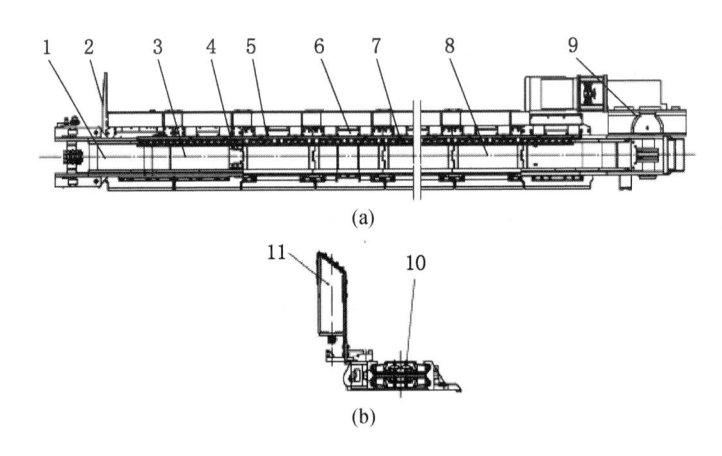

1—机头；2—导向座；3—过渡槽；4—连接环；5—中部槽；6—开天窗槽；
7—销排；8—调节槽；9—机尾传动部；10—刮板链；11—电缆槽

图4-28 刮板输送机主要结构

3. 刮板输送机主要技术指标

刮板输送机主要技术特征见表4-9、表4-10。

表4-9 石洞沟煤矿SGZ800/400型刮板输送机主要技术特征

设计长度/m	250,出厂长度200
输送能力/(t·h^{-1})	1500
装机功率/kW	400
链速/(m·s^{-1})	1.03
电动机	YBSD-400/200-4/8(水冷)
减速器	MS3H90DC(M3RKM90-34.5)
启动器	QJZ-800/1140-4
紧链装置	闸盘紧链+伸缩机尾辅助紧链
牵引方式	齿轮-销轨式
中部槽(长×内宽×高)/(mm×mm×mm)	1750×800×300
刮板链	中双链

表4-10 太平煤矿SGZ7300/200型刮板输送机主要技术特征

设计长度/m	250,出厂长度200
输送能力/(t·h^{-1})	700
装机功率/kW	200
链速/(m·s^{-1})	1.15
电动机	YBSD 200/100-4/8(水冷)
减速器	MS3H90DC(M3RKM90-34.5)
启动器	QJZ-800/1140-4
紧链装置	闸盘紧链+伸缩机尾辅助紧链
牵引方式	齿轮-销轨式
中部槽(长×内宽×高)/(mm×mm×mm)	1750×680×290
刮板链	中双链

五、巷道用刮板转载机研究

1. 转载机主要结构

转载机主要由机头部、抬高段中部槽、凸形连接槽、凸凹形连接槽、凹形连接槽、破碎机、机尾连接槽、机尾开天窗槽、机尾部等组成，如图4-29所示。

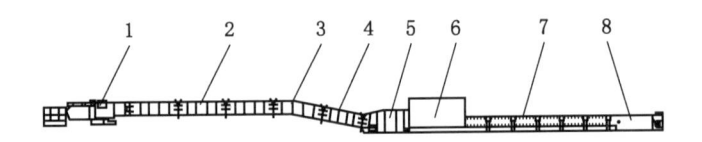

1—机头部；2—抬高段中部槽；3—凸形连接槽；4—凸凹形连接槽；
5—凹形连接槽；6—破碎机；7—机尾连接槽；8—机尾部

图4-29 转载机主要结构

2. 转载机主要技术方案研究

（1）整体焊接箱式结构，采用平行行星减速器+弹性联轴器+双速水冷电机传动方式，电压1140 V。

（2）中板厚40 mm，底板厚30 mm，材料性能不低于NM400高强板，配3节卸料槽及加高挡板。

（3）减速器和电机配置运行状态监控装置，实现对减速器和电机的运行状态的实时监测，并实现数据上传。

3. 转载机主要技术指标

巷道用刮板转载机主要技术特征见表4-11、表4-12。

表4-11 SZZ800/400型刮板转载机主要技术特征

设计长度/m	50
输送能力/($t \cdot h^{-1}$)	1800
装机功率/kW	400
刮板链速/($m \cdot s^{-1}$)	1.8
电动机	YBSD-400/200-4/8（水冷）
减速器	圆锥圆柱行星三级（1:24.23）
凹形连接槽体（长×宽×高）/(mm×mm×mm)	整体箱形焊接（3000×800×1146）

表4-11(续)

机尾连接槽(长×宽×高)/(mm×mm×mm)	铸焊式封底中部槽(1500×800×778)
刮板链	中双链
爬坡角度/(°)	10

表4-12 SZZ730/160型刮板转载机主要技术特征

设计长度/m	50
输送能力/(t·h^{-1})	1000
装机功率/kW	160
刮板链速/(m·s^{-1})	1.33
电动机	YBSD-160/80-4/8(水冷)
减速器	JS200,传动比1:22.98
凹形连接槽体(长×宽×高)/(mm×mm×mm)	整体箱形焊接(3000×680×1146)
机尾连接槽(长×宽×高)/(mm×mm×mm)	铸焊式封底中部槽(1500×680×778)
刮板链	中双链
爬坡角度/(°)	10

六、智能化监测系统研究

(一)支架监测系统研究

1. 液压支架中心距管理技术

为保证支架能够自动跟机动作,需严格控制支架的始终保持初始调试正常的状态,在移架过程中由于降架后有下滑趋势,因此需要精确监控支架中心距,避免在自动程序动作中支架状态不正常而影响自动跟机。控制方式:采用控制侧护行程来精准反馈支架中心距,并根据设定的范围自动调整,如图4-30、图4-31所示。

传感器选择:因侧推千斤顶为双作用,双安装孔结构,传统内置式行程传感器无法安装,因此采用柔性拉线位移传感器,如图4-32所示。

2. 液压支架自动充分接顶控制技术

大倾角工作面支架,防滑力主要靠支架本身的支撑力产生摩擦力,自动程序操作后,液压支架需在拉架完成后自动充分完整接顶才能保证足够的支撑力,因此需监测其支撑力是否达到初撑力。

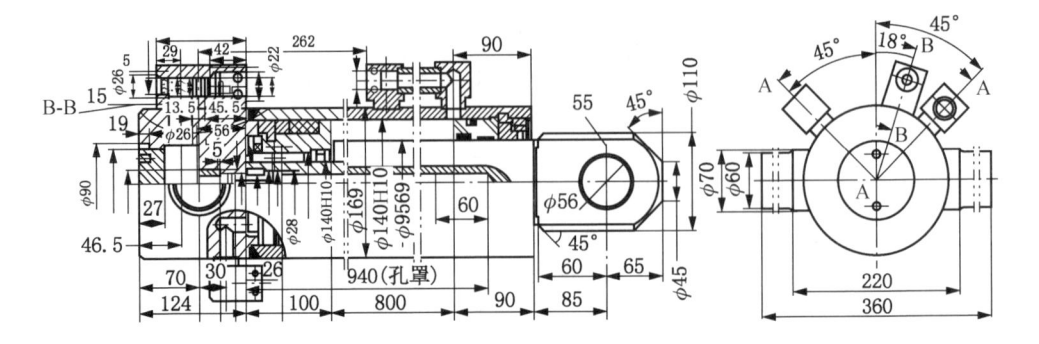

图 4-30 推移千斤顶结构

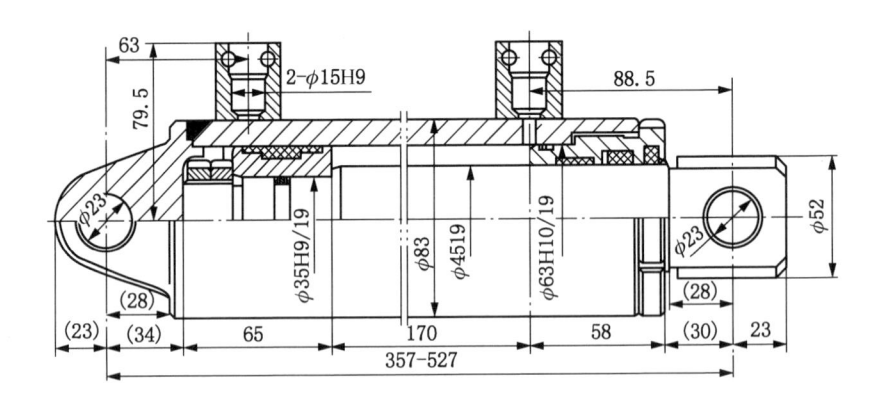

图 4-31 侧推千斤顶结构

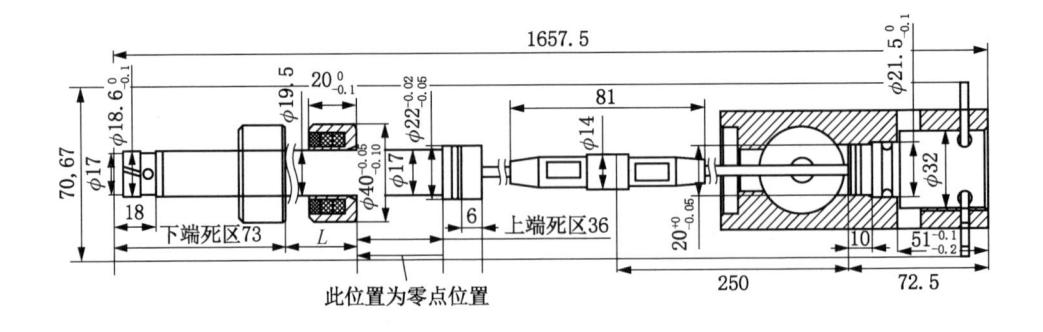

图 4-32 行程传感器结构

通过检测平衡千斤顶压力参数，实现支架联动，保障液压支架顶梁与顶板自动完整接顶。电液控制系统具备支架初撑力自动连续补偿功能，当立柱下腔压力降至某一设定值时，支架控制器会自动执行升柱，补压到初撑压力，并执行多次，保证支护质量。

（二）巷道监测系统研究

针对巷道设备，设计研发了一套巷道监测系统，用于显示设备的温度、流量、压力、报警、故障等信息，显示各传感器采集的数据信息，并能够根据传感器采集的数据实现故障报警、停机保护功能。该系统配有大容量存储卡记录现场采集的数据，具有电流、功率等曲线分析功能。主要监测指标如下：

（1）刮板输送机和转载机驱动部运行状态监控装置。监测点：减速器润滑油油温、油位、输入、输出轴承温度；电机轴伸端和定子绕组温度、冷却水出水口温度、入水口压力、冷却水流量。实现对减速器、电动机的运行状态的实时监测、监控，数据上传。

（2）破碎机电动机运行状态监控装置。监测点：电机绕组温度、电机输出轴轴承温度。实现对电动机的运行状态的实时监测、监控，数据上传。

（3）工作面输送机机头、机尾监控装置、工作面转载机监控装置、巷道监控中心监控主站须通过通信电缆连接在一起，实现内部通信，再采用一个接口与开采自动化系统连接。

（4）监控装置通信接口采用 RS485 接口，通信协议采用 MODBUS RTU 通信协议。监控装置通过该通信接口将刮板输送机（减速器、电机），转载机（减速器、电机）的运行状态传给开采自动化系统。

（5）转载自移控制系统和带式输送机自移系统预留电液控安装位置。

1. 矿用隔爆兼安全型电源研究

电源研究如图 4 - 33、图 4 - 34 所示，电源参数见表 4 - 13。

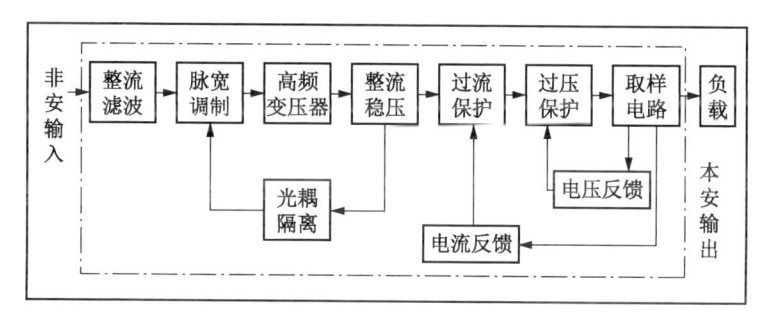

图 4 - 33 电源原理图

图 4-34 电源箱实物

表 4-13 电 源 参 数

输入电压/V	输出电压/V	输出电流/mA	负载电容/μF	负载电感/mH
AC127~AC220 允许波动: AC85~AC242	5	≤1800	1000	0.1
	12	≤1300	25	0.2
	24	≤500	2.2	0.5

注：峰峰值≤250 mV；负载效应≤5%；源效应≤5%；输出为以上 3 种的任意 2 种组合。

2. 矿用本安型信号采集箱

矿用本安型信号采集箱针对转载机和破碎机的电机绕组、输入轴、冷却端，压箱的输入输出轴、油、水，进行温度监测；同时对冷却供水量、水压，压箱油位监测，并显示相关报警，提醒操作人员，如图4-35所示。

3. 矿用隔爆兼本安型监测控制箱

KXJ-127矿用隔爆兼本安型监测控制箱监测到异常数据时，可及时做出警报响应，提醒工作人员进行维护，维护完成后，恢复正常运行，如图4-36、图4-37所示。

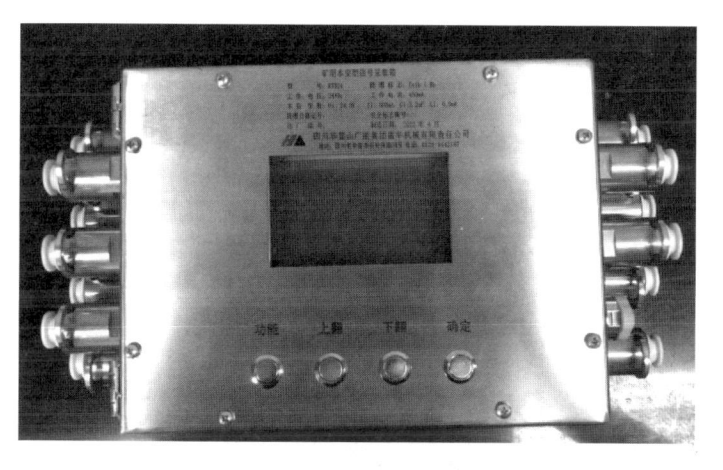

第四章　急倾斜长壁智能化开采控制体系及成套装备

图 4-35　采集箱实物

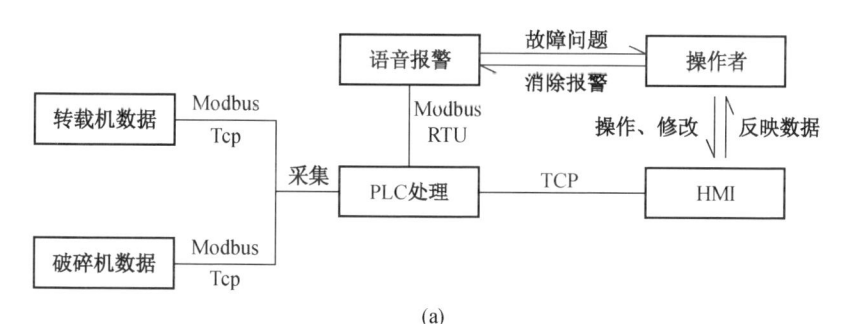

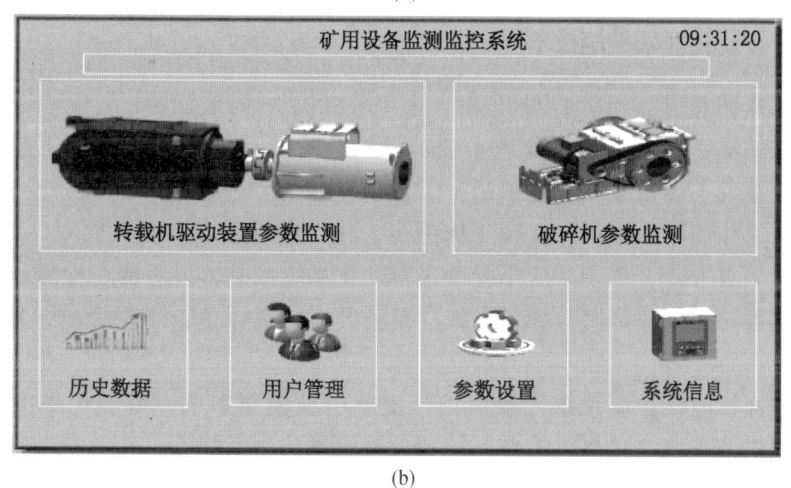

(a)

(b)

图 4-36　系统初始界面

177

图 4-37 控制箱实物

第三节　急倾斜工作面智能化控制系统研究

一、智能化开采控制技术

由工作面巷道监控中心对开采设备（采煤机、液压支架、刮板输送机、转载机、带式输送机、支架水处理系统、供配电系统）进行集成智能化控制，使设备自主管理、设备故障智能诊断，确保各设备协调、连续、高效、安全运行，将工人从工作面解放出来，实现工作面少人化，最终实现"无人则安"的安全、高产高效采煤方式，各子系统不受开采自动化系统控制，以保证在检修和开采自动化控制系统出现故障时，各子系统能单独开车，确保生产不受影响，如图4-38所示。

工作面智能化控制系统主要由液压支架电液控制系统、智能化集中控制系统、集中供液系统、采煤机控制系统、运输设备监测系统等组成。采煤机、刮板机、组合开关、带式输送机集中控制系统等，由电液控的智能化集中控制系统按照智能化的要求进行指挥，实现工作面智能化开采。

第四章　急倾斜长壁智能化开采控制体系及成套装备

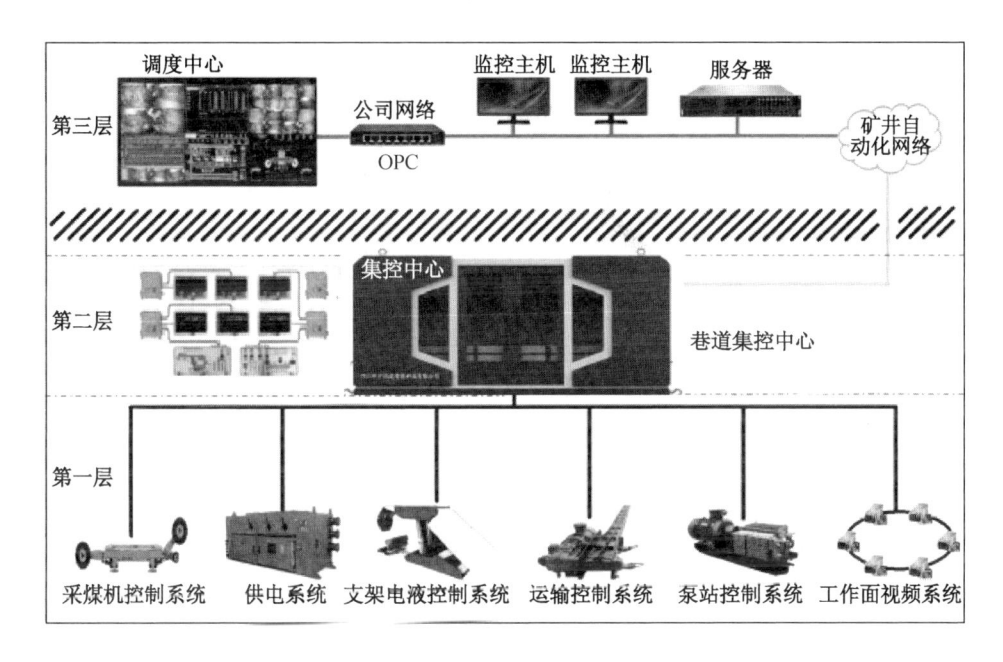

图 4-38　开采智能化控制系统结构模式示意图

二、自动化控制系统主要功能和组成

系统主要由 3 部分组成，包括工作面液压支架电控系统部分、自动化控制部分、其他设备接入自动化系统部分。主要功能如下：

（1）在正常生产过程中，通过液压支架自动跟机、采煤机记忆截割技术，结合设备姿态反馈、工作面视频监控，实现在井下集中控制中心对设备的远程控制（干预），最大限度减少工人操作，降低劳动强度。

（2）集控中心对工作面采煤机、液压支架、运输、集成供液系统等设备的监测及集中控制。

（3）对工作面设备关键点及人员进行实时监视（数据及视频），确保工作面设备与人员安全。

（4）在地面对工作面设备实时监测，具有对工作面设备的控制功能。

1. 监控中心

主要由监控中心 1 台、矿用隔爆兼本质安全型监控主机 3 台（其中 1 台为电液控系统主机）、矿用本安型显示器 6 台（其中 2 台为电液控系统显示器）、矿用本安型操作台2台（液压支架远程操作台1台和采煤机或输送机操作台1台）、交换机等设备组成。

矿用隔爆兼本质安全型监控主机与矿用本安型显示器分体安装，两者之间采用光纤进行通信，每台监控主机可以接2台矿用本安型显示器，1台显示器显示支架视频，1台显示器显示采煤机视频，1台显示器显示采煤机、三机相关信息，1台显示器显示支架电液控相关信息。

监控主机配置有RS422、RS485、CAN总线及以太网等接口；显示器液晶屏采用21英寸宽屏；采用本安操作台，其中1台操作台负责进行液压支架远程操作，1台操作台负责对采煤机进行远程操作及对三机进行集中控制。

1）监测功能

（1）采煤机工况显示，主要包括摇臂、牵引轴承温度，牵引方向、速度，液压系统备压压力及泵箱内液压油的高度，冷却水流量、压力，油箱温度，左右滚筒高度、机身仰俯角度，采煤机在工作面位置。

（2）液压支架工况显示，主要包括各支架压力值、各支架推移行程、各电磁阀动作状态、主机与工作面控制系统通信状态。

（3）输送机、转载机、破碎机的工况显示，主要包括启停状态、工作电流、工作电压。

（4）泵站系统工况显示，主要包括泵站出口压力、泵站油温、泵站油位状态、泵站电磁阀动作情况、液箱液位、乳化油油箱油位。

（5）工作面设备与监控中心各主控计算机的通信状态显示。

（6）工作面设备保护信息显示，包括漏电、断相、过载、各种故障状态、数字信号的反馈等。

（7）工作面语音系统状态显示，包括电话闭锁状态显示、急停状态显示和断路位置显示（断路的具体架号）。

（8）工作面瓦斯信号监控显示。

（9）对所有故障进行记录，具有历史故障查询功能。

（10）可在监控中心进行工作面视频显示，对视频进行管理、查询、存储。

2）控制功能

控制功能主要对液压支架、采煤机、刮板输送机、带式输送机、破碎机、转载机、泵站等远程集中控制。

（1）液压支架远程集中控制。以电液控计算机主画面和工作面视频画面为手段，通过操作支架远程操作台实现对液压支架的功能远程集中控制。

（2）采煤机远程集中控制。依据采煤机主机系统及工作面视频，通过操作采煤机远程操作台实现对采煤机的控制，控制功能包括采煤机滚筒升、降、左牵、右牵、急停、自动记忆割煤等动作，控制延时不超过 500 ms。

（3）刮板输送机、带式输送机、破碎机、转载机等工况监测及集中控制。

（4）工作面泵站集中自动化控制。

3）故障诊断功能

监控中心能实现对采煤机、液压支架等设备的故障诊断，具体如下：

（1）采煤机故障诊断。采煤机的通信故障、开采率、位置错误，采煤机未接收到支架到位信号进行闭锁控制，在刮板输送机过载时，采煤机暂停采煤。

（2）液压支架故障诊断。包括程序丢失、参数错误、输入错误、输出错误、通信错误、人机交互错误和安全操作装置故障等。采集数据故障诊断，超出量程的报超限；数值固定不变的报故障；依据传感器逻辑判断存在问题的报不稳定。

（3）输送机、转载机、破碎机、泵站等故障诊断。对设备的每台减速器及电动机进行温度、压力、流量、位移、转速等参数的检测，并对这些参数进行分析处理，实现设备运行数据的实时显示、报警、传输。

2. 工作面工业以太网

工作面以太网主要由本安型开采综合接入器、本安型光电转换器、本安型交换机、矿用隔爆兼本安型稳压电源、8 芯铠装连接器、矿用光缆等组成。形成工作面千兆工业以太网，实现工作面所有数据进行高速及时传输。

（1）每 6 个支架配备 1 台本安型开采综合接入器，接入器与接入器之间通过以太网连接器连接，每台接入器通过 1 台双路矿用隔爆兼本质安全型稳压电源供电。

（2）配备 4 台矿用本安型光电转换器，其中监控中心配备 2 台，工作面端头配备 1 台，工作面端尾配备 1 台。每台矿用本安型光电转换器通过 1 台单路矿用隔爆兼本安型稳压电源供电，监控中心至工作面端头、监控中心至工作面端尾之间通过矿用光缆连接，形成千兆工业以太环网。

（3）每台接入器作为一个以太网结点，可接入以太网信息，包括视频信息与数据信息，还可进行模拟量与数字量的采集。

3. 工作面视频系统

工作面视频系统，由矿用本安型摄像仪、矿用本安型显示器和矿用本安型操作台、安装电缆及附件等组成，对工作面视频进行采集传输，如图 4-39 所示。

（1）每隔 6 台支架安装 1 台云台摄像仪，用于监视工作面情况。

（2）本安型摄像仪是网络摄像仪，采用以太网进行视频传输，摄像仪传输接口采用以太网电口传输。

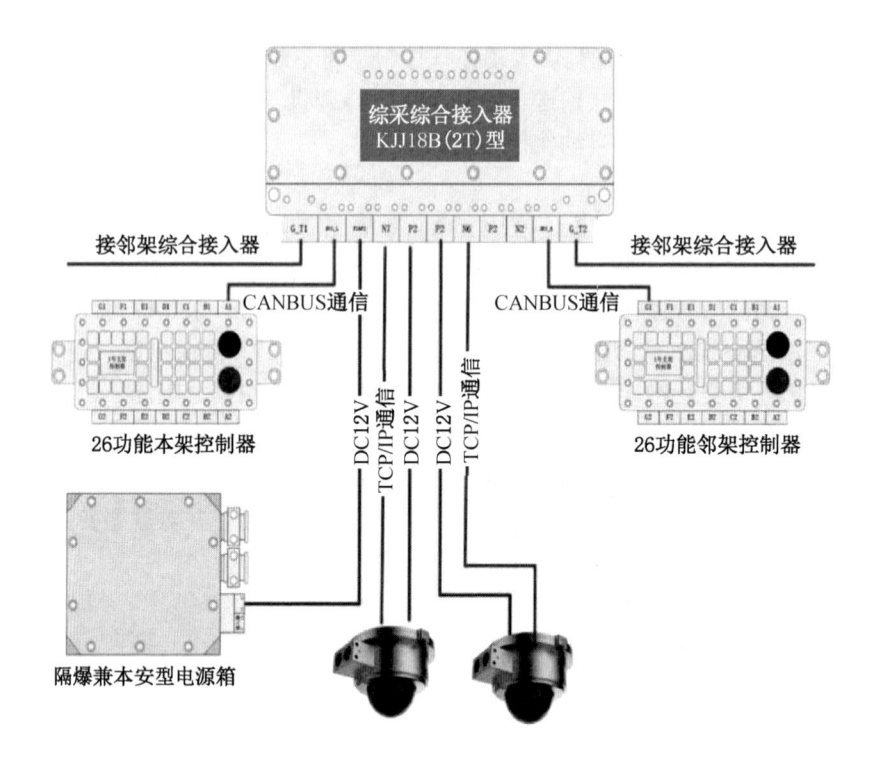

图 4-39 单部支架视频系统

（3）在监控中心配备 2 台矿用本安型显示器，进行工作面视频显示，实现在视频显示器上跟随采煤机自动切换视频摄像仪画面。

（4）在刮板机的机头和机尾、转载机落料点、带式输送机机头（2 条），各安装 1 台矿用本安型云台摄像仪，集成泵站安装 3 台矿用本安型云台摄像仪，进行实时监控。

（5）在监控中心安装 1 台矿用本安型云台视频摄像仪，预留地面监控接口。

4. 地面调度中心

（1）工作面系统集成及数据上传系统。采用以太网实现开采设备数据上传，通过矿井自动化网络，将开采设备的数据传到井上，实现地面调度指挥中心对开采设备的监测、显示；实现开采设备在地面调度中心对开采设备的远程监测、显示，如图 4-40 所示。

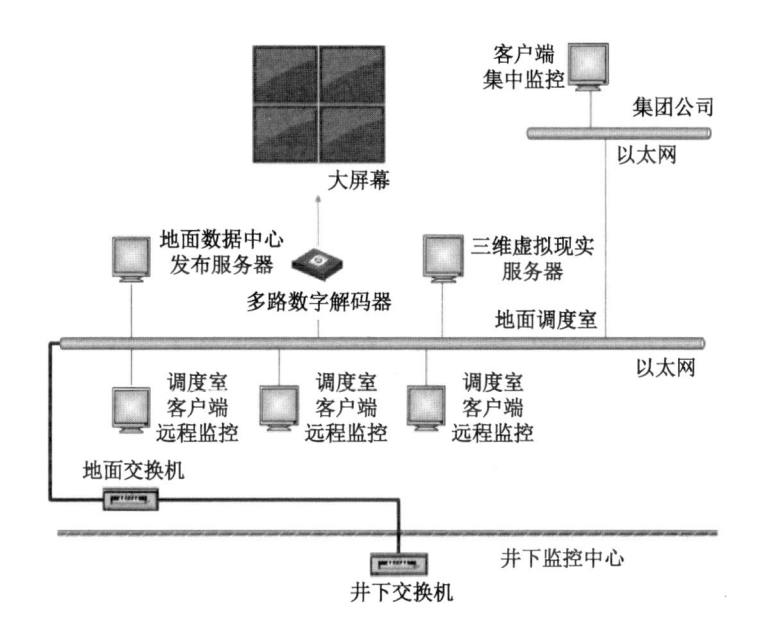

第四章　急倾斜长壁智能化开采控制体系及成套装备

图 4-40　地面调度平台

（2）乳化液泵站智能监测系统。实现实时检测泵站各传感器及参数的数据，进行状态监测；监测泵站主、次编组的控制流程，以及多级、分级过滤功能的流程。

（3）工作面视频监控系统（地面部分）。监控显示工作面分布在巷道、支架和采煤机的网络摄像头视频画面；网络摄像头的视频数据通过工业以太网传输到地面视频服务器显示；同时具有视频管理、查询、存储等功能。

（4）监控系统报警。能实时显示所有前端设备和服务器的工作状态，包括服务是否正常、网络是否正常等；故障自调整功能。

（5）视频存储。设计存储系统主要在磁盘阵列做录像存储。

（6）大屏幕显示集成。可将视频源拖拽到电视墙输出布局界面中输出显示；支持两种循环解码工作模式，一种是客户端主动轮巡依次控制每个输出进行图像轮巡，另一种是电视墙按照预设的轮巡计划进行；可通过模拟键盘控制预览上墙的切换及云台控制；可控制电视墙输出索引号及上墙类型的标示。

5. 工作面照明、语音通信与闭锁系统

1）工作面照明系统

为人员和摄像机提供在工作面液压支架、巷道内等处安装足够的照明装置，具体如下：

（1）在工作面液压支架每 3 台液压支架安装 1 只 LED 照明灯。照明灯使用 AC127 V 电源供电，每只照明灯功率为 40 W。

（2）在工作面两端头，超前支护处应每隔 5 m 安装 1 只照明灯，每只照明灯功率为 40 W。

（3）设备串车每 10 m 安装 1 只照明灯，每只照明灯功率为 40 W。

（4）机巷每 20 m 安装 1 只照明灯，每只照明灯功率为 40 W。

（5）风巷每 20 m 安装 1 只照明灯，每只照明灯功率为 40 W。

照明灯具采用矿用隔爆型 LED 巷道灯，在实施时通过级联照明灯的方式实现智能化工作面照明系统的供电。

2）工作面语音通信与闭锁系统

在智能化开采工作面配置语音通信与闭锁系统，实现工作面沿线及设备串车的语音对讲及广播，实现工作面采煤机、破碎机、转载机、刮板输送机、带式输送机等所有设备的沿线急停闭锁。

语音通信与闭锁系统采用 CAN 总线技术，系统单总线无中继最长距离达到 4 km，系统可以采用一个控制器带单路沿线。

工作面语音通信与闭锁系统在巷道集中控制中心放置主控制器，实现工作面采煤机、破碎机、转载机、刮板输送机等所有设备的急停闭锁。

组合扩音电话及闭锁按钮沿线布置设置如下：

（1）通信沿线从主控制器引出并贯穿整个工作面和输送机沿线，工作面内每 15 m 安装 1 台组合扩音电话和急停闭锁按钮。

（2）在工作面两端头，各安装 1 台组合扩音电话和急停闭锁按钮。

（3）超前支护处至自动化设备串车段应每隔 15 m 安装 1 台组合扩音电话和急停闭锁按钮。

（4）输送带沿线每 100 m 安装 1 台组合扩音电话，每 100 m 安装 1 台急停闭锁按钮。

（5）工作面刮板机的机头机尾、转载机头，以及带式输送机机头各放置 1 台组合扩音电话和急停闭锁按钮。

（6）地面调度中心与井下集控中心直连语音通信。

6. 采煤机远程控制系统

集中控制中心与采煤机控制系统配合，调用采煤机记忆自动割煤及系统实现自动化采煤。具体如下：

(1) 采煤机具备数据传输功能，提供双线 CAN、RS485 或 RJ45 接口，向智能化系统提供远程控制接口。具有远程控制功能，且远程控制延时不大于 500 ms。

(2) 采煤机传输数据，主要包括各工作电机运行电流、温度、摇臂轴温、滚筒高度及卧底量；采煤机的行走速度和定位采煤机位置，采煤机的俯、仰采角度及采煤机行走方向的工作面倾角；液压系统备压压力及泵箱内液压油的高度，冷却水流量、压力，油箱温度，左右滚筒高度。

(3) 采煤机远控功能，主要包括采煤机滚筒升、降，左牵、右牵、加速、减速、急停等动作。

(4) 在监控中心配置一台本安型操作台，可依据采煤机主机系统及工作面视频系统实现对采煤机的远程控制，实现对采煤机的启停、牵引速度及运行方向的远程控制，实现对采煤机记忆割煤的远程启停控制。

(5) 实现采煤机数据接收、传输，通过与主机进行双向通信，实现在巷道和地面监控中心对采煤机实时远程自动监测、监控，包括对采煤机启停运行状态、运行方向、采高、速度、位置等数据。

(6) 实现煤流平衡控制。当刮板输送机负荷超限时，可自动暂停割煤。

(7) 采煤机具备自动化控制系统，包括记忆切割功能，记忆学习能实现随停随学，随停随存储。

7. 破碎机、转载机、刮板输送机、带式输送机的集中控制

集中控制中心与组合开关、带式输送机集中控制系统配合，按照智能化控制要求对相应设备进行控制，实现集中控制功能。

8. 集成供液控制系统

集成供液控制系统实现功能如下：

(1) 具备数据传输功能，实现与开采自动化的双向通信，通信协议 MODBUS RTU 或 TCP/IP，并向开采自动化系统提供数据传输及远程控制接口。

(2) 具有检测功能，实现泵站出口压力、泵站油温、泵站油位状态、泵站电磁阀动作情况、液箱液位、乳化油油箱油位的实时检测。

(3) 实现对泵站的单设备启停控制，实现多台泵站的联动控制。

(4) 实现对泵站系统的数据采集、运行状态的集中显示。

(5) 实现对水处理系统的控制，对水处理系统的运行状态进行集中控制、显示。

破碎机、转载机、刮板机、带式输送机、泵站的集中控制，如图 4-41、图 4-42 所示。

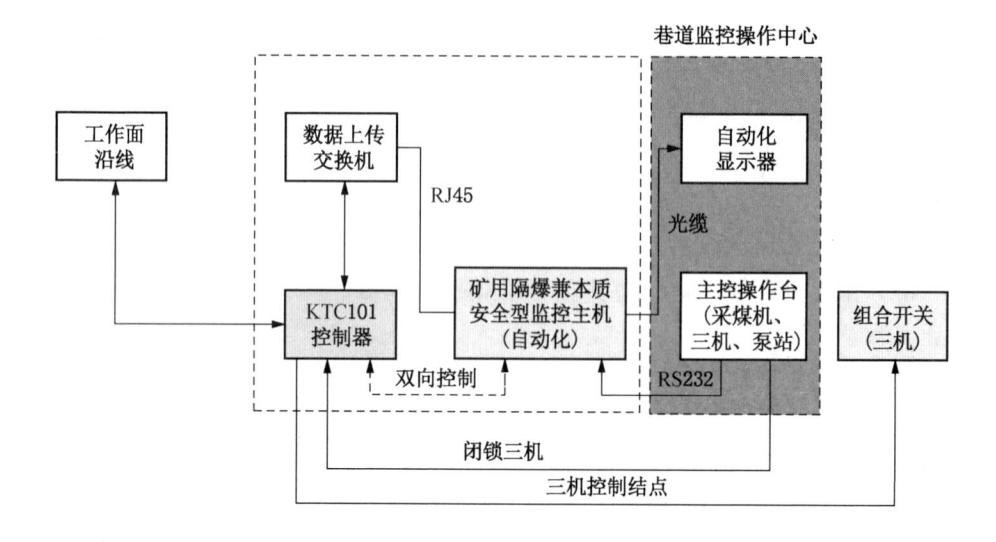

图4-41　破碎机、转载机、刮板机、带式输送机集中控制

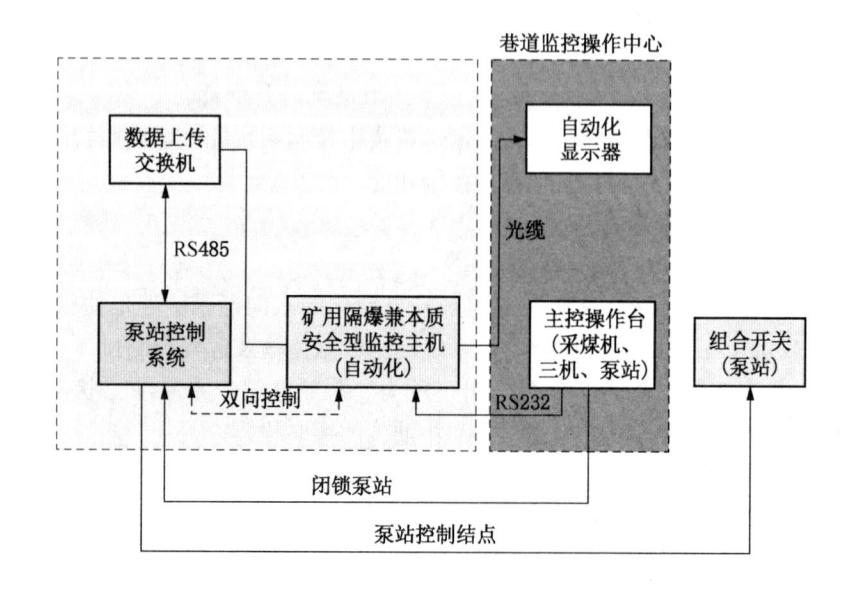

图4-42　泵站集中控制

第四节　急倾斜工作面采煤工艺及安全技术研究

一、采煤工艺控制

1. 液压支架自动化控制

通过集控中心控制支架方式分为手动成组控制支架动作、自动跟机拉架动作、自动流程中支架状态的人工干预3种方式。具体如下：

（1）手动成组控制支架动作需要将整个系统选择手动模式，手动输入支架的起始架号、成组架数、成组动作、推移行值、动作确认指令。支架系统得到指令后，对支架发出控制命令，支架做出相应动作。

（2）自动跟机拉架动作需要将整个系统选择为自动模式，自动跟机拉架动作需要匹配采煤机工艺段，系统检测支架的初始姿态是否符合所选段的要求，采煤机的状态合适并按照工艺要求运行，这样支架才能跟机拉架动作。

（3）自动流程中支架状态的人工干预是指在自动模式下，有个别支架动作不到位发出报警，可以等采煤机走过去后，在采煤机的动作保护区外，人为手动发出支架动作指令，以使支架动作到位，不影响下次的开车运行。采煤机动作保护区，是指在采煤机自动行走时，机身中心位向前7架、向后7架区域内，所有支架只接收自动程序发出的动作指令，手动的动作命令不接收，从而保证系统的安全运行，不会因为误动作而发生采煤机割到支架等恶性事故。

2. 采煤机自动化控制

巷道通信及上位机控制功能如下：

（1）可实现将采煤机的基本运行数据发送到上位机，可接收并执行来自上位机操作控制指令。

（2）采煤机与巷道通信中继器之间采用专速 FSK 通信技术，经过巷道通信模块解码后，提供有线以太网接口，与上位机进行通信指令交互。

（3）以太网络接口支持 Modbus TCP 通信协议，既可以实时读取采煤机的运行状态和参数，也可以对采煤机进行远程控制操作。

二、急倾斜下行采煤工艺

急倾斜煤层开采工作面采用走向长壁后退式综合机械化采煤方法，安全检查－割煤准备－下行割煤－移架－推移刮板输送机的回采工艺流程，全部垮落法管理采空区顶板，采煤工艺段如图4-43所示。针对急倾斜智能化割煤，将原有

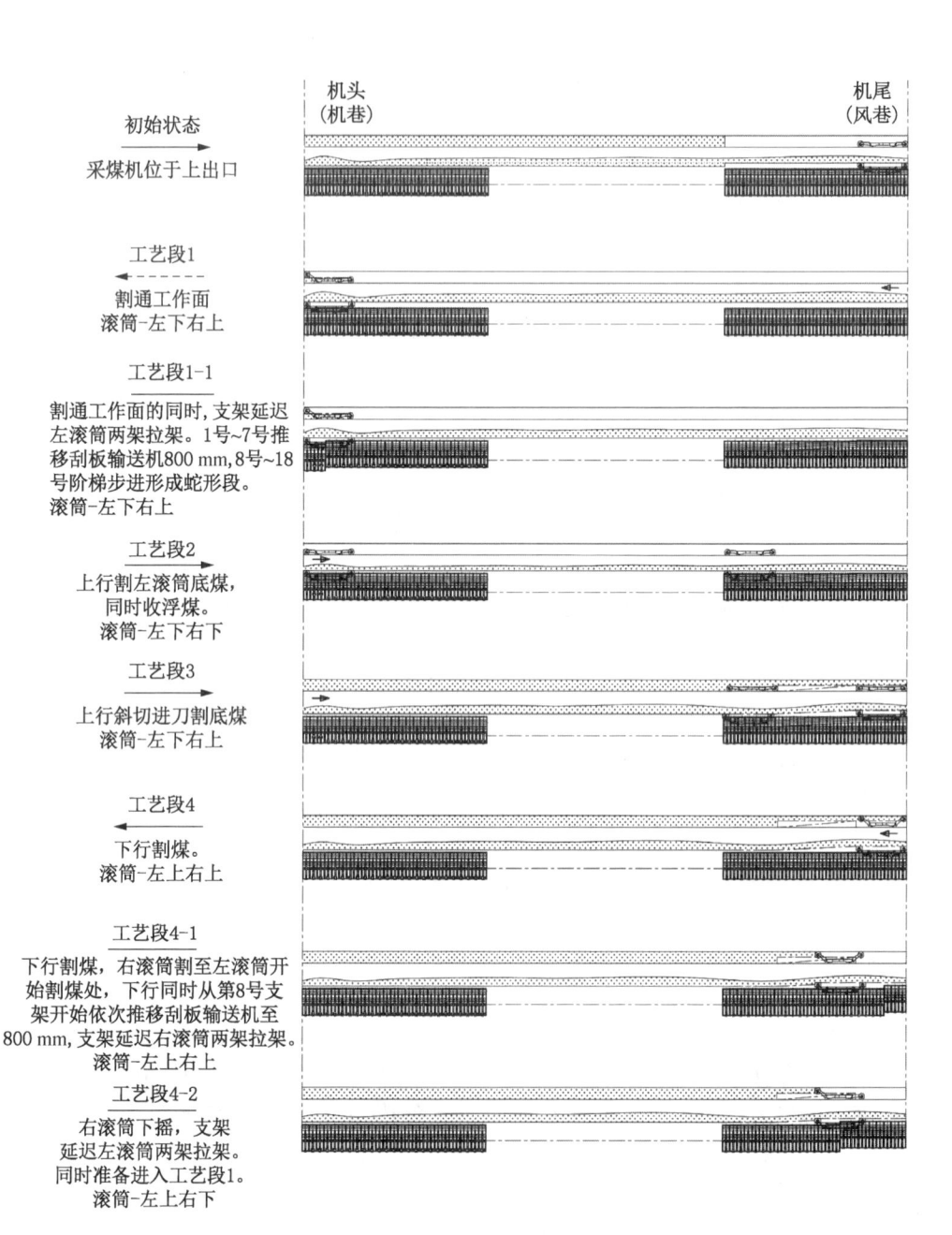

初始状态 采煤机位于上出口	
工艺段1 ←----- 割通工作面 滚筒-左下右上	
工艺段1-1 割通工作面的同时，支架延迟左滚筒两架拉架。1号~7号推移刮板输送机800 mm，8号~18号阶梯步进形成蛇形段。 滚筒-左下右上	机头（机巷）　　　　机尾（风巷）
工艺段2 上行割左滚筒底煤，同时收浮煤。 滚筒-左下右下	
工艺段3 上行斜切进刀割底煤 滚筒-左下右上	
工艺段4 ←----- 下行割煤。 滚筒-左上右上	
工艺段4-1 下行割煤，右滚筒割至左滚筒开始割煤处，下行同时从第8号支架开始依次推移刮板输送机至800 mm，支架延迟右滚筒两架拉架。 滚筒-左上右上	
工艺段4-2 右滚筒下摇，支架延迟左滚筒两架拉架。同时准备进入工艺段1。 滚筒-左上右下	

图4-43　急倾斜智能化开采工作面采煤工艺段示意图

的人工操作下行割煤8个工艺段程序优化减少至4个工艺段，以提高急倾斜工作面采煤效率，具体如下：

（1）割通工作面，同时支架延迟采煤机下滚筒两架拉架、上出口形成蛇形进刀段。

（2）上行空刀收浮煤。

（3）上行斜切进刀割底煤。

（4）下行割煤，两滚筒割顶煤至斜切进刀段。

三、急倾斜智能化移架推移刮板输送机

先移支架，再移刮板输送机，即割煤→移架→移刮板输送机。移架时采用追机移架方式，正常情况下滞后采煤机前进方向的后滚筒2~5架移架。

传统的人工移架推移刮板输送机只要"移得动""推得出"就行，若架与架之间存在别卡，有经验的工人只需对支架做调整即可完成。而智能化开采，由于其移架推移刮板输送机采用了固定程序控制，相较人工移架推移刮板输送机、液压支架需要在较好的支护状态下进行，在近水平和倾角不大的工作面，移架时收侧护，不会影响支架的状态（倾倒、翻转），但在急倾斜工作面中拉架，如果侧护收得过多，势必会造成支架的倾倒，若一味地将防倒防滑加入程序控制，会使原本状态正常的支架变得不正常。因此，对于急倾斜工作面的移架推移刮板输送机，其关键在于工作面液压支架的中心距控制。

在程序设置拉架时，当立柱压力卸压到1 MPa时（根据液压支架顶梁和立柱油缸大小确定），拉架程序动作执行，立柱保持不动作，同时，程序上点动收侧护，若推移形成传感器检测到推移正常，此时仅执行拉架；当系统检测到推移油缸压力达到额定值，推移油缸无动作，此时程序设置上再点动降立柱、收侧护。

程序设计：移架－升侧护、调架梁－升柱－平衡调平－调推调整。

移架：推移千斤顶动作（行程监测）－侧推点动（压力行程监测）－防倒防滑点动－抬底升－调推收。

升柱：升柱（压力监测）－抬底收－平衡调整（压力监测）－侧推调架梁调整（行程压力监测）－防倒防滑调整（侧推行程监测）－调推调整（时间控制）。

四、工作面安全技术研究

（一）设备防倒防滑技术研究

1. 液压支架的防倒防滑技术

为防止支架下滑、倾倒，设置了防倒防滑连接座，下方6架共设置5组支架

顶梁防倒，底座前防滑、后防滑，其余支架采用防倒防滑交错布置。

1）防倒防滑装置技术参数（表4-14）

表4-14 防倒防滑装置技术参数

名　称	技术特征	参　数
防倒防滑千斤顶	形式	普通双作用
	缸径/柱径	125/70 mm
	推力/拉力	386/265 kN（$P=31.5$ MPa）

2）防倒防滑结构形式

支架顶梁设防倒、底座设防滑调架装置，底座设双侧调架梁，有效防止支架倒架和下滑及调架；底座前端过桥预留调架千斤顶的安装位置。底座布置有后调架千斤顶；顶梁预留防倒千斤顶的安装位置；支架的设置都一样，均可以安装防倒防滑装置。使任意支架都可以作为排头支架，为搬家倒面提供了方便。

采取主动防倒、防滑技术，防倒防滑千斤顶与调架千斤顶分设，防倒防滑采用电液控制，实现支架主动防倒防滑，满足工作面遇断层等特殊情况时调架的需要。为提高大倾角急倾斜工作面支护系统的稳定性，设置排头支架组，使工作面支护系统有相对稳定的整体性和可靠的依托。排头支架组可由5架工作面支架靠附加装置连成整体来组成，确保整个工作面支架的稳定性。排头支架组防倒和防滑技术方案如图4-44所示。

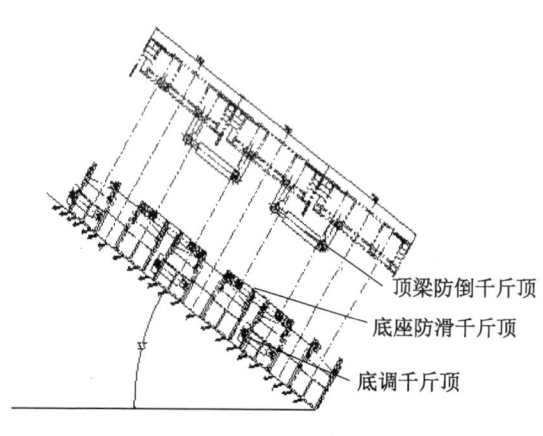

图4-44 排头支架组防倒和防滑技术方案

2. 刮板输送机的防滑技术

刮板输送机采用主动防滑技术，其功能主要为能主动、有效防止输送机下滑。采用电液控制、推移刮板输送机拉架时实现联动，确保在工作面设备不下滑，具体如图4-45所示。

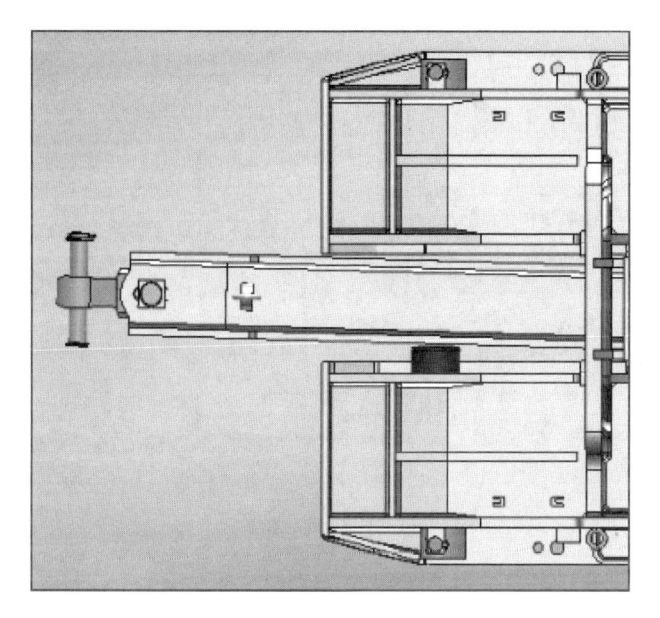

第四章 急倾斜长壁智能化开采控制体系及成套装备

图 4-45 刮板输送机的防滑示意图

(二) 工作面防飞矸技术研究

1. 工作面架前挡矸装置

在急倾斜工作面支架设置刚性可伸缩架前挡矸装置。架前挡矸装置安装在刮板输送机上，位于支架前部，活动挡矸板随着千斤顶的伸出和收缩上升或下降；根据采煤工作面的需要，升到合适高度，防止采煤过程中煤矸滚入或窜入液压支架内，确保液压支架内的人员人身安全和支架内的设备安全。

架前挡矸装置自动控制，根据采煤工艺进行程序设定。当自动巡检或采煤时，采煤机滚筒接近前支架执行架前挡矸自动下降程序，滚筒离井后执行升柱程序；移架过程时，提前执行架前挡矸下降程序，拉架完毕后，执行架前挡矸升柱程序。

该工作面为智能化开采工作面，采煤机的精准定位及工作面设备监控功能对工作面正常推进具有重要作用，为保证支架上相关元器件能检测到采煤机发出的信号对采煤机进行定位，该套架前挡矸装置采用了挡板+挡板网的结构，具体如图 4-46 所示。

2. 工作面架间挡矸装置

在急倾斜工作面支架间每隔 5 架设置刚性可伸缩架间挡矸装置。架间挡矸装置分别安装在支架底座单侧和顶梁单侧，防止工作面上部的飞矸对架内人员造成伤害。

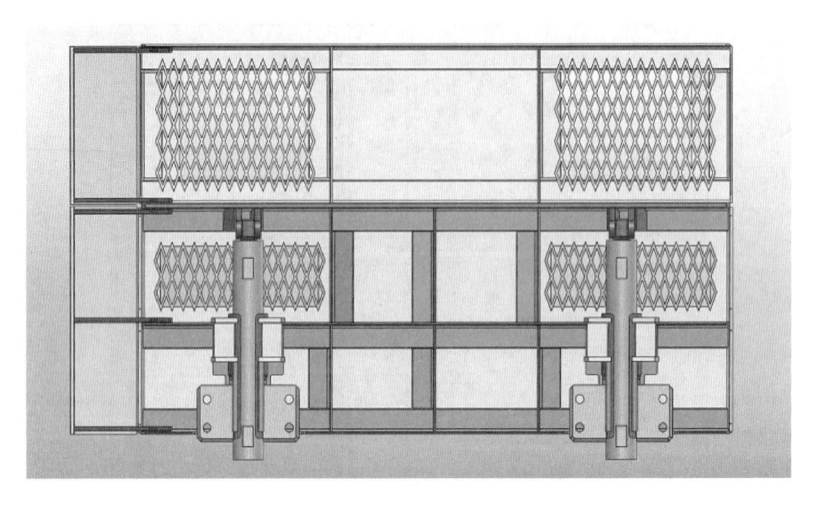

图 4-46 架前挡矸装置示意图

挡矸装置采用电液控制，处于常闭状态，只有在人员巡视时才使用；当人员通行时手动打开邻架，人员通过后及时关闭。架间挡矸装置结构如图 4-47 所示。

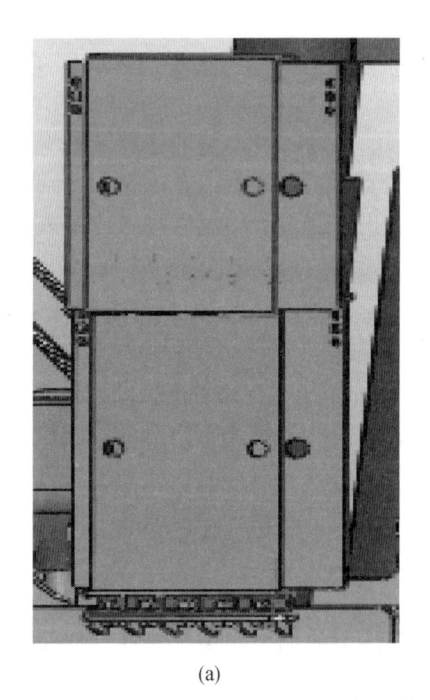

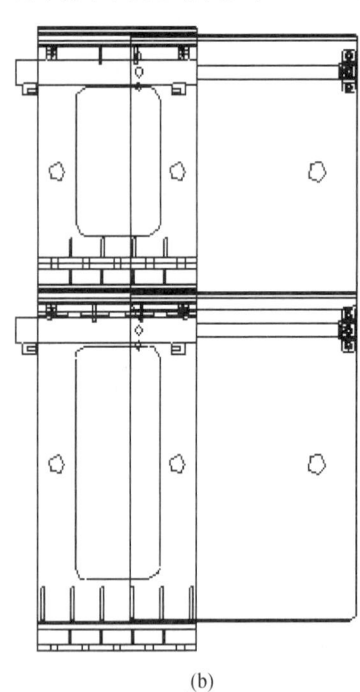

(a)　　　　　　　　　(b)

图 4-47 架间挡矸装置结构示意图

第五章　急倾斜煤层长壁智能化综采实践

第一节　工作面概况

2021年，石洞沟煤业有限公司开展复杂煤层急倾斜智能化开采前期技术研究，智能化开采工作面为31111工作面，煤层倾角45°~65°，工作面采高2.6~4.5 m，长度510 m，斜长90 m。31111风巷：最小采高3.17 m，最大采高4.38 m；煤层最小倾角45°，最大倾角65°（523 m处）。31111运输巷：最小采高2.72 m，最大采高5.04 m（74 m处，煤层倾角46°）；最小倾角45°，最大倾角59°（425 m处）。基本顶为灰色中粒砂岩含植物化石，厚度3.8~7.5 m。直接顶为薄层状泥质砂岩，含磷铁矿结核及植物化石，较发育，厚度0.30~0.75 m。伪顶为黑色砂质泥岩，层理发育，易脱落泥岩，厚度0.10~0.30 m。伪底为薄层状泥岩（伪底遇水易脱落），厚度0.10~0.60 m。直接底为灰色薄层状粉砂岩，厚度6.63~12.41 m。

根据石洞沟煤矿31111实验工作面的地质条件及前期设备配套，针对液压支架、采煤机、刮板输送机等设备在该工作面进行实验，如图5-1、图5-2所示。实验工作面采用的主要配套设备见表5-1。

石洞沟煤矿31111工作面共推进约510 m，受沿空留巷的影响，其中中班采煤2刀，夜班采煤2刀，早、中、夜班均需做沿空留巷。自工作面正常推进后，其自动化跟机率平均80%以上。

四川川煤华荣能源有限责任公司太平煤矿31111工作面，位于太平煤矿+700 m水平南一采区一区段。回风巷位于3101石门，工作面走向长度566 m，工作面倾斜长度110 m，最长125 m。11号煤层，煤（岩）层总厚度最大1.47 m，最小1.03 m，

图 5-1 石洞沟煤矿地面演练现场

图 5-2 石洞沟煤矿工作面配套开采设备

表 5-1 石洞沟煤矿 31111 工作面配套开采设备

序号	设备名称	规格型号	单位	数量
1	采煤机	MG400/990-WD	台	1
2	液压支架	ZY5200/18/48JD	架	55

表 5-1（续）

序号	设备名称	规格型号	单位	数量
3	端头支架	ZTHJ2800/16/28D	套	1
4	刮板机	SGZ800/400	台	1
5	转载机	SZZ800/400	台	1
6	转载机自移装置	ZY1100	套	1
7	破碎机	PCM200	台	1
8	带式输送机	DSJ100/100/2×160	台	2
9	皮带自移机尾	ZY2700	套	1
10	乳化泵站	BRW400/37.5（三泵两箱）	套	1
11	水处理系统		套	1
12	喷雾系统	BPW500/16（三泵一箱）	套	1

平均 1.28 m，含 1~3 层夹矸，夹矸厚度为 0.15~0.43 m，平均厚度为 0.29 m，岩性主要为炭质泥岩。煤层走向呈东西方向，倾向呈南北方向变化，平均倾角 52°（最小 47°、最大 56°），倾角由西向东逐渐变缓。

第二节　工作面配套设备

根据太平煤矿 31111 实验工作面的地质条件及前期设备配套，针对液压支架、采煤机、刮板输送机等设备在该工作面进行实验。实验工作面采用的主要配套开采设备见表 5-2。

表 5-2　太平煤矿 31111 工作面配套开采设备

序号	设备名称	规格型号	单位	数量
1	采煤机	MG400/890-WD	台	1
2	液压支架	ZY4000/12.5/27JD	架	75
3	端头支架	ZTHJ1600/15/19D	套	1

表 5-2（续）

序号	设备名称	规格型号	单位	数量
4	刮板机	SGZ730/200	台	1
5	转载机	SZZ730/160	台	1
6	转载机自移装置	ZY1100	套	1
7	破碎机	PCM110	台	1
8	带式输送机	DSJ100/100/2×160	台	2
9	皮带自移机尾	ZY2700	套	1
10	乳化泵站	BRW400/37.5（三泵两箱）	套	1
11	水处理系统		套	1
12	喷雾系统	BPW500/16（三泵一箱）	套	1

第三节　工作面工业试验情况

一、石洞沟煤矿工作面实验情况

（1）石洞沟煤矿于 2020 年 11 月 8 日完成地面联调验收。

（2）井下安装工作于 2020 年 11 月中旬开始。

（3）2021 年 1 月底完成安装，开始试采。

二、太平煤矿工作面实验情况

（1）太平煤矿 31111 工作面智能化开采设备从 2020 年 9 月 9 日开始地面联合调试，如图 5-3 所示。

（2）2020 年 12 月开始下井安装。

（3）2021 年 2 月实现井下及调度室设备的一键启停，并通过了川煤集团和华荣能源公司专家组现场验收。

太平煤矿 31111 工作面共推进 540 m。受沿空留巷的影响，平均每天采煤 5 刀，其中中班采煤 3 刀，夜班采煤 2 刀，夜班剩余时间需做沿空留巷。自工作面正常推进后，其自动化跟机率平均 90% 以上。该工作面回采推进如下：

第五章　急倾斜煤层长壁智能化综采实践

图 5-3　太平煤矿地面演练现场图

（1）2021 年 1 月，因 20 号、30 号、50 号支架处工作面底板有凹陷、造成采煤机担腰；开切眼高冒区，沿空留巷难度大，充填量大；新设备、新工艺现场操作熟练度不够；这些因素致使工作面只推进了 9.5 m。

（2）2021 年 2 月，因工作面遇断层，使得采煤机被迫割全研，造成采煤机行走频繁保护，只推进 37 m；3 月，工作面条件趋于正常，工人对新设备、新工艺的掌握趋于熟练，工作面共推进 75 m；4 月，推进 80 m；5 月，推进 94 m；6 月，推进 96 m；7 月，推进 102 m；8 月，推进 46 m，工作面回采结束。

第四节　实　践　效　果

一、主要技术创新

1. 提出了倾斜层状采动煤岩体力学行为系列实验系统与测试方法

研制了可变角、多比例、多维度模拟实验平台，开展了试件尺度、模型尺度、工程尺度下倾斜层状采动煤岩体物理力学性状与行为创新研究，发现了大倾角、急倾斜采场重力-倾角效应，揭示了围岩-装备系统多维度稳定性控制机制，奠定了急倾斜煤层开采方法与技术突破的理论基础。

（1）结合动－静力学理论与多尺度数据理论方法，阐明了倾斜层状采动煤岩体应力演化、岩层变形破断及其非连续块体间力学行为。研究发现：急倾斜采动煤岩体物理力学性状和行为存在显著的重力－倾角效应，当煤岩层面倾角在45°～60°时，煤岩体内应力传递方向发生偏转且偏转量逐渐增大，煤体破坏由压剪破坏转化为平行于层面的滑移剪切破坏，煤岩体的强度和弹性模量也随之减小；采场围岩采动应力路径演变受层面倾角影响表现为层间非连续传递特征，导致顶板的损伤变形与破坏运动存在明显的区域性和时序性。基于上述发现，架构了采动煤岩体宏－细观尺度关联本构关系表征函数，揭示了不同尺度（试件－模型－采场）采动岩体应力－载荷和应变－位移等效转换过程和宏观力学性质变化特征，为急倾斜采场围岩失稳致灾机理研究奠定了理论基础。

（2）开展了倾斜采场多比例、全尺寸力学行为三维物理模拟实验，揭示了非完整破断形态下关键层区域迁移－转化与承载结构泛化特征。研究认为：急倾斜采场关键层区域沿工作面倾斜方向发生迁移，以工作面中部区域基本顶为基准，分别向下部区域直接顶和上部区域基本顶上位岩层迁移；以关键层破断后岩块为主体形成的承载结构在走向上呈三铰拱或类三铰拱形态，在倾向上呈跨层堆砌－反向堆砌形态，进而形成了三维非对称多级梯阶状壳体结构，确定了顶板倾向非对称拱和走向对称拱的合理轴线，即采场顶板存在非对称关键层区域三维曲面；采场顶板多级梯阶结构失稳与底板非对称破坏滑移、区段煤柱或煤壁局部－整体破坏，存在多尺度链式时空关联性，形成采场围岩承载结构泛化特征，采动过程中承载结构元素通过强弱链转换，易形成围岩链式灾害。验证了急倾斜煤层采场尺度煤岩体力学行为具有显著的重力－倾角效应，为该类煤层开采新方法的研发提供了理论依据。

（3）发明了倾斜开采空间支架－围岩系统数字孪生智能测控平台，研发了具备动－静载响应与位态感知的模型支架，揭示了急倾斜长壁采场支架－围岩系统多维交互效应和控灾机制。基于急倾斜煤层采动煤岩体重力－倾角效应，发现了采场矸石非均匀充填约束效应、底板破坏滑移效应、大范围岩层移动耦合效应，得出了关键层区域迁移及承载结构泛化对支架的施载特征。基于上述结论，建立了垂向"顶板－支架－底板"系统模型、走向"煤壁－支架－矸石"系统模型、倾向"支架－支架"系统模型，给出了工作面不同区域不同维度系统构成元素缺失或成为"伪系统"的时空演化过程及其力学响应规律。以工作面支架稳定性控制为目标，以合理有效利用重力－倾角效应为核心，提出了急倾斜采场多尺度围岩－装备（群）矿压预测与协同控制方法。

2. 发明了不同埋藏条件的急倾斜煤层（群）开采新方法与新技术

第五章 急倾斜煤层长壁智能化综采实践

创新了伪俯斜与斜向长壁开采系统,有效利用了倾角效应,解决了薄及中厚煤层围岩-装备稳定性控制难题;形成了急倾斜煤层开采沿空护巷技术体系,充分利用矸石滑移充填效应,解决了急倾斜薄及中厚煤层(群)沿空留巷稳定性控制难题;研发了多煤层、多区段协同开采方法,消除了回采空间群组联动致灾隐患,提升了煤层群与无煤柱开采安全-产量综合效能。

(1)发明了急倾斜薄及中厚煤层走向长壁伪俯斜开采方法。异形支架伪俯斜开采方法将煤层真倾角和工作面煤炭自溜临界倾角(大于31°)有机结合,走向长壁工作面伪俯斜布置(伪俯斜角小于或等于20°),采用异形液压支架、特种采煤机和导向输送机动态耦合,降低工作面倾角,大幅度提高围岩-装备系统动态稳定。斜向长壁开采方法将煤层真倾角与工作面煤壁稳定、支护系统稳定性与飞矸防控有机结合,沿煤层走向和倾向均成一定夹角(45°左右)布置斜向工作面,工作面运输巷和回风巷呈一定角度倾斜,斜向推进解决了常规急倾斜煤层综采装备稳定性控制难题。

(2)研发了急倾斜煤层沿空留巷柔性掩护架挡矸护巷技术和可伸缩 U 形支架挡矸护巷技术。柔性掩护支架挡矸护巷技术通过采用可调缓冲式弓形柔性掩护巷支架+矸石充填系统,具有刚柔并举的支撑掩护性能,支架刚度实现对顶板压力的有效支撑,支架系统整体水平移动实现对矸石冲击卸荷,有效控制急倾斜中厚煤层沿空留巷稳定性控制;可伸缩 U 形支架挡矸护巷技术通过采用深孔切顶爆破+单层可缩 U 形支架+锚索补强支护+巷道单体支护+锁底联合协同支挡,且具有适度的柔性和可缩性,实现急倾斜薄及中厚煤层伪俯斜工作面沿空留巷的强支、切顶、挡矸、让压、护底控制。

(3)发明了急倾斜煤层群组协调开采方法和多区段煤柱错层护巷开采方法。煤层群组水平分段协调开采方法是在两层煤(间距小于 10 m)内快速掘进回采巷道,通过联络巷形成通风回路,采用 4~6 m 大宽度低位放顶煤液压支架横向布置、履带式支架牵引车纵向移动,工作面采掘合一、采放分离,实现了近距离煤层群(层间距小于 30 m)协调开采。多区段煤柱错层护巷开采方法是将下区段回风巷与上区段运输巷错位布置,改善了下区段采场顶板非均衡受载,可有效回收 6~8 m 区段煤柱资源,保证了下区段工作面安全开采,实现了急倾斜煤层无煤柱开采。

3. 研发了急倾斜长壁智能化开采控制体系及成套装备

研发了适用于倾斜回采空间多维度围岩协同控制的特种装备;研发了基于中心距智能调控的急倾斜工作面支架(群)智能控制系统;研制了急倾斜工作面自适应控制液压支架及配套装备;研发了急倾斜开采空间智能飞矸防控技术与装备。

（1）自主研制了适用不同埋藏与开采条件的复杂煤层急倾斜长壁智能化开采成套装备，填补了国内外空白。提出了以液压支架为核心、提高三机系统耦合程度与整体稳定性的装备设计思想，建立了复杂煤层急倾斜状态下支架－采煤机－输送机设计原则。沿垂向，研发了防顶板冲击、支撑能力强、防陷底的大采高液压支架，以及适应伪俯斜布置的平行四边形顶梁和错位立柱的异形液压支架，完善了顶板－支架－底板系统协同控制技术体系；沿走向，研发了高煤壁多级护帮装置、抬底装置以及异形防矸石冲击顶梁及多维挡矸装置，形成了完整的走向煤壁－输送机－支架－矸石协同控制系统；沿倾向，研发了防装备下滑、防支架倾倒、防采煤机跑车的三机系统协同控制装备与技术；实现了围岩－装备多维协同控制。通过以上3方面创新，解决了急倾斜煤层长壁智能化开采"三机"优化配套难题，提升了复杂煤层开采成套装备研制水平。研制的系列装备成功应用于最大煤层倾角65°、采高1.4~4.5 m的矿井生产之中。

（2）研发了急倾斜煤层智能化开采工艺控制系统和监测系统。优化形成了割通工作面－上行空刀收浮煤－上行斜切进刀割底煤－下行割煤4段割煤智能控制工艺，提高工作面采煤效率；发明了基于液压支架中心距管理技术和自动充分接顶控制技术的自动跟机移架技术，实现了支架位态的34个动作智能控制；研制了刮板输送机驱动部运行状态监控装置、转载机驱动部运行状态监控装置、破碎机电动机运行状态监控装置，实现急倾斜煤层工作面煤炭运输的智能控制。

（3）发明了急倾斜煤层长壁工作面飞矸智能防护技术。提出了上部飞矸轨迹阻拦、中部飞矸源头治理、下部飞矸预防二次衍生的分区控制模式；运动阶段多次碰撞梯阶耗能、碰撞前飞矸与设备柔性隔断阻止、碰撞时高强材料抑损抗变的分阶段控制方法；发明了诱导运动模式、限制回弹高度、调控耗能比例的全过程智能控制技术，消除了飞矸伤人损物安全隐患。

二、项目经济社会效益分析

1. 经济效益分析

项目研究形成了急倾斜煤层智能化开采关键技术及装备，经过发明、实施、推广，解决了急倾斜工作面"安全－产量"综合效能低的重大工程难题。项目提出的急倾斜煤层开采岩层控制理论、研发的智能开采方法与关键技术及装备，推动了我国难采煤层安全高效开采的科技进步。

项目合作单位四川华蓥山广能集团嘉华机械有限责任公司利用本项目研究成果生产销售ZY5200/18/48JD型液压支架55套、ZY4000/12.5/27JD型液压支架75套，同时，配套的支架有防倒防滑及挡矸装置、端头支架、采煤机、刮板输送机、巷道用刮板转载机、自动化控制系统等，实现销售收入共计7032.24万元。

项目技术与装备在石洞沟煤矿31111工作面、太平煤矿31111工作面实验成功，分别实现对平均厚度3.70 m、1.66 m的急倾斜煤层智能化开采，工作面最大月产量分别达到4.2万t、2.9万t，工作面实现减少10人，与传统急倾斜煤层综合机械化采煤相比单产水平提高了42.8%，两个工作面总体经济效益达到16440万元。另外，项目成果先后在石洞沟煤矿、太平煤矿、绿水洞煤矿、大宝顶煤矿、龙滩煤矿、铁山南煤矿等集团内部的19对矿井的57个工作面进行了推广应用，急倾斜煤层智能化开采关键技术及装备整体应用效果良好，实现了急倾斜薄及中厚煤层、厚煤层、煤层群组及多区段无煤柱开采，解决了采场"围岩－装备"多维多尺度协同控制技术难题。近3年来，新增销售收入13.97亿元，新增利润合计5.28亿元，见表5－3。

表5－3　四川煤炭产业集团应用本项目成果所取得经济效益情况

序号	单 位	新增销售额/万元	新增利润/万元	计 算 依 据
1	太平煤矿	34446.00	13755.54	
2	石洞沟煤矿	32097.00	11167.65	
3	绿水洞煤矿	12581.52	3844.64	
4	龙门峡煤矿	6581.08	2044.54	
5	龙滩煤矿	5895.00	1807.73	
6	花山煤矿	4290.76	1722.55	（1）新增销售额＝本年度应用本项目成果新增煤炭开采量×吨煤价格；
7	小宝鼎煤矿	4935.78	1794.33	（2）新增利润＝新增销售额×企业综合销售利润率。
8	大宝顶煤矿	7506.43	2504.39	说明：新增销售收入以销售合同和财务结算为依据，新增利润以应用单位财务核算为依据，计算中扣除了包含在新增销售额和利润额中的非本项目技术直接贡献部分
9	金刚煤矿	4074.00	1729.27	
10	柏林煤矿	3275.00	1532.00	
11	铁山南煤矿	4290.78	1622.35	
12	小河嘴煤矿	2290.63	1122.52	
13	斌郎煤矿	5190.34	1782.46	
14	代池坝煤矿	4350.76	1782.55	
15	赵家坝煤矿	3230.54	1425.34	
16	唐家河煤矿	4490.78	1815.34	
17	威鑫煤矿	3273.84	1328.31	
18	叙永煤矿	3270.76	1123.53	
19	新维煤矿	3250.90	1326.78	

推广应用表明，项目突破了难采煤层开采禁区，实现了急倾斜煤层"安全－产量"综合效能显著提高，改善了工人作业环境，基本杜绝了工作面人员伤亡事故，提高了资源采出率，培养了一批科研与工程技术人才，在国内外产生了广泛的学术影响。有力推动了煤炭行业科技进步和西部区域经济社会发展。大幅度提高我国复杂埋藏条件煤层智能化开采关键技术和特种装备制造水平，加强和巩固了我国在急倾斜煤层开采技术领域的领先地位。

2. 社会效益分析

据不完全统计，我国60%以上的急倾斜煤层为优质焦煤、无烟煤等稀缺煤种，目前约有3600亿t保有储量。急倾斜煤层广泛赋存于我国各大矿区，在我国西部的四川、重庆、新疆、甘肃等矿区，50%以上的矿井开采急倾斜煤层，已成为许多矿井的主采煤层；我国东部大部分矿区开采条件好的资源已经枯竭，也面临着该类煤层的开采问题。本项目的理论与应用研究为实现该类煤层绿色安全智能开采提供了重要的科学指导，具有广阔的推广应用前景。项目主导的急倾斜煤层智能化开采关键技术及装备制造，引起了俄罗斯、乌兹别克斯坦、土耳其等同行关注，有力促进了项目研究成果在"一带一路"中的作用。综上所述，针对复杂煤层急倾斜智能化开采，本项目在保护环境、改善劳动条件、安全生产、提高煤炭资源采出率、促进地方经济协调发展、促进我国煤炭科学技术进步和装备更新等方面都具有重大的意义，可以取得突出的社会效益。

复杂煤层急倾斜智能化开采实践的成功，标志着我国在大倾角煤层综合机械化开采的基础上，实现了一次跨越。随着国家对煤矿开采智能化的倡导和要求，本项目研究成果为国内类似条件矿井的智能化开采提供了很好的范本，对整个智能化开采技术的推进具有重要的现实意义和指导价值，前景十分广阔。

结　　语

　　急倾斜煤层是典型的复杂地质条件煤层，广泛赋存于我国各大矿区，是国际公认的难采煤层，其安全高效智能开采是保障国家能源安全和区域经济社会发展亟待解决的重大工程问题。近十年来，西安科技大学与四川煤炭产业集团联合开展了急倾斜煤层智能化开采核心理论、关键技术及智能化装备研究与实践，发现了急倾斜采场围岩与装备重力-倾角效应，揭示了急倾斜煤层开采围岩与装备系统多维度稳定性控制机制，发明了俯伪斜与斜向长壁开采系统，形成了急倾斜煤层开采沿空护巷技术体系和多煤层、多区段协同开采方法，研发了基于中心距智能调控的急倾斜支架（群）智能控制系统，研发了自适应控制的急倾斜液压支架及配套装备和智能飞矸防控体系，解决了急倾斜工作面设备自动防倒滑、防飞矸、防片帮的智能化控制难题，形成了理论-技术-装备集成创新，达到国际领先水平。技术与装备在四川、甘肃等省（区）近20对矿井推广应用外，还出口至土耳其等"一带一路"沿线采煤国家，取得了显著的经济效益和社会效益，引领了急倾斜煤层智能化开采发展方向，开辟了复杂条件煤炭资源安全高效开发新路径。在我国难采煤层开采领域具有里程碑意义。

参 考 文 献

[1] 刘峰, 曹文君, 张建明, 等. 我国煤炭工业科技创新进展及"十四五"发展方向 [J]. 煤炭学报, 2021, 46 (1): 1-15.

[2] 伍永平, 贠东风, 解盘石, 等. 大倾角煤层长壁综采: 进展、实践、科学问题 [J]. 煤炭学报, 2020, 45 (1): 24-34.

[3] 王国法. 综采自动化智能化无人化成套技术与装备发展方向 [J]. 煤炭科学技术, 2014, 42 (9): 30-34.

[4] V N. Stress state in the face region of a steep coal bed [J]. Journal of Mining Science, 1995 (9): 161-168.

[5] J. Safety and technological aspects of man less exploitation technology for steep coal seams [C]. 27th international conference of safety in mines research institutes, 1997: 955-965.

[6] T N, G, L D. State behavior during mining of steeply dipping thick seams – A case study [C]. Proceedings of the International Symposium on Thick Seam Mining, 1993: 311-315.

[7] 陈炎光, 钱鸣高. 中国煤矿采场围岩控制 [M]. 徐州: 中国矿业大学出版社, 1994.

[8] 吴绍倩, 石平五. 急斜煤层矿压显现规律的研究 [J]. 西安矿业学院学报, 1990, (2): 4-8.

[9] 张基伟. 王家山矿急倾斜煤层长壁开采覆岩破断机制及强矿压控制方法 [J]. 岩石力学与工程学报, 2018, 37 (7): 1776.

[10] 曲秋扬, 毛德兵. 大倾角大采高综采工作面支架工作阻力分布特征研究 [J]. 中国煤炭, 2014, 40 (3): 45-48.

[11] 王红伟, 伍永平, 解盘石, 等. 大倾角特厚煤层综放液压支架工作阻力确定 [J]. 辽宁工程技术大学学报（自然科学版）, 2014, 33 (8): 1020-1024.

[12] 伍永平, 贠东风, 周邦远, 等. 绿水洞煤矿大倾角煤层综采技术研究与应用 [J]. 煤炭科学技术, 2001, (4): 30-33.

[13] 戴华阳, 易四海, 鞠文君, 等. 急倾斜煤层水平分层综放开采岩层移动规律 [J]. 北京科技大学学报, 2006 (5): 409-412+467.

[14] 伍永平, 王红伟, 解盘石. 大倾角煤层长壁开采围岩宏观应力拱壳分析 [J]. 煤炭学报, 2012, 37 (4): 559-564.

[15] 来兴平, 代晶晶, 李超. 急倾斜煤层开采覆岩联动致灾特征分析 [J]. 煤炭学报, 2020, 45 (1): 122-130.

[16] 李树峰, 杨双锁, 崔健, 等. 急倾斜煤层开采水平基岩应力拱结构分析 [J]. 矿业研究与开发, 2015, 35 (6): 72-76.

[17] 赵象卓, 王春刚, 周坤友, 等. 大倾角特厚煤层半煤岩巷道失稳地质动力条件及支护优

化[J].煤炭科学技术,2022,50(11):20-29.

[18] 黄建功,平寿康.大倾角煤层采面顶板岩层运动研究[J].矿山压力与顶板管理,2002(2):19-21+110.

[19] 王金安,张基伟,高小明,等.大倾角厚煤层长壁综放开采基本顶破断模式及演化过程(I)——初次破断[J].煤炭学报,2015,40(6):1353-1360.

[20] 屠洪盛,刘送永,黄昌文,等.急倾斜煤层走向长壁工作面底板破坏机理及稳定控制[J].采矿与安全工程学报,2022,39(2):248-254.

[21] 石平五,刘晋安,周宏伟.大倾角煤层底板破坏滑移机理[J].矿山压力与顶板管理,1993,(Z1):115-119.

[22] 尹光志,王登科,张卫中.(急)倾斜煤层深部开采覆岩变形力学模型及应用[J].重庆大学学报(自然科学版),2006,29(2):79-82.

[23] 来兴平,杨毅然,单鹏飞,等.急斜煤层顶板应力叠加效应致灾特征综合分析[J].煤炭学报,2018,43(1):70-78.

[24] 姚琦,冯涛,廖泽.急倾斜走向分段充填倾向覆岩破坏特性及移动规律[J].煤炭学报,2017,42(12):3096-3105.

[25] 杨胜利,赵斌,李良晖.急倾斜煤层伪俯斜走向长壁工作面煤壁破坏机理[J].煤炭学报,2019,44(2):367-376.

[26] 张宏伟,张文军,王新华.急倾斜厚煤层顶板运动规律与柔性掩护支架受力分析[J].辽宁工程技术大学学报,2005,24(1):57-59.

[27] W Y, H B, L D, et al. Risk assessment approach for rockfall hazards in steeply dipping coal seams[J]. International Journal of Rock Mechanics and Mining Sciences, 2021, 138.

[28] 张东升,吴鑫,张炜,等.大倾角工作面特殊开采时期支架稳定性分析[J].采矿与安全工程学报,2013,30(3):331-336.

[29] W J, J J. Criteria of support stability in mining of steeply inclined thick coal seam[J]. International Journal of Rock Mechanics and Mining Sciences, 2016, 82(2):22-35.

[30] 吴锋锋,岳鑫,刘长友,等.急倾斜特厚煤层井采覆岩结构演化特征及支架工作阻力计算[J].采矿与安全工程学报,2022,39(3):499-506.

[31] W Y, X P, Y D, et al. Theory and Practices of Fully Mechanized Longwall Mining in Steeply Dipping Coal Seam[J]. Mining Engineering, 2013, 65(1):35-41.

[32] 孟祥瑞,赵启峰,刘庆林.大倾角煤层综采面围岩控制机理及回采技术[J].煤炭科学技术.2007,35(8):25-28.

[33] 解盘石,伍永平,王红伟,等.大倾角煤层长壁采场倾斜砌体结构与支架稳定性分析[J].煤炭学报,2012,37(8):1275-1280.

[34] 袁永,屠世浩,窦凤金,等.大倾角综放面支架失稳机理及控制[J].采矿与安全工程学报,2008,25(4):430-434.

[35] 谢生荣,张广超,张守宝,等.大倾角孤岛综采面支架-围岩稳定性控制研究[J].采矿

与安全工程学报, 2013, 30 (3): 343-347+354.
[36] 伍永平. 大倾角采场"顶板-支护-底板"系统动力学方程求解及其工作阻力的确定 [J]. 煤炭学报, 2006, (6): 736-741.
[37] 章之燕. 大倾角综放液压支架稳定性动态分析和防倒防滑措施 [J]. 煤炭学报, 2007, 32 (7): 705-709.
[38] 杨科, 池小楼, 刘帅. 大倾角煤层综采工作面液压支架失稳机理与控制 [J]. 煤炭学报, 2018, 43 (7): 1821-1828.
[39] 林忠明, 陈忠辉, 谢俊文, 等. 大倾角综放开采液压支架稳定性分析与控制措施 [J]. 煤炭学报, 2004 (3): 264-268.
[40] 贠东风, 杨晨晖, 伍永平. 大倾角煤层长壁综采顶板冒落形态与支架稳态控制 [C] // 西安科技大学, 美国西弗吉尼亚大学, 中国煤炭学会, 中国矿业大学 (徐州), 中国矿业大学 (北京). 第41届国际采矿岩层控制会议 (中国·2022) 论文集, 2022: 22-28.
[41] 伍永平, 解盘石, 贠东风, 等. 大倾角层状采动煤岩体重力-倾角效应与岩层控制 [J]. 煤炭学报, 2023, 48 (1): 100-113.
[42] 葛世荣, 张帆, 王世博, 等. 数字孪生智采工作面技术架构研究 [J]. 煤炭学报, 2020, 45 (6): 1925-1936.

图书在版编目（CIP）数据

急倾斜煤层长壁综采理论与技术 / 解盘石，伍永平，王红伟著. -- 北京：应急管理出版社，2024. -- ISBN 978-7-5237-0710-4

Ⅰ．TD823.4

中国国家版本馆 CIP 数据核字第 2024HE2904 号

急倾斜煤层长壁综采理论与技术

著　　者	解盘石　伍永平　王红伟
责任编辑	董　佩　孟　琪
责任校对	张艳蕾
封面设计	宋德馨
出版发行	应急管理出版社（北京市朝阳区芍药居 35 号　100029）
电　　话	010-84657898（总编室）　010-84657880（读者服务部）
网　　址	www.cciph.com.cn
印　　刷	北京四海锦诚印刷技术有限公司
经　　销	全国新华书店
开　　本	710mm×1000mm$^1/_{16}$　印张　13$^1/_2$　字数　245 千字
版　　次	2025 年 4 月第 1 版　2025 年 4 月第 1 次印刷
社内编号	20240831　　　　　定价　88.00 元

版权所有　违者必究

本书如有缺页、倒页、脱页等质量问题，本社负责调换，电话：010-84657880